U0257119

権威 · 前沿 · 原创

皮书系列为
"十二五""十三五""十四五"国家重点图书出版规划项目

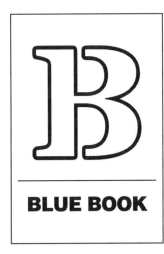

BLUE BOOK

智 库 成 果 出 版 与 传 播 平 台

四川蓝皮书
BLUE BOOK OF SICHUAN

四川生态建设报告（2022）

ANNUAL REPORT ON ECOLOGICAL CONSTRUCTION OF SICHUAN (2022)

主　编／李晟之
副主编／骆　希　陈美利

社会科学文献出版社
SOCIAL SCIENCES ACADEMIC PRESS (CHINA)

图书在版编目（CIP）数据

四川生态建设报告.2022 / 李晟之主编；骆希，陈
美利副主编.—北京：社会科学文献出版社，2022.6
（四川蓝皮书）
ISBN 978-7-5228-0041-7

Ⅰ.①四… Ⅱ.①李… ②骆… ③陈… Ⅲ.①生态环
境建设-研究报告-四川-2022 Ⅳ.①X321.271

中国版本图书馆 CIP 数据核字（2022）第 066064 号

四川蓝皮书
四川生态建设报告（2022）

主　　编 / 李晟之
副 主 编 / 骆　希　陈美利

出 版 人 / 王利民
组稿编辑 / 邓泳红
责任编辑 / 吴　敏
责任印制 / 王京美

出　　版 / 社会科学文献出版社·皮书出版分社（010）59367127
　　　　　 地址：北京市北三环中路甲 29 号院华龙大厦　邮编：100029
　　　　　 网址：www.ssap.com.cn
发　　行 / 社会科学文献出版社（010）59367028
印　　装 / 三河市东方印刷有限公司

规　　格 / 开　本：787mm×1092mm　1/16
　　　　　 印　张：20　字　数：296 千字
版　　次 / 2022 年 6 月第 1 版　2022 年 6 月第 1 次印刷
书　　号 / ISBN 978-7-5228-0041-7
定　　价 / 158.00 元

读者服务电话：4008918866

四川蓝皮书编委会

主编简介

　　李晟之　四川省社会科学院农村发展研究所研究员、资源与环境中心秘书长，区域经济学博士，四川省政协人口与资源环境委员会特邀成员，社区保护地中国专家组召集人。1992 年至今，致力于"自然资源可持续利用与乡村治理"研究，重点关注社区公共性建设与社区保护集体行动、外来干预者和社区精英在自然资源管理中的作用。主持完成国家社科基金课题 1 项、四川省重点规划课题 1 项、横向委托课题 21 项，发表学术论文 23 篇，专著 1 部（《社区保护地建设与外来干预》），主编《四川蓝皮书：四川生态建设报告》。获四川省哲学社会科学一等奖 1 次（2003 年）、二等奖 1 次（2014 年）、三等奖 1 次（2012 年），提交政策建议获省部级领导批示 12 人次。

摘　要

生态建设是我国全面建成小康社会的重要内容，党的十八大以来，以习近平同志为核心的党中央站在战略和全局的高度，对生态文明建设和生态环境保护提出一系列新思想新论断新要求，对深入推进生态建设提出一系列新战略新部署。四川是生态资源大省、林业经济大省、物种保护大省，作为长江上游重要的生态屏障，四川也成为首批国家公园涉及的省份之一，肩负着维护国家生态安全、维护生物多样性和践行"两山"理论的重要使命。本书紧扣当前四川生态建设的亮点和着力点，全面呈现四川生态保护与建设的前沿性探索。

全书共分为五个部分，第一部分"总报告"采用"压力—状态—响应"模型（PSR模型）的逻辑，对四川生态环境的"状态"、"压力"和"响应"指标组进行信息收集与分析，对四川生态建设的主要行动、成效和挑战等进行系统评估与总结。2020~2021年四川省生态环境建设态势总体向好，但依然存在区域重点问题突出、部分地区仍有生态短板、多主体参与性有待提升等问题。总报告根据四川省的实际状况提出应分区分类适应气候变化、分区进行生态环境管控、创新生态产品价值实现机制以及加强自然教育培养生态保护人才等具体措施。第二部分"大熊猫国家公园建设篇"围绕大熊猫国家公园社会经济发展和管理中存在的自然资源本底不清、经济水平较低、产业结构单一，以及大熊猫国家公园建设中生态护林员队伍建设问题，提出了摸清自然资源本底、开展经营试点，探索集体林可持续利用和多方参与主体协同联动等对策建议。第三部分"全民自然教育篇"聚焦四川全民自然教育实践，探讨自然教育介入保护性社区的居民感知以及全民自然教育对生态产品价值实现的作用机制。2020年四川省在全国率先提出"全民自然教育",自然教育正处于蓬勃发展阶段。全民自然教育为生态产品价值实现提供了新思路,研究发现全民自然教育仍然面临着诸多挑战。未来应持续倡导由以青少年儿童为主的自然教育向全民自然教育转变,因地制宜地构建具有地方特色的全民自然教育体系;加强自然保护地社区在全民自然教育中的主体性,实现保护地周边社区开展全民自然教育始终服务于生态保护目标,协调经济增长和环境保护之间的关系。第四部分"生态环境治理篇"围绕四川省水电工程开发区生态环境现状、成都市典型湿地生物多样性和新形势下四川省固体废物污染防治立法、成都外环铁路与沿线自然保护地协同管理路径等开展调查研究。研究发现四川省围绕固体废物污染防治积累了很多典型模式经验,但固体废物综合利用整体水平不高,固体废物无害化处置仍面临诸多难点,四川省在固体废物污染防治立法中应突出地区特色,增强法条的针对性和可操作性。成都市典型湿地总体具有良好的生态环境,可以为成都市的生物多样性保护提供栖息地和食物资源,但对珍稀物种的保护力度与有害物种的管理力度仍需加强。第五部分"生态文明体制机制篇"旨在追踪四川省在生态补偿机制、公众参与环境治理激励机制以及生态产品价值实现机制等生态文明体制机制建设中的重要进展,提出应加强生态保护修复,不断提升生态环境资产持续供给能力,通过造血型生态补偿机制推动生态产业发展,为其他地区在推进生态补偿和生态产品价值实现协同发展方面提供参考。

关键词: 生态建设 大熊猫国家公园 全民自然教育 生态环境治理生态文明

目　录 ↖

I　总报告

II　大熊猫国家公园建设篇

⌐ 皮书数据库阅读 **使用指南** ⌐

总 报 告

General Report

B.1

2020~2021年四川生态建设基本态势

杨宇琪　李晟之*

摘　要： 本报告整体上采用"压力—状态—响应"模型（PSR 模型）的
逻辑，对四川生态环境的"状态"、"压力"和"响应"三组相
互影响、相互关联的指标组进行信息收集与分析，从而形成对四
川省 2020~2021 年生态建设状况的评估。本报告评估结果显示
四川省生态环境建设态势总体向好，但区域重点问题突出、存在
一定的生态短板、多主体参与性有待提升等。为此，根据四川省
的实际状况提出了要分区分类适应气候变化、分区进行生态环境
管控、创新生态产品价值实现机制以及加强自然教育等措施
建议。

关键词： PSR 模型　生态建设　生态评估　四川

---

* 杨宇琪，四川省社会科学院农村发展研究所硕士研究生，主要研究方向为发展经济学；李晟
之，四川省社会科学院农村发展研究所研究员，主要研究方向为农村生态。

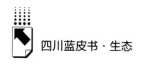
一 四川生态建设总体概况

本报告继续沿用"压力—状态—响应"（以下简称"PSR 模型"）来评估四川生态环境建设的成效。PSR 模型最早由加拿大统计学家 David J. Rapport 和 Tony Friend 于 1979 年提出，后由经济合作与发展组织（OECD）和联合国环境规划署（UNEP）于 20 世纪八九十年代共同发展起来，是一种应用较广泛的环境绩效评估模型。PSR 模型是按照"原因—效应—反应"的思路阐释人类活动给自然界施加压力，改变了环境和资源的状态，进而通过决策、行为等发生响应，促进生态系统良性循环的过程。[①] 人类通过各种活动从自然环境中获取其生存与发展所必需的资源，同时向环境排放废弃物，从而改变了自然资源储量与环境质量，而自然和环境状态的变化反过来会影响人类的社会经济活动和福利，进而社会通过环境政策、经济政策和部门政策，以及意识和行为的变化对这些变化做出反应。如此循环往复，构成了人类与环境之间的"压力—状态—响应"关系。通过对四川生态环境的"状态"、"压力"和"响应"三组相互影响关联的指标组进行信息收集和分析，我们对当年四川省生态建设面临的问题、生态建设投入和成效以及生态建设的政策响应进行系统评估。

本报告旨在评估四川省 2020～2021 年的生态建设状况，数据均为相关部门披露的最新数据。由于相关部门 2021 年的数据暂未全部披露，本报告使用的数据仍以 2020 年数据为主。

二 四川生态建设"状态"

生态产品的概念有狭义和广义之分。狭义上的生态产品是指通过生态工

[①] 高珊、黄贤金：《基于 PSR 框架的 1953—2008 年中国生态建设成效评价》，《自然资源学报》2010 年第 2 期。

（农）艺生产出来的没有生态滞竭的安全、可靠、无公害的高档产品，[①] 资源节约型、环境友好型的农产品、工业品都属于生态产品。随着生产力提升、科学技术进步，生态系统的服务功能的价值得到了社会更普遍的认可，由此，生态产品有了广义的定义。在《全国主体功能规划区》中将重点生态功能区提供的水源涵养、固碳释氧、气候调节、水质净化、水土保持等调节功能定义为生态产品，区别于服务产品、农产品、工业品。因此，广义上的生态产品包括生态有机产品、生态调节服务与生态文化服务。[②] 由于生态产品涉及领域的广泛性和生态环境的复杂性，至今针对生态产品暂时没有权威的统一的定义。但可以确定的是，生态产品的生产能力是衡量生态环境"状态"的重要指标。

专栏　生态系统服务功能

2005 年"联合国千年生态系统评估计划（MA）"国际合作项目集中了 2001~2005 年全球 95 个国家的 1360 名学者对地球各类生态系统进行综合和多尺度评估。该研究成果把生态系统服务分为四类：一是直接供给物质的服务，主要是食物（农作物、家畜、捕鱼、水产养殖、野生生物等）、纤维（原木、棉花、大麻、蚕丝、薪柴等）、遗传资源、生物化学品、淡水等；二是调节自然要素的服务，主要是调节大气质量、调节气候（如全球尺度、区域和局地尺度的二氧化碳吸收）、抵御自然灾害（包括地质灾害、海洋灾害等）、净化水质、控制疾病、控制病虫害、授粉作用等；三是提供精神、消遣等方面的文化服务，主要是提供精神与宗教价值、传统知识系统与社区联系、教育价值（如自然课堂）、艺术创造灵感、审美价值、休闲与生态旅游等；四是维持地球生命条件的支持服务，主要是维持养分循环、产生生物量和氧气、形成和保持土壤、维持水循环和栖息地等。[③]

---

① 任耀武、袁国宝：《初论"生态产品"》，《生态学杂志》1992 年第 6 期。
② 高晓龙等：《生态产品价值实现研究进展》，《生态学报》2020 年第 1 期。
③ 赵士洞、张永民：《生态系统与人类福祉——千年生态系统评估的成就、贡献和展望》，《地球科学进展》2006 年第 9 期。

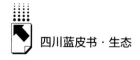

众所周知，四川拥有丰富的土地、森林、生物、水能、旅游、矿产资源，其储蓄量在西部地区乃至全国都排前列，我们选取水资源、森林、草原、湿地、生物资源等指标来展现四川生态产品的生产能力，反映四川生态保护与建设的成效。

（一）总体概况

1. 资源总量

2020年，四川省国有土地面积为2246.84万公顷，占全省国土总面积的46.22%。其中，农用地面积为1965.01万公顷，建设用地面积为65.64万公顷。未利用地面积为216.18万公顷。截至2020年底，四川省在库储备土地有3.23万公顷。全省具有保有资源储量的矿产有97种。全省国有森林面积共988.1万公顷，国有森林蓄积量为12.51亿立方米。四川国有草原面积为1638.27万公顷，全省湿地资源面积为174.78万公顷（不计稻田/冬水田），水资源总量为3237.26亿立方米。①

2. 生态环境状况

2020年四川省生态环境总体评估状况为"良"，生态环境状况指数（EI）为71.3，同比下降0.6。生态环境状况二级指标中，生物丰度指数、植被覆盖指数、水网密度指数、土地胁迫指数和污染负荷指数分别为63.7、86.7、32.6、83.2和99.8，同比上升-0.1、-1.2、-1.7、0.1和0。

（1）市域生态环境状况

21个市（州）的生态环境质量为"优"和"良"，生态环境状况指数（EI）为60.6~83.6。其中，广元市、乐山市、雅安市和凉山州的生态环境状况为"优"，占全省面积的21.5%，占市域数量的19.0%；其余17个市（州）的生态环境状况为"良"，占全省面积的78.5%，占市域数量的

---

① 《四川家底公开2020年国有资产总额超15万亿元》，https://www.sc.gov.cn/10462/10464/10797/2021/11/22/b90b7d045cae41e891d48eea57619d6f.shtml，2021年11月22日。

81.0%。与上年相比，成都市、攀枝花市、德阳市、绵阳市、雅安市和眉山市的生态环境状况"略微变差"；其余15个市（州）生态环境状况"无明显变化"。

（2）县域生态环境状况

2020年四川省183个县（市、区）生态环境状况以"优"和"良"为主，占全省总面积的99.9%，占县域数量的96.7%。其中，生态环境状况为"优"的县有41个，生态环境状况指数为75.0~90.4，占全省面积的23.4%，占县域数量的22.4%；生态环境状况为"良"的县有136个，生态环境状况指数介于55.2~74.8，占全省面积的76.5%，占县域数量的74.3%；生态环境状况为"一般"的县有6个，生态环境状况指数为39.5~50.7，占全省总面积的0.1%，占县域数量的3.3%。与上年相比，全省183个县（市、区）的生态环境状况变化范围为-0.3~1.3。其中，生态环境状况"略微变好"的县（市、区）有2个，"略微变差"的县（市、区）有59个，"无明显变化"的县（市、区）有121个，"明显变差"的县（市、区）有1个。

3. 水热条件

2020年四川省水热条件较为充分，有利于植被生长和生态质量的提高。四川省平均植被生态质量指数达49.21，与常年相比，全省52.34%的地区植被生态质量处于"较好"和"很好"等级。2000~2020年，四川省有81.67%的区域植被生态质量指数呈增加趋势，植被生态质量指数平均每年增加0.15。其中，盆地北部、南部地区植被生态质量有明显的改善，川西高原北部、凉山州部分地区植被生态质量也有较为明显的提升。在森林生态系统植被方面，2020年，全省大部分林区温度、降水、日照皆高于常年，水热条件较优，林区平均植被生态质量指数为57.73，大部分区域生态质量良好，与近20年均值相比增加了13.8%；植被覆盖度为59.47%，与近20年均值相比增加了9.9%。2000~2020年，四川省84.04%的区域森林生态质量指数皆为增长趋势。在草原生态系统植被生态质量方面，2020年，四川省草地植被生态质量指数整体维持在中等及以上水平，草地植被生态质量指数为 41.05，较近 20 年均值增长 14.32%；草地植被覆盖度为 40.97%，较近 20 年均值增长 8.24%。2000~2020 年，草地植被覆盖度呈增长趋势的面积占比为 71.56%。在农田生态系统植被生态质量方面，2020 年，四川省农田植被生态质量指数整体维持在中等及以上水平，农田植被生态质量较好区域主要是盆周和攀西高原区域。2020 年，农田植被生态质量指数为 53.74，较近 20 年均值增长 12.51%；农田植被覆盖度为 55.38%，较近 20 年均值增长 14.95%。从 2000 年至 2020 年，大部分地区农田生态系统植被生态质量都呈现增长趋势，农田生态质量指数呈增长趋势的面积占农田总面积的 84.04%，农田植被覆盖度呈增长趋势的面积占农田总面积的 89.04%。

（二）物质产品供给

1. 水资源

四川省共六大水系，根据《2020 年四川省生态环境状况公报》，其中长江干流（四川段）、黄河干流（四川段）、金沙江、嘉陵江水系优良比例为 100%，岷江和沱江水系优良水质断面占比分别为 94.9%、86.1%。四川省六大水系 2018~2020 年优良水质比例如表 1 所示，可见岷江与沱江水系优良比例虽暂未达到 100%，但该比例逐年上升。相对来说，沱江水系该比例提升空间较大。

表 1　2018~2020 年四川省六大水系优良水质比例

单位：%

年份	长江干流（四川段）	黄河干流（四川段）	金沙江	嘉陵江	岷江	沱江
2018	100	100	100	100	74.4	47.2
2019	100	100	100	100	84.2	77.8
2020	100	100	100	100	94.9	86.1

（1）湖库水质

在四川省 13 个湖库中，泸沽湖（1 个国考断面）为 Ⅰ 类，邛海（1 个国考断面）、二滩水库、黑龙滩水库、瀑布沟、紫坪铺水库、双溪水库、鲁班水库（1个国考断面）、升钟水库、白龙湖为Ⅱ类，水质优；老鹰水库、三岔湖为Ⅲ类，水质良好；大洪湖为Ⅳ类，污染物为总磷。在单独评价指标中，13个湖库中，12个湖库粪大肠菌群均达到或好于Ⅲ类，泸沽湖未监测该指标。9个湖库总氮达到或好于Ⅲ类水质标准，老鹰水库、双溪水库、升钟水库受到总氮的轻度污染；大洪湖受到总氮的中度污染。在营养状况方面，泸沽湖、二滩水库、紫坪铺水库、双溪水库、白龙湖为贫营养，邛海、黑龙滩水库、瀑布沟、老鹰水库、三岔湖、鲁班水库、升钟水库、大洪湖为中营养。

（2）集中式饮用水水源地水质

在市级集中式饮用水水源地方面，四川省全省21个市（州）政府所在地46个在用集中式饮用水水源地46个断面（点位）所测项目全部达标（达到或优于Ⅲ类标准），达标率100%。全年取水总量208841.7万吨，达标水量208841.7万吨，水质达标率100%。在县级集中式饮用水水源地方面，21个市（州）145个县的217个县级集中式地表饮用水水源地开展了监测，总计监测断面（点位）220个（地表水型185个，地下水型35个），所有断面（点位）所测项目全部达标（达到或优于Ⅲ类标准），达标断面所占比例为100%；取水总量140938.58万吨，达标水量140938.58万吨，水质达标100%。在乡镇集中式饮用水水源地方面，全省21个市（州）169个县开展了乡镇集中式饮用水水源地水质监测，共监测2778个断面（点位），其中地表水型1884个（包括河流型1347个、湖库型537个），地下水型894个。按实际开展的监测项目评价，全省乡镇集中式饮用水水源地断面达标率为93.6%。以上数据显示，乡镇水质达标率低于城市水质达标率，未来应重点关注乡村生态环境与人居健康。

2. 森林

（1）国土绿化

2020年，四川省完成全年营造林939.3万亩，为省政府下达目标任务的117%。"十三五"期间，全省累计完成营造林5593万亩，为绿化全川5年目标的111.86%。2020年，全省共计2340万人次参与义务植树，植树

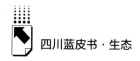

8363 万株。2020 年，森林覆盖率 40.03%，较 2019 年提升 0.43 个百分点；森林蓄积量 19.16 亿立方米，较 2019 年增长 1848 万立方米；草原综合植被盖度 85.8%，较 2019 年提升 0.2 个百分点；建成区绿化覆盖率 41.85%，较 2019 年增长 1.3 个百分点；人均公园绿地面积 14.03 平方米，较 2019 年增长 1.06 平方米。

（2）生态空间格局

根据最新评估结果，优化调整后自然保护地 256 个（不含 93 个风景名胜区、4 个世界自然遗产和自然与文化遗产、3 个世界地质公园），面积 10.02 万平方公里。

（3）森林采伐

据统计，2021 年全省共核发林木采伐许可证 14.77 万份，发证采伐量 608.85 万立方米，其中"占限额"采伐 391.37 万立方米，占全省年采伐限额 1629.6 万立方米的 24.02%，各地各编限单位采伐林木均未超过年森林采伐限额。①

3. 林业生产

2020 年，四川省各级林业和草原部门积极应对新冠肺炎疫情的不利影响，采取调结构、抓项目、强服务等措施推进林业草原产业发展。全年实现林业草原产业总产值 4096 亿元，其中，林业产业总产值 4072 亿元，草原产业总产值 24 亿元，比上年增长 3%。年度总产值首次迈上 4000 亿元台阶，其中生态旅游收入连续 3 年突破 1000 亿元。从结构来看，林草产业中三次产业产值分别为 1534 亿元、1101 亿元、1462 亿元。受新冠肺炎疫情影响，三次产业比例从 2019 年的 36∶26∶38 调整为 2020 年的 37∶27∶36。

林业第一产业中，实现林木育种和育苗产值 59 亿元，同比上年增长 5%；实现营造林产值 82 亿元，同比增长 4%；木材和竹材采运产值 75 亿元，同比减少 5%；经济林产品的种植与采集产值 969 亿元，同比增长 8%；

① 《四川省 2021 年森林采伐限额制度执行良好》，http://lcj.sc.gov.cn/scslyt/ywcd/2022/2/10/57c39905abbb43dd95a8ed0d19f7b6d0.shtml，2022 年 2 月 10 日。

实现花卉及其他观赏植物种植产值 189 亿元，同比增长 9%。新冠肺炎疫情突袭而至，全省迅速落实全国人大常委会决定，组织禁食陆生野生动物人工繁育主体退出，全年陆生野生动物繁育与利用产值 13 亿元，同比减少 63%。林业第二产业中，木材加工和木、竹、藤、棕、苇制品制造产值 258 亿元，同比减少 4%；木、竹、苇浆造纸和纸制品产值 192 亿元，同比增长 31%；木、竹、藤家具制造产值 294 亿元，林产化学产品制造产值 18 亿元，与上年基本持平；木质工艺品和木质文教体育用品制造产值 6 亿元，同比增长 13%；非木质林产品加工制造产值 233 亿元，同比增长 41%。林业第三产业中，实现林业旅游与休闲服务产值 1192 亿元，同比减少 6%，占林业总产值的 29%；实现林业生产服务产值 30 亿元、林业生态服务产值 35 亿元、林业专业技术服务产值 14 亿元、林业公共管理及其他组织服务产值 7 亿元，除林业系统非林产业、林业专业技术服务和林业公共管理及其他组织服务产值同比保持增长态势外，其他均呈现同比减少。在全部林草产业总产值中，竹产业呈现快速发展态势，年度实现产值 722 亿元，比上年增长 19%。受新冠肺炎疫情以及洪涝灾害、全面禁食陆生野生动物人工繁育政策等因素影响，林下经济产值 319 亿元，同比减少 47%。

4. 草原

2021 年，四川草原面积共有 3.13 亿亩，占全省面积的 43%。可利用天然草原面积 2.65 亿亩，占全省草原总面积的 84.7%。全省天然草原有 2.46 亿亩集中连片分布在甘孜、阿坝、凉山三个民族自治州，主要分布在海拔 2800～4500 米的地带，与西藏、青海、甘肃、云南、贵州、重庆、陕西省（区、市）接壤，属全国五大牧区之一。

四川草原类型多样，共有 11 类 35 组 126 个型，海拔 270～5500 米均有分布。草原面积最大的前三类依次是高寒草甸草地类、高寒灌丛草地类、山地灌草丛草地类，分别占全省草原总面积的 49%、15%、9%。天然草原牧草构成以禾本科、豆科、莎草科和杂类草为主，其中禾本科植被 107 属 355 种、豆科植物 64 属 213 种。

全省草原分布地区的地形地貌复杂，水热条件分布不均，植被类型多样。西部为青藏高原的东延部分，平均海拔4000米左右，高原西北部相对高差50~100米，地势开阔平坦，气候严寒，日照强烈，80%的降水集中在5~8月，草原以高寒草甸、高寒灌丛草地为主。高原东南部为横断山地区，高山峡谷纵横，高低悬殊，小气候效应显著，垂直变化明显，温差大，干湿季分明，草原以山地草甸草地、山地灌草丛草地为主。川西南为山地地区，海拔1000~3500米，地貌与云贵高原相似，部分地区为亚热带气候，暖季长，热量多，区内草原资源垂直分布现象明显，自高而低分别有亚高山草甸、山地草甸、山地灌草丛、干旱河谷灌丛草地。盆地内地貌以平原、丘陵为主，气候温和，土壤肥沃，土地垦殖利用率高，主要分布有农隙地草地和零星的灌草丛草地。

2020年，四川省种草面积105296公顷，其中，建设人工草地52964公顷，补播种草52332公顷；草原改良面积143862公顷；草原管护面积14133129公顷，其中禁牧面积4666667公顷，草畜平衡面积9466462公顷。

2020年10月24日，四川省林业和草原局官方发布并公示经由网络投票（占40%）和专家综合评议（占60%）的"四川省十大最美草原"评选结果，分别为阿坝州的红原大草原、曼则塘大草原、若尔盖热尔大坝草原，凉山州的百草坡草原、冶勒草原，甘孜州的毛垭草原、塔公草原、格木草原、泥拉坝草原，攀枝花市的格萨拉日都尼西草原，以及"四川省五大最美草地景观"评选结果，分别为甘孜州的洛绒牛场草原、伍须海草原，成都市的阳光里草坪，广元市的青川大草原，南充市的百牛渡江湖心岛草地。

5. 湿地

湿地是指地表过湿或经常积水，生长湿地生物的地区，通常为未开发利用土地（自然湿地）。湿地被誉为"地球之肾"，具有蓄洪抗旱、净化水质等功能，对维护全球生态动态平衡具有重要的意义。目前，四川拥有沿海滩涂以外几乎所有湿地类型。

据第三次全国国土调查，四川现有湿地面积123.085万公顷（1846.14万亩）。其中，森林沼泽面积0.005万公顷（0.07万亩），占0.004%；灌丛沼泽面积8.79万公顷（131.83万亩），占7.14%；沼泽草地面积91.28万公顷（1369.13 万亩），占 74.16%；内陆滩涂面积 6.26 万公顷（93.84 万亩），占 5.09%；沼泽地面积 16.75 万公顷（251.27 万亩），占 13.61%。

全省湿地主要分布在甘孜藏族自治州、阿坝藏族羌族自治州、凉山彝族自治州等三州地区，占全省湿地的 98.00%。经监测，全省湿地每年涵养了长江流域入海口 30% 的水量，补给了黄河上游 13% 的水量。2020 年，全省湿地生态价值已超过 2100 亿元，较 2012 年提升 15% 以上。

早在 2017 年，四川省就出台了《四川湿地保护修复制度实施方案》，多措并举，全面加强湿地保护。"十三五"期间开展湿地保护修复工程 60 余个，落实湿地生态效益补偿 2.33 亿元，有效保护湿地近 500 万亩。2021 年，又争取中央和省财政资金 6000 多万元，实施湿地保护修复项目 7 个，同时继续实施湿地生态效益补偿。四川省还于 2019 年启动了全省泥炭沼泽碳库调查工作，现已全面完成泥炭沼泽碳库面上调查、核查工作，正编制调查报告，为准确绘制泥炭沼泽"空间分布图"奠定了扎实的基础。全省已建立湿地自然保护区 32 个，湿地公园 55 个，国际重要湿地 2 处、国家重要湿地 2 处、省重要湿地 7 处，湿地分类分级管理体系基本建立，"若尔盖国家公园"正在积极创建中。

6. 生物资源与生物多样性

四川省有高等植物 1 万余种，约占全国总数的 1/3，仅次于云南。其中，苔藓植物 500 余种，维管束植物 230 余科、1620 余属，蕨类植物 708 种，裸子植物 100 余种（含变种），被子植物 8500 余种，松、杉、柏类植物 87 种居全国之首。被列入国家珍稀濒危保护植物的有 84 种，占全国的 21.6%。野生菌类 1291 种，占全国的 95%。全省有脊椎动物近 1300 种，约占全国总数的 45% 以上，兽类和鸟类约占全国的 53%，其中兽类 217 种、鸟类 625 种、爬行类 84 种、两栖类 90 种、鱼类 230 种。国家重点保护野生动物 145 种，占全国的 39.6%，居全国第一位。据第四次全国大熊猫调查，四川省野生大熊猫种群数量达 1387 只，占全国野生大熊猫总数的 74.4%，其种群数量居全国第一位。

四川野生高等植物区域分布差异明显，四川东部地区生物多样性相对较低；盆周中海拔地区和川西高山高原区的生物多样性相对较高。大体上，由北至南纵贯川西高山高原区，即岷山—邛崃山—大雪山—大凉山—沙鲁里山一带区域是全省野生动植物最为丰富的区域，亦是全省生物多样性保护的关键区。全省21个市（州）中，野生脊椎动物种类排名前三的分别是凉山州、阿坝州和甘孜州。野生维管束植物种类排名前三的分别是凉山州、阿坝州和宜宾市。

四川是"生物多样性宝库"、全球34个生物多样性热点地区之一。2021年，四川省生态环境厅启动编制《四川省生物多样性保护战略与行动计划（2021—2035年）》，开展优先区域生态系统、重点生物物种及重要生物遗传资源调查，率先优选"五县两山两湖一线"（黄河流域5县，青藏高原贡嘎山、海子山，泸沽湖、邛海自然保护区，川藏铁路沿线）等重要区域开展生物多样性调查。同时，启动生态保护红线生态破坏问题监管试点，对1208个生态破坏疑似问题开展现场核查处理。

（三）生态系统调节

生态系统调节是指当生态系统达到动态平衡的最稳定状态时，能自我调节和维护自身的正常功能，并能在很大程度上克服和消除外来干扰，保持自身的稳定性。但这种自我调节功能是有一定限度的，当外来干扰因素的影响超过一定限度时，就会失衡，从而引起生态失调，甚至导致生态危机发生。

1.空气质量

（1）城市

四川省21个市（州）政府所在地城市环境空气质量按《环境空气质量标准》（GB3095-2012）评价，平均优良天数率为90.8%（见图1），同比提高1.7个百分点，较"十三五"初期提高5.6个百分点。重污染天数平均为0.6天，同比减少0.2天。全省环境空气质量达标城市新增3个，总数达到14个，分别是攀枝花市、绵阳市、广元市、遂宁市、内江市、乐山市、广安市、巴中市、雅安市、眉山市、资阳市、阿坝州、甘孜州、凉山州。

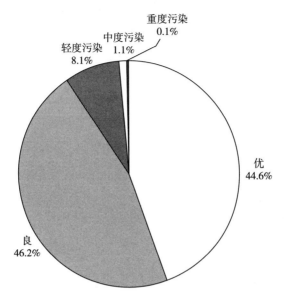

图1 2020年四川省城市环境空气质量AQI等级占比

注：以94个国控站点数据统计。

（2）农村

四川省10个农村区域空气自动站分布于成都平原、川东北区域，反映了成都、德阳、绵阳、广元、南充、雅安、遂宁7个市的农村区域环境空气质量状况，监测项目为二氧化硫、二氧化氮、可吸入颗粒物、细颗粒物、一氧化碳、臭氧。7个市的农村区域环境空气质量较好，全省总优良率为93.2%，其中优为54.2%、良为39.0%（见图2），主要监测项目为二氧化硫、二氧化氮、可吸入颗粒物、细颗粒物、一氧化碳、臭氧，与上年相比，二氧化硫年平均浓度无变化，二氧化氮、一氧化碳、可吸入颗粒物、细颗粒物平均浓度分别降低了12.5%、10.0%、11.1%、11.5%，臭氧年平均浓度升高11.8%。

2.水土流失与水土保持

2020年，四川省完成新增水土流失综合治理面积5110平方千米，减少水土流失量约1100万吨。其中水土保持重点工程投资58149万元，治理水

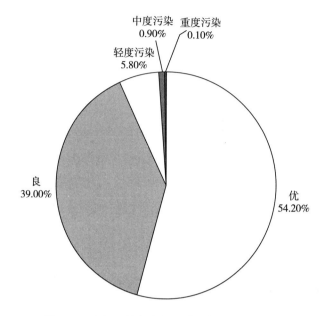

图2 2020年四川省农村区域空气质量级别分布

土流失面积843平方千米，坡耕地改造6.49万亩。

为加强农村环境整治，四川省2020年共完成1845个行政村环境整治和非正规垃圾堆放点整治1618处，排查整治农村黑臭水体298处、铁路沿线环境安全隐患问题12819个。全省58.37%的行政村（含涉农社区）生活污水得到有效治理，强制污水处理率52.6%，91.9%的行政村生活垃圾得到治理，农村卫生厕所普及率86%、农膜回收率80%、秸秆综合利用率91%，规模以上养殖场污粪处理设施装备配套率95%以上。

为稳步推进净土保卫战，四川省2020年完成重点行业企业用地调查，采样调查地块801个，工业园区40个。完成178个涉农县（市、区）耕地土壤环境质量类别划定、6个国家级土壤治理与修复技术应用试点项目和142家涉镉等重点行业企业整治。动态更新建设用地土壤风险管控和修复名录，共有地块29个。

3.垃圾分解

生态系统按其形成的影响力和原动力，可分为人工生态系统、半自然生态系统和自然生态系统三类。自然生态系统的物质流动量主要取决于植物、动物和细菌、微生物的种类和数量。生产者、消费者和分解者之间以食物营养为纽带形成食物链和食物网，系统中产生的废弃物是复生细菌、真菌、某些动物的食物。人工生态系统中物质流动量与种类是以人的需要为纽带。人类在满足自己物质需要的同时，制造了大量的生产生活垃圾。地球自然生态系统已没有能力及时将这些废弃物还原为简单无机物。如果垃圾不能资源化，根据质量守恒定律，地球资源中能够为人类开采利用的资源将越来越少。解决人工生态系统中垃圾的资源化、无害化的关键是开发、创造垃圾的分解能力。①

（1）固废处理

为强化新冠肺炎疫情医废监管，截至2021年5月四川省医疗废物持证经营单位共49家，集中处置能力12.97万吨/年，医废处置能力总体处于充足水平；四川省率先出台省级医废应急处置污染防治技术指南，制定疫情医废应急保障措施，解决部分市（州）医废处置高负荷和超负荷问题。另外，在危险废物处置方面，四川省强化"一废一库一品"监管，开展了全省危险废物专项整治三年行动，共排查化工园和企业1324家，排查发现问题1208个；集中抽查尾矿库和矿山195座，对192座尾矿库环境污染治理建立"一库一档"，排查生态环境问题553个，完成190座尾矿库、559个生态环境问题整治。同时，在金属污染防治方面，四川省2020年共排查涉重金属企业476家，完成142家企业农用地周边涉镉等重金属污染整治和4家企业单位产品用汞量减半任务，实施重金属减排工程123个，累计完成重金属净减排10791公斤，排放量较2013年削减17.3%，超额完成减排目标。

（2）垃圾分类与处理

四川省试点推行垃圾分类，在成都、德阳、广元3个城市试点生活垃圾

---

① 周咏馨、苏瑛、黄国华、田鹏许：《人工生态系统垃圾分解能力研究》，《资源节约与环保》2015年第3期。

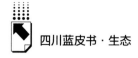

分类，其回收利用率均达到35%以上，基本建成生活垃圾分类处理系统，城市居民小区生活垃圾分类平均覆盖率达到90%以上。广元市"两化一分"垃圾分类经验被四川省委改革办纳入党的十八大以来四川省35个深化改革"典型案例"。广元市朝天区和雅安市名山区成功申报2020年全国生活垃圾分类及资源化利用示范县，截至2021年5月四川省该类示范县有9个。

全省建成生活垃圾无害化处理厂（场）151座，处理总能力6.6万吨/日，无害化处理率达99.9%，其中56%的垃圾通过焚烧进行无害化处理，自贡、泸州、成都率先实现原生生活垃圾"零填埋"。城市（县城）生活垃圾转运站807个，环卫车辆15532辆，年清运量达到1586万吨。农村生活垃圾收转运处置体系覆盖全省92%的行政村。

（3）污水处理

到2020年底，全省城镇生活污水处理能力达1210.5万吨/日，建成排水管网6.5万公里。岷江、沱江重点控制区域城市（县城）生活污水处理厂已完成提标改造的规模为484.7万吨/日，较2019年增加240万吨/日。全省城市、县城、建制镇污水处理率分别为96.3%、91.1%、51.6%。

4.洪水调节

洪水调节主要包含自然调节和人为调节两个方面，自然调节即通过自然生态系统中森林植被、湿地、草原等元素的涵养水源、保持水土、调节气候等自然修复功能进行调节；人为调节即人工生态系统中为保证大坝安全及下游防洪，利用水库人为地控制下泄流量、削减洪峰的径流调节。从客观上讲，洪水频发有其不可抗拒的原因，但不可否认，洪水发生频率和影响程度也与人为因素相关。这里，我们可以做的是减少人为因素对自然生态的破坏，做好预测监测以及灾害发生后的应急处理，努力将洪水带来的危害降至最低。[1]

2020年，处于长江上游流域的四川盆地出现大规模洪涝灾害现象，多条河流水位突升。以沱江为例，此次暴雨汇集了北河、中河、毗河3条河流

---

[1] 李晟之主编《四川蓝皮书：四川生态建设报告（2015）》，社会科学文献出版社，2015。

的集雨；同时，金堂峡口集雨面积涵盖龙门山东部迎风坡、龙泉山西北部、成都平原大部，"两山夹平原"集雨面积超过6600平方公里。2020年8月18日，持续强降雨导致四川22条主要河流及支流33站超警超保，全省启动Ⅰ级防汛应急响应，为有记录以来的首次。水位上涨导致雅安市、乐山市大面积受灾，河水漫上马路，部分城区内涝，10余万名受灾群众被紧急转移。

2009~2018年，四川受洪水影响，年均直接经济损失为235.26亿元，年均受灾人数达1072.11万人，均为全国之最。作为全国山洪灾害最严重的省份之一，四川省有防洪任务的河流就有3172条，山洪灾害危险区有28156个。48万平方公里的面积中，38万平方公里是山洪防治区；183个县级行政区中，175个有山洪防治任务。四川发生的暴雨洪灾主要是山洪型洪灾，主要发生在盆周山地及川南山地，由暴雨诱发滑坡、泥石流等地质灾害。

四川盆地是一个相对凹陷的汇水盆地，地势西高东低。盆地边缘山地和川南山地，山高坡陡，大暴雨到达地面后，在重力作用下，地表径流迅速汇集到河谷中，极易造成洪灾。同时，长江北岸有雅砻江、岷江、沱江、涪江、嘉陵江、渠江自西部、西北部和北部山区汇集。诸江上游谷深坡陡，暴雨发生后，洪水陡涨，洪峰骤起，而出山口进入平原丘陵后，因地势低缓，河谷开阔，河道曲折和支流甚多，加之泥沙沉积，河床淤塞，导致江峰受阻，排泄困难，容易造成洪涝灾害。

（四）文化服务供给/支持功能

1. 固碳

固碳，也叫碳封存，指的是增加除大气之外的碳库的碳含量的措施，包括物理固碳和生物固碳。物理固碳是将二氧化碳长期储存在开采过的油气井、煤层和深海里。植物通过光合作用可以将大气中的二氧化碳转化为碳水化合物，并以有机碳的形式固定在植物体内或土壤中。生物固碳就是利用植物的光合作用，提高生态系统的碳吸收和储存能力，从而降低二氧化碳在大

气中的浓度，减缓全球变暖趋势。

从碳强度来看，2019年，全省单位地区生产总值二氧化碳排放比2018年降低3.84%，完成年度目标。据测算，四川省森林生态系统年固定碳量7000余万吨，累计碳储量超过29亿吨，可供开发造林碳汇、竹林碳汇、森林经营碳汇项目的土地面积分别达51万公顷、70万公顷、680万公顷，若全部实施碳汇项目，30年间三者可分别减排二氧化碳1.3亿吨、1.2亿吨、8.0亿吨。另外，还有大量可供开发碳汇项目的草原和湿地资源，开发类别多且可规模化开发。①

目前，四川省主要通过强化国土空间规划和用途管控，严守生态保护红线，严控生态空间占用，稳定现有森林、草原、湿地、海洋、土壤、冻土、岩溶等的固碳作用。

2. 土壤质量

土壤质量是指土壤提供植物养分和生产生物物质的土壤肥力质量，容纳、吸收、净化污染物的土壤环境质量，以及维护和保障人类和动植物健康的土壤健康质量的总和。根据四川省第二次全国土地调查主要数据成果公报，全省主要地类包括：全省耕地面积672.0万公顷（10080万亩）、园地面积76.7万公顷（1150万亩）、林地面积2220.2万公顷（33303万亩）、草地面积1223.2万公顷（18348万亩）、城镇村及工矿用地面积142.3万公顷（2135万亩）、交通运输用地面积31.3万公顷（469万亩）、水域及水利设施建设用地面积103.1万公顷（1546万亩）、其他土地面积392.5万公顷（5887万亩）。

2020年，四川省对21个饮用水源地周边的61个土壤监测点和14个畜禽养殖场周边73个风险监测点进行了监测。其中，饮用水源地周边36个点综合评价结果 I 类点占比86.11%，II 类点占比13.89%；畜禽养殖场周边66个点综合评价结果 I 类点占比74.24%，II 类点占比25.76%。2020年，

---

① 《"双碳"愿景下四川林草碳汇前景几何》，https://www.sc.gov.cn/10462/12771/2021/7/28/93fab575474140868c67021ad451dde2.shtml，2021年7月28日。

全省 102 个土壤监测点综合评价结果 I 类点占比 78.43%，II 类点占比 21.57%。从土壤环境质量的监测结果来看，饮用水源地周边土壤环境质量均处于合格状态，土壤风险点的土壤环境质量也处于风险可控状态，总体监测土壤环境质量处于良好状态。

从耕地质量的监测结果看，截至 2020 年底，四川省共布设耕地质量调查点 10000 个，耕地质量长期定位监测点 1010 个。2020 年全省国家级耕地质量监测点的有效监测结果表明，监测点耕地土壤有机质、全氮、有效磷含量处于 3 级（中）水平，分别为 24.7g/kg、1.46g/kg、17.3mg/kg，较 2018 年分别上升 0.4g/kg、0.05g/kg、-1.3mg/kg，升幅分别为 1.6%、3.5%、-7.0%；土壤钾素含量处于 2 级（较高）水平，其中速效钾平均含量为 103mg/kg，缓效钾平均含量为 314mg/kg，较 2018 年分别下降 16mg/kg、74mg/kg，降幅分别为 13.4%、19.1%。

3. 生物地化循环

生物地化循环是指生态系统之间各种物质或元素的输入和输出及其在大气圈、水圈、土壤圈、岩石圈之间的交换。生物地化循环还包括从一种生物体（初级生产者）到另一种生物体（消耗者）的转移或食物链的传递及其效应。生物地化循环是一个动态的过程，涉及自然界的方方面面，相关的研究大多基于生物学角度且关于四川省的资料不足，但关于生物地化循环的重要性不容忽视。

4. 生态文明功能

生态文明功能即生态系统提供的文化服务功能，即从生态系统中获得的非物质惠益。这其中除了因生态景观而获得旅游价值之外，还有宝贵的生态文化。自然资源是文化、历史、宗教之源，特别是在少数民族地区，山、树、水都是人们崇拜的对象。人类从自然中获取灵感并不断加以演化，最终形成了优秀的文化遗产，这是全人类都能获益的宝贵财富。

（1）生态旅游景观价值

2019 年，四川省共接待国内游客 75081.58 万人次，国际游客 414.78 万人次，全年旅游收入 11594.32 亿元。2020 年，四川省实现旅游收入 6500 亿元，接待国内游客4.3亿人次①，受新冠肺炎疫情影响，四川省2020年旅游收入相较于2019年大幅下跌。

2020年，全省文旅系统一手抓疫情防控，一手抓复工复产，出台文旅企业复工复产"十条措施"，发布旅游景区、公共文化机构开放指南，推出线上艺术战"疫"、云展览、云演出等活动，实施恢复发展计划，复工复产复业有序推进。川渝合作、产业发展、文艺创作、公共服务等各项工作有序推进，亮点纷呈。同时，四川全面启动巴蜀文化旅游走廊建设，定点帮扶5县17乡24村全部脱贫摘帽。

2019年1月四川启动了文化和旅游资源普查工作，历时两年，四川是全国第一个完成文化和旅游资源"双普查"的省份。在此次普查中，四川省共普查出六大类文化资源305.7万余处，旅游资源24.5万余处。其中新发现新认定旅游资源6.5万余处，评定五级旅游资源1864处，四级旅游资源5250处，三级旅游资源39863处，数量和质量均居全国第一。在旅游资源中，查明地文景观20919处，水域景观17716处，生物景观31850处，天象与气候景观3115处，建筑与设施106966处，历史遗迹39185处，旅游购品（文创产品）17004处，人文活动8993处。可利用的高山、极高山资源数量居全球第一、地表钙华景观品质居世界第一，大熊猫种群数量、竹类资源面积（1766万亩）、乡村旅游资源数量均居全国第一。② 在文化和旅游产业发展方面，四川2020年在建文旅重点项目414个，完成投资1564.8亿元，发行文旅地方政府专项债券116.1亿元，新创国家级公共文化服务体系示范区1个、示范项目2个，三星堆列入国家文物保护利用示范区首批创建名单；新增国家5A级旅游景区2家、国家4A级旅游景区15家、国家全域旅游示范区5家、国家级旅游度假区1家、全国乡村旅游重点村23个、国家一级博物馆4家、天府旅游名县10个。

---

① 《2020年四川实现旅游收入6500亿元　接待国内游客4.3亿人次》，《四川日报》2021年1月20日。

② 《第一！四川率先完成文旅资源普查，总量超300万处，多项资源全国第一》，https：// sichuan. scol. com. cn/ggxw/202104/58120062.html，2021年4月15日。

截至 2021 年，四川拥有世界级旅游资源和品牌 26 个，世界自然遗产 3 处（九寨沟、黄龙、大熊猫栖息地），世界文化遗产 1 处（青城山—都江堰），世界文化与自然遗产 1 处（峨眉山—乐山大佛），国家 A 级旅游景区 565 家，其中 5A 级景区 15 家，国家级风景名胜区 18 处。

（2）传统生态文化传承

四川优秀传统文化源远流长。古蜀文明独具魅力，巴蜀文化丰富多样，民族文化绚丽多姿，红色文化基因深厚，是我国独具特色的优秀文化高地与精神沃土。四川为多民族聚居地，有 55 个少数民族，有全国唯一的羌族聚居区、最大的彝族聚居区和全国第二大藏族居住区，甘孜、阿坝、凉山三州独具浓郁的民族风情。

从地域文化特点角度，四川可分为川中、川南、川东北、攀西和川西高原五大文化片区。川中文化区以历史文化为主，如以成都金沙遗址为代表的古蜀文化、以广汉三星堆遗址为代表的三星堆文化。川南文化区以民俗文化为主，如自贡自唐代以来便有的新年燃灯的习俗以及泸州和宜宾的酒文化。川东北文化区以历史文化和红色文化为主，广元是千年古蜀道的核心区，蜀道文化、三国文化、女皇文化、红色文化在此交相辉映；巴中有通江县红四方面军总指挥部旧址纪念馆、川陕苏区红军烈士陵园、南江县巴山游击队纪念馆等众多红色旅游景点。攀西文化区以康养文化和民族文化为代表，攀西地区具有独特的自然环境，孕育了湖泊、溶洞、石林、瀑布、温泉、原始森林、高山草甸、地下海子等独特的自然景观，为康养文化的产生奠定了自然基础。川西高原文化区以民族文化和红色文化为典型特点，民族村寨、民族节会、民族歌舞、民族艺术、民族美食、民族习俗、民族传说等各具魅力、引人入胜。

三 四川生态建设"压力"

自然生态系统内部的循环、人们利用自然资源的行为都会给自然生态环境带来不同程度的改变，这些变化便是四川生态建设的"压力"，压力层主要为一些环境破坏、污染控制和资源利用类指标。

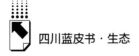
（一）自然压力

四川地处青藏高原东南缘，山地丘陵广布，地形高低悬殊，地层岩性复杂，断裂构造发育，气候复杂多变，近97%的面积处在地质灾害易发区，是全国隐患点数、威胁人数、威胁财产数三项指标占比均超过10%的唯一省份。四川是全国自然灾害灾种最多、灾次最频繁的省份之一。①

1. 地震

四川境内断层密布，其中有三大断裂带——龙门山断裂带、鲜水河断裂带、安宁河断裂带，地震频发。四川省地震局的统计资料显示，2020年，四川省发生破坏性较大地震两次，分别为青白江5.1级、石渠5.6级。2月3日青白江5.1级地震最高烈度为Ⅵ度（6度），等震线长轴呈北东走向，长轴26千米，短轴15千米，主要涉及成都市青白江区、金堂县、龙泉驿区，共计3个区县。4月1日石渠5.6级地震最高烈度为Ⅶ度（7度），等震线长轴呈北西走向，长轴80千米，短轴54千米，主要涉及甘孜州石渠县、德格县、甘孜县和青海达日县，共计4个县。

2. 气温与森林火灾

2020年，四川省年平均气温15.4℃，较常年偏高0.5℃，与2018年、2019年并列历史第九的高位。盆地和攀西大部分地区年平均气温15℃~18℃，攀枝花年平均气温21.7℃，为全省最高。川西高原北部年平均气温在10℃以下，石渠年平均气温0.1℃，为全省最低，川西高原其余大部分地区年平均气温10℃~15℃。全省大部分地区年平均气温较常年偏高0.1℃~1.1℃，其中川西高原和攀西部分地区气温偏高1.0℃，理塘、稻城、会理等地气温偏高1.5℃。近二十年是四川有气象记录以来最热的时期。在观测期内，四川全省平均气温每十年升高0.17℃。

按照四川地形特点，同一时期，攀西地区升温速度最快，为每十年

---

① 四川省自然资源厅：《四川省自然资源厅关于印发〈四川省"十四五"地质灾害防治规划〉的通知》，2021年12月15日。

0.29℃，超过同观测期内每十年气温升高0.24℃的全国平均水平；盆地升温速度最慢，为每十年0.14℃；川西高原升温速度居中，为每十年0.23℃。盆地区域气候"暖、干"化趋势明显，而川西高原则呈现"暖、湿"化趋势。

3. 强降雨与地质灾害

2020年四川省年降水量1132.2毫米，较常年偏多18%，列历史同期第2位。甘孜州大部分地区降水量在800毫米以下，其中得荣降水量为347.0毫米，为全省最多。省内其余大部分地区降水量800~1400毫米，其中盆西北、盆西南和盆南局部地区降水量在1400~1800毫米，天全降水量达1907.0毫米，为全省最多。盆东北、甘孜州南部和攀西局部地区降水量偏少一至三成，省内其余大部分地区降水量偏多一至六成。阿坝、成都、雅安、宜宾4市（州）共有12站年降水量突破本站历史最高纪录。2020年8月中旬，根据降雨趋势，四川省防汛抗旱指挥部预计沱江三皇庙站将出现超历史纪录洪水，涪江中下游也将持续出现超保证水位洪水，8月17日12时四川省启动Ⅱ级防汛应急响应，这也是四川省2020年首次启动Ⅱ级防汛应急响应。

2020年四川省151站发生了暴雨天气，其中79站发生了大暴雨，6站发生了特大暴雨。全省共计发生暴雨552站次，其中大暴雨123站次，特大暴雨6站次，暴雨站次数列历史第1位。四川省2020年总体为中旱年，春旱和夏旱范围广，局地旱情偏重，伏旱不明显。118站出现高温天气（日最高气温≥35℃），有40站日最高气温≥38℃。2020年，四川省累计遭受大风和冰雹灾害约40余次，部分地区造成较大灾情损失，为偏重发生年份。

2020年全省洪涝及地质灾害多发频发，灾情严重，共造成21市（州）183县（市、区）851.4万人次受灾；倒塌房屋0.6万户1.8万间，损坏房屋7.0万户18.2万间；农作物受灾面积36.0万公顷，其中绝收面积5.7万公顷；直接经济损失425.7亿元（较近五年同期均值增加149%）。

4. 干旱

干旱半干旱区与西北的黄土高原区、西南喀斯特地貌区、滨海及内陆盐碱地等并列为国家几大困难立地区域，是国土绿化的重点和难点地区。四川干旱半干旱区主要分布在西部横断山区的金沙江、雅砻江、岷江、大渡河、安宁河、白龙江（即四江两河）的河谷地带，地理上介于东经98°13′16″~104°15′54″、北纬26°2′52″~33°23′11″，行政区域涉及甘孜州、阿坝州、凉山州、攀枝花市和雅安市5个市（州）41个县（市、区），总面积约133.52万公顷，占全省面积的2.74%。区域年平均气温5℃~22℃，年均降雨量300~600毫米，年均蒸发量为降雨量的2~6倍；土壤类型包括山地褐土、山地红褐土等；植被类型主要属河谷型萨王纳植被。四川干旱半干旱区为典型的生态脆弱区，区域生态植被退化和水土流失等问题突出，治理意义重大。

2015年起，省级财政统筹资金启动了专项生态治理项目，旨在通过干旱半干旱地区突出生态问题系统治理试点，探索积累治理模式和经验，引领干旱半干旱地区综合生态修复。截至2020年，累计投入3.5亿元，其中将雅安市汉源县、石棉县作为示范区，并建设投入2850万元。项目实施后，区域抗旱能力提高，生物多样性增强，基本实现了治理区生态环境稳步提升的预期目标，也增加了项目实施区农牧民收入。

2020年全省旱灾主要发生在春末夏初，集中发生在川东北部，共造成13市（州）44县（市、区）的263.5万人次受灾，因旱需救助人次达24万人次；农作物受灾面积24.9万公顷，其中绝收面积1.6万公顷；直接经济损失13.9亿元。

5. 大风冰雹

2020年全省风雹灾情较轻，共造成14市（州）64县（市、区）的31.4万人次受灾；倒塌房屋51户107间，损坏房屋1.6万户3.0万间；农作物受灾面积2.3万公顷，其中绝收面积0.3万公顷；直接经济损失4.2亿元。

6. 污染物排放

《2020年四川省生态环境状况公报》显示，2020年全省废水中化学需氧量排放量为130.46万吨，其中，工业源、农业源、生活源和集中式排放量分别为2.47万吨、49.07万吨、78.79万吨和0.02万吨；废水中氨氮排放量为8.02万吨；总氮排放量为20.06万吨；总磷排放量为1.77万吨。在废气污染物排放方面，二氧化硫排放量为16.31万吨，氮氧化物排放量为40.45万吨，废气颗粒物排放量为22.40万吨。各污染物不同来源占比如表2所示。

表2　各污染物不同来源占比

单位：%

项目		工业源	农业源	生活源	集中式	移动源
废水污染物	化学需氧量	1.89	37.62	60.39	0.02	—
	氨氮	1.59	9.78	88.57	0.06	—
	总氮	3.57	32.92	63.45	0.07	—
	总磷	1.26	53.9	44.82	0.02	—
废气污染物	二氧化硫	76.63	—	23.34	0.03	—
	氮氧化物	40.30	—	4.96	0.05	54.69
	废气颗粒物	71.95	—	26.70	0.01	1.34

注：工业源包括《国民经济行业分类》（GB/T4754-2017）中行业代码为06-45的40个大类行业及其行业代码为4610的自来水生产和供应业；农业源包括种植业、畜禽养殖业和水产养殖业；生活源包括《国民经济行业分类》（GB/T4754-2017）中的第三产业以及居民生活源，其中居民生活源范围包括城镇和农村；集中式包括集中式污水处理单位、生活垃圾集中处理处置单位、危险废物集中利用处置（处理）单位；移动源包括机动车污染源。

（二）人为压力

1. 经济增长

2020年四川实现地区生产总值48598.8亿元，同比增长3.8%，高于全国平均水平1.5个百分点，基本完成预期目标。全社会固定资产投资增长9.9%，高于预期目标1.9个百分点。居民消费价格上涨3.2%，控制在4.5%的预期目标以内。社会消费品零售总额实现20824.9亿元，同比下降2.4%，降幅比全国平均水平低1.5个百分点。外贸进出口总额实现8081.9亿元，同比增长19%，高于全国平均水平17.1个百分点。城镇居民人均可支配收入实现38253元，同比增长5.8%，高于全国平均水平2.3个百分点。农村居民人均可支配收入实现15929元，同比增长8.6%，高于全国平均水

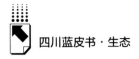

平 1.7 个百分点。①

2. 人口变化与城镇化

根据四川省第七次全国人口普查数据，2020 年，四川省总常住人口数量为 8367 万人，排名全国第五，低于广东省、山东省、河南省、江苏省，占全国总人口的 5.93%，同比增长率为 -0.1%。2020 年四川常住人口城镇化率约为 56.73%，与 2010 年相比上升了 16.55 个百分点。成都市 2020 年常住人口为 2093.78 万人，是四川省唯一常住人口超过 1000 万人的超大城市。② 与 2010 年相比，成都十年新增人口 581.89 万人，是四川省唯一人口增量超过 100 万人的市州，如此的人口增量即使在全国范围内也屈指可数。2010 年成都的人口数量占全省总人口的比例为 18.8%，而 2020 年该比例猛增至 25.02%，这意味着四川省有超过 1/4 的人口居住在省会成都，全省人口进一步向省内的首位城市聚集。从各个市州的数据来看，人口向中心城区的聚集效应也较为明显。

3. 农林牧渔生产

人类的生存离不开对自然资源的合理利用，四川作为人口、农业大省，农林牧渔产值也能从一方面反映人类向自然索取的压力。根据统计局信息，2020 年四川省农林牧渔总产值为 9216.4 亿元，相比 2019 年增长了 1327.05 亿元，第一产业中，农业总产值为 4701.88 亿元，林业总产值为 379.82 亿元，牧业总产值为 3613.81 亿元，渔业总产值为 287.54 亿元。

2020 年四川省粮食产量为 3527.4 万吨，相比 2019 年增长了 28.90 万吨。肉类产量为 597.83 万吨，相比 2019 年增长了 38.30 万吨。从细分肉类产品产量来看，猪肉产量为 394.8 万吨，相比 2019 年增长了 41.35 万吨，占肉类产量的比重为 66.04%；牛肉产量为 37.03 万吨，相比 2019 年增长了 0.60 万吨，占肉类产量的比重为 6.19%；羊肉产量为 27.3 万吨，

---

① 《2021 年四川省人民政府工作报告》，https://www.sc.gov.cn/10462/c105962/2021/2/5/7124b99320b0457f98d483a30ef61199.shtml，2021 年 2 月 5 日。

② 四川省统计局：《四川省第七次全国人口普查公报（第二号）》，http://tjj.sc.gov.cn/scstjj/tjgb/2021/5/26/68cf8ce902a44c389e72591bd5a 31ca2.shtml，2021 年 5 月 26 日。

相比 2019 年增长了 0.22 万吨，占肉类产量的比重为 4.57%；禽肉产量为 138.7 万吨，相比 2019 年减少了 3.87 万吨，占肉类产量的比重为 23.20%。

4. 工业发展

四川是全国三大动力设备制造基地和四大电子信息产业基地之一。2021 年全年电子信息、装备制造、食品饮料、先进材料、能源化工等五大支柱产业营业收入 4.03 万亿元，增长 9.6%。数字经济总量超 1.4 万亿元。已组建 30 余个智能制造、5G、区块链、工业互联网、超高清视频等产业联盟，1299 家省级以上企业技术中心，78 家省级以上技术创新示范企业。拥有 176 个认定重大技术装备首台套、新材料首批次、软件首版次产品，保费支持 4.8 亿元。核电装备、重型燃机、工业级无人机等产品研制跻身全国乃至世界前列。

5. 能源建设

根据初步核算，2020 年四川省能源消费总量 21185.9 万吨标准煤，比上年增长 1.9%；全社会用电量 28652010.3 万千瓦时，比上年增长 8.7%。

2020 年，全省原煤产量 2240.3 万吨，仅占全国原煤产量的 0.5%；天然气产量 463.4 亿立方米，占全国天然气产量的 24%；发电量 4182.3 亿千瓦时，占全国发电量的 5%；2020 年原油产量 7.9 万吨，原油加工量 955.1 万吨，汽油、煤油、柴油产量分别为 232.3 万吨、97.8 万吨、216.8 万吨。2020 年，原煤占一次能源产量的比重为 8.5%，天然气占比为 30.2%，一次电力及其他能源占比为 61.2%。四川省的能源生产结构不断向清洁化发展，在一次能源生产结构中，原煤占比不断降低，天然气、以水电为主的一次电力及其他能源占比不断提高。

近年来，全省陆续新增了风力发电、太阳能发电、垃圾焚烧发电、生物质发电、页岩气、煤层气、生物柴油等 7 种新能源。2020 年，全省规上工业风力发电量 85.3 亿千瓦时，比 2014 年增长 36.1 倍；垃圾焚烧发电量 30.8 亿千瓦时，比 2014 年增长 5.8 倍；太阳能发电量 22.0 亿千瓦时，比 2015 年增长 23.4 倍；生物质发电量 12.8 亿千瓦时，比 2015 年增长 6.5 倍；

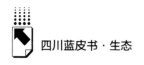
页岩气产量112.0亿立方米，比2016年增长2.2倍。

6. 交通网络建设

截至2021年6月，四川省铁路、高速公路总里程分别达4970公里、7238公里，成都双流国际机场旅客吞吐量超过5000万人次，成都天府国际机场正式投运，"四向八廊"战略性综合交通走廊逐步形成。并且，四川正在加快建设"东向""南向""西向"铁路，成南达万高铁连通长三角、京津冀，成自宜高铁连通粤港澳大湾区、北部湾经济区，川藏铁路连通青藏高原，成兰铁路连接丝绸之路经济带。

2019年12月，四川省成功进入了第二批交通强国建设试点名单，主要在六个方面开展交通强国建设试点，即高质量推动成渝城市群交通一体化发展、高品质构建高原山区综合立体交通网、高标准建立公园城市绿色交通体系、高效率建设有韧性的交通防灾体系、高层次探索车路协同的智慧高速公路体系以及高水平打造"交通+旅游""交通+文化"融合新名片。

四　四川生态建设"响应"

（一）政策、制度与监督

四川省成立由省委、省政府主要负责同志任双主任的四川省生态环境保护委员会，加强对全省生态文明建设和生态环境保护的组织领导，设立绿色发展、生态保护与修复、污染防治、农业农村污染防治4个专项工作委员会，协调解决实际工作中存在的问题和困难。

按照山水林田湖草系统治理要求，明确地方党政领导干部保护发展森林草原资源目标责任，四川省林长制办公室于2022年1月27日开始进入实质运行阶段。根据《四川省林长制运行规则（试行）》规定，四川省林长制办公室是省级林长制的工作机构，承担林长制组织实施具体工作，履行组织、协调、分办、督办等职责，落实总林长、副总林长、省级林长确定的事项。目前，四川省市县乡村五级林长体系基本建立。全省设立省级林长38

人、市级林长 435 人、县级林长 3894 人、乡级林长 21641 人、村级林长 57102 人，国有林草保护经营单位设立林长 814 人。①

2022 年 1 月，四川省发布的《四川省"十四五"生态环境保护规划》明确，到 2025 年，力争 21 个市（州）和 183 个县（市、区）空气质量全面达标，基本消除重污染天气，全省国控断面水质以 Ⅱ 类为主，长江、黄河干流水质稳定达到 Ⅱ 类。展望 2035 年，绿色生产生活方式广泛形成，二氧化碳排放达峰后稳中有降，生态环境更加优美，环境质量根本好转，长江、黄河上游生态安全屏障更加牢固，生态环境治理体系与治理能力现代化基本实现，美丽四川画卷基本绘就。四川省未来通过贯彻新发展理念推动经济社会全面绿色低碳转型、启动实施二氧化碳排放达峰行动积极应对气候变化、深化大气污染协同控制、坚持污染减排和生态扩容两手发力巩固提升水环境质量。②

2021 年 11 月四川省政府办公厅印发关于《四川省省级生态县管理规程》和《四川省省级生态县建设指标》的通知，四川省开始启动省级生态县的创建工作，省级生态县建设指标涉及生态制度、生态安全、生态空间、生态经济、生态生活和生态文化等领域，包括环境空气质量、地表水环境质量、生态环境状况指数、森林覆盖率、草原综合植被盖度等 35 项指标，称号有效期 3 年。生态环境厅将对获得省级生态县称号的地区实行动态监督管理，可根据情况进行抽查。对命名满 3 年的地区，对照建设指标进行复核，复核合格的创建地区，省级生态县称号有效期延续 3 年。③

---

① 《四川省林长制办公室正式揭牌》，http：//lcj. sc. gov. cn/scslyt/ywcd/2022/1/28/5e50161fa4 a044d5b0497c7cb3484335. shtml，2022 年 1 月 28 日。
② 《四川出台"十四五"生态环境保护规划，到 2025 年——力争 183 个县市区空气质量全面达标》，https：//www. sc. gov. cn/10462/10464/10797/2022/1/24/8e76c1bfd04e4f579cc9c014 a3f67b86. shtml，2022 年 1 月 24 日。
③ 《我省将启动省级生态县创建工作》，https：//www. sc. gov. cn/10462/10464/10797/2021/ 11/17/b31bb55731c04c2296466b73d462abba. shtml，2021 年 11 月 17 日。

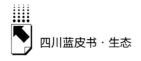

（二）生态产品价值实现实践

"绿水青山就是金山银山"的绿色发展理念指出了自然生态系统不仅为人类提供了丰富的生态产品与服务，具有生态效益，同时其生态价值还可以转化为经济效益，具有经济价值和社会价值。习近平总书记强调，良好的生态本身蕴含着无穷的经济价值，能够源源不断地创造综合效益，实现经济社会可持续发展。

为响应"两山"理论的号召，缓解生态与经济发展不平衡，2021年11月，四川省发展改革委印发《关于同意大邑县等14个地区开展生态产品价值实现机制试点工作的通知》，确定了首批生态产品价值实现机制试点地区。生态产品价值实现机制，最终目的是建立生态环境保护者受益、使用者付费、破坏者赔偿的利益导向机制。首批入围试点的分别是大邑县、米易县、宣汉县、洪雅县、邛崃市、色达县、广元市、营山县、宝兴县、万源市、中江县、屏山县、盐边县、巴中市。试点地区多数位于全省生态功能区，森林覆盖率等指标居全省前列，是四川的主要生态产品供给区。试点地区的重点任务有六大方面：生态产品价值核算、生态产品供需精准对接、生态产品可持续经营开发、生态产品保护补偿、生态产品价值考核、绿色金融支持等。最终，探索出生态产品价值实现路径和模式。该通知印发以来，各试点地区积极探索生态产品价值实现路径和模式，以广元市为例，制定了《广元市建立健全生态产品价值实现机制实施意见》《广元市生态经济发展实施方案》《广元市生态产品价值实现的机制与路径研究》《广元市生态产品价值实现机制试点实施方案》，并从生态经济、制度建立、生态修复、生态品牌及生态金融等多个方面积极探索。

碳排放权作为生态产品的一种，其产权交易是生态产品价值实现机制的重要创新。作为碳达峰、碳中和的关键一环，2016年，四川省成立联合环境交易所，是我国碳排放权交易非试点地区首家、全国第8家碳交易机构，标志着清洁能源大省四川正式跨入全国碳排放权交易行列。2019年6月，四川联合环境交易所上线了面向机关企事业单位和个人的"点点"碳中和平台，通过平台系统就能完成相关行为参数的录入、碳排放量计算、碳信用购买、电子荣誉证书的颁发以及碳中和排行榜查询等。四川鼓励各类实施主体在赛事、会议、论坛、展览、旅游、生产、运营等各类活动中，实施活动碳中和或部分抵消温室气体排放；利用森林、草原、湿地等自然空间碳汇优势，探索依托大型活动在岷山—邛崃山自然保护轴和黄河源、川西、大巴山、乌蒙山、龙泉山五大自然保护屏障建设碳中和（竹）林、草原、湿地示范项目，并在国际、国家和区域碳信用体系下开发碳减排指标用于大型活动碳中和。四川自然资源禀赋得天独厚，绿色能源、林草碳汇、农村沼气等领域碳信用开发潜力大、经验丰富、场景多样。《京都议定书》机制下，四川获得批准的清洁发展机制项目数占全国的11%，居全国第一，并曾向上海世博会、广州亚运会供给四川特色碳信用指标。农村沼气首次进入国际碳交易，落地我国与外企首个直接合作的林业碳汇项目。

（三）生态建设与保护

2020年四川完成营造林总面积626218公顷（939.3万亩），其中，实现人工造林118658公顷（178万亩），封山育林100578公顷（150.9万亩），退化林修复112064公顷（168.1万亩），人工更新面积12622公顷（18.9万亩），森林抚育面积282296公顷（43.4万亩，均为中、幼龄抚育）。在营造林面积中，完成中央预算内资金投资面积53382公顷，占总面积的9%；完成中央财政资金投资面积197371公顷，占总面积的32%。中央投资是当前营造林的重要资金组成部分，引导着社会资本参与生态保护和林业发展。

在天然林保护工程方面，2020年四川天然林保护工程全年实现营造林面积94767公顷，其中人工造林面积5841公顷，新封山育林面积28729公顷，国有林森林抚育面积60197公顷。2020年实现天保工程投资130177万元，其中，中央预算内资金7592万元，中央财政资金119629万元，地方财政资金2456万元。其他方面，2020年，四川省完成新一轮退耕还林造林面积14283公顷。全年完成退耕还林工程投资48484万元，其中，中央预算内资金7991万元，中央财政资金39804万元，地方财政资金675万元。通过长江流域防护林工程全年实现营造林面积 5466 公顷，完成投资 4550 万元。营造林面积中，人工造林面积 1399 公顷，退化林修复面积 4067 公顷；通过石漠化综合治理工程，2020 年全年实现营造林总面积 5932 公顷，其中，人工造林面积 1939 公顷，新封山育林面积 3993 公顷。完成石漠化综合治理工程投资 3821 万元，其中，中央预算内资金 3344 万元，地方财政资金 477 万元。通过国家储备林建设工程，实现人工造林 133 公顷，完成投资 100 万元。

（四）环保基础设施建设

生态环境基础设施为生产生活提供基础支撑和服务，其建设能提高社会发展的绿色竞争力和可持续发展能力。据测算，不考虑间接拉动效应，近十年来，环保投资对环保产业的直接拉动系数为 0.9。对标 2035 年的生态环境目标，我国生态环境基础设施投资预计至少需要 15 年补齐短板，才能具备长周期固定资产投资和运维的拉动效应。

"十三五"期间，四川全省污染防治投入累计达 3000 亿元，中央和省级生态环保专项资金分别投入 75.2 亿元和 79.5 亿元，推动了一大批生态环境治理设施建成投运。随着治理深入推进，全省生态环保基础设施建设还有短板，城镇污水、垃圾处理设施特别是农村生活污水处理设施建设还需要较大投入。据初步测算，"十四五"期间四川全省生态环境治理的投入需求将超过 7000 亿元。仅完成 2022 年工作任务，21 个市（州）有投资需求的生态环保基础设施建设项目就有 375 个，计划总投资约 1266 亿元，各地前期落实筹资约 466 亿元，尚有融资需求超 800 亿元。2020 年 4 月 29 日，四川省生态环境厅与中国农业发展银行四川省分行签订合作协议，到 2023 年，农发行将为四川生态环境领域重点项目提供总额不低于 500 亿元的融资支持。

（五）环境教育

四川省一直高度重视自然教育。2020 年，四川省林业和草原局、省发展改革委员会、教育厅等八部门联合印发《关于推进全民自然教育发展的指导意见》，将每年3月第二周作为四川自然教育周，力争到2025年全民自然教育发展格局基本形成。截至2021年3月，四川获得教育部、中国林学会等评定的全国自然教育基地（自然学校）、研学基地近20处，评定省级自然教育基地130处，全省年参与自然教育公众人次超过1000万人次。① 同时，四川省林草局同相关部门共同实施"绿色小卫士"养成计划，鼓励全省少年儿童走出课堂、走进自然，增强中小学生和幼儿园小朋友对大自然的科学认知、保护意识和社会责任意识，通过"小手拉大手"、自然教育等多种方式，切实宣传推动绿化造林、野生动植物保护、森林草原防火、湿地保护等生态公益活动。

五 四川生态建设"压力—状态—响应"系统分析及未来趋势展望

本部分即根据以上四川生态建设的"状态"、"压力"和"响应"的状况，对四川生态建设目前存在的几大突出问题进行分析。

（一）"压力—状态—响应"分析

四川省生态资源无论是从种类还是从总量上来说，都位于全国前列，从生态产品供给、生态系统调节与支持、生态文明服务等方面给四川省带来了巨大的价值支持。但是不均衡是四川省自然生态资源分布的重要特征。四川省的森林等资源主要集中分布在川西地区，成都平原地区自然生态系统相对脆弱，而从经济发展的角度来说，四川省存在"东强西弱"的布局，因此整个四川省存在所谓的生态资源富集区、脆弱生态集中区与深度贫困地区高度重叠的问题。尤其是成都平原向西部高原地区过渡的中间地带，土地石漠

---

① 《四川省首届自然教育周启动》，https：//baijiahao.baidu.com/s？id＝16938408043866132 78&wfr＝spider&for＝pc，2021年3月10日。

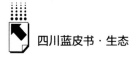

化、沙化问题严重，局部地区生态状况相对脆弱。与此同时，自然资源富集的西部地区又易遭受火灾、地震等自然灾害的袭击，其集中破坏性使得西部地区生态环境的抵抗性和稳定性减弱。

1. 重点区域突出生态问题有待关注

四川省处于三大地震带上，地震灾害频发；处于季风气候带，川西地区气候干燥，森林火灾风险等级高，2019~2020 年四川省凉山州连续两年森林遭遇火灾的肆虐，损失惨重；夏季区域性暴雨频发等极端自然事件带给四川省生态环境巨大的影响。极端自然事件无法阻止，但如何在最大限度内减轻极端自然事件给人民、自然环境带来的伤害是需要在生态建设中考虑的问题。在川西高原地区等重点区域，脆弱生态和贫困重叠，原生植物的保护、生态屏障的建设、干旱半干旱地区植被的恢复、草畜平衡、受损自然生态系统修复、生态廊道建设、野生动植物栖息地及其自然生态系统原真性和完整性的保护等问题需要予以持续的关注。

2. 治理成果总体向好，攻克生态短板

四川省在生态治理中总体来说投入了大量的人力、物力和财力，从前述生态建设相关数据可以看出已取得了一定的成效，从水质、森林覆盖率、草原修复情况等来看，每一年都在稳步改善。但是在生态环境总体向好的情况下，依然存在一些区域的短板、局部项目的短板仍未补齐。比如，四川作为中国六大牧区之一，牧区仍然存在不同程度的放牧超载现象；空气质量较往年大有改善，但城市仍然有重度污染天气出现；石漠化、沙化土地问题依然存在；等等。农村生态环境是四川生态建设中的最大短板。在水资源方面，农村分散式饮用水质量合格率相对较低，农村生活污水问题有待解决。农村生活污水治理是优化农村人居环境中最关键的，污水治理"最后一公里"的打通仍面临着思想认识和资金投入不到位、工作进展不均衡、管护机制不健全等问题。

3. 多主体参与生态保护

从四川省的生态保护措施来看，无论是通过制定政策、规章制度来规范和要求各经济单位的生态保护行为，还是实施各种生态保护工程，生态保护的行为几乎都是由政府来主导的，市场主体与民众的参与度极其有限。生态保护本身所具有的外部性特征使得政府必须是生态保护工程的行为主体，但若不能形成多主体参与的局面，生态保护将始终不是持续的、高效的生态保护。基于此，我国整体上生态环境治理的逻辑开始转变，提倡区域之间、市场之间进行部分生态相关交易。例如 2021 年 2 月起，生态环境部印发《碳排放权交易管理办法（试行）》，标志着酝酿 10 年之久的全国碳市场终于开启，此前已在 7 个省市试点运行，涉及 20 多个行业、3000 多家企业。不过基于生态保护本身的性质，这些市场模式仍处在探索之中，但可以确定的是，促进多方主体主动参与生态保护的体制机制以及合理的市场化途径应是生态环境治理的前进方向。

（二）四川生态建设未来趋势展望

1.分区分类适应气候变化

人类活动与自然因素共同引起全球气候变化，但目前来说，相较于减缓气候变化，适应气候变化显得更为紧迫和必要。当前必须实施更加积极、主动、有为的分区分类适应气候变化行动，加快构建适应气候变化支撑保障体系。

川西北高原高山区以生态安全、水安全、基础设施安全为重点，严格控制旅游、畜牧、采矿等开发活动，构建以大熊猫国家公园为核心的自然保护地体系；开展草原湿地保护修复，提高冰川冻土观测能力，开展水资源风险评估和管控；科学布局城乡居民点和重大工程，提高滑坡、山洪、泥石流、冰雪等自然灾害防御能力。川西南高山峡谷区以农业安全、干旱防御、森林草原火灾防治为重点，有序发展优势特色农业和高效节水型农业；加强森林防火基础设施和能力建设，提高立体观测、预警、管控和灭火能力。环四川盆地山区以生态安全和农业安全为重点，开展生态保护补偿，实施退耕还林还草工程，提高秦巴山区、乌蒙山区、龙泉山、华蓥山等的森林质量；优化农业和农村经济结构，发展特色优势种植业、畜牧业、林下经济。成都平原浅丘区以水安全、城市安全为重点，优化国土空间布局，科学划定城市边界。加强自然水体和河岸保护，建设海绵城市和海绵工程，缓解城市"热岛效应""雨岛效应"。盆地丘陵山区以农业安全和城市安全为重点，适度发展规模化农业和立体农业，推广抗逆农业品种，推动种养结合；提高城市绿化质量，缓解高温热浪。

2. 生态环境分区管控

按照省委"一干多支、五区协同"的区域发展战略部署，立足五大经济区的区域特征、发展定位及突出生态环境问题，将全省行政区域从生态环境保护角度划分为优先保护、重点管控和一般管控三类环境管控单元。优先保护单元指以生态环境保护为主的区域，主要包括生态保护红线、自然保护地、饮用水水源保护区等，应以生态环境保护优先为原则，严格执行相关法律、法规要求，严守生态环境质量底线，确保生态环境功能不降低。重点管控单元指涉及水、大气、土壤、自然资源等资源环境要素重点管控的区域，应不断提升资源利用效率，有针对性地加强污染物排放控制和环境风险防控，解决生态环境质量不达标、生态环境风险高等问题。一般管控单元指除优先保护单元和重点管控单元之外的其他区域，主要落实生态环境保护基本要求。建立全省统一的生态环境分区管控数据应用系统，将生态环境分区管控的具体要求，系统集成到数据应用系统，实现共建共享、动态更新。

省政府有关部门、各市（州）人民政府在相关政策制定和调整中要将生态环境分区管控作为参考依据。各类开发建设应将生态保护红线、环境质量底线、资源利用上线等管控要求融入决策和实施过程。以生态环境分区管控推动经济高质量发展。地方各级人民政府、省政府有关部门应将生态环境分区管控作为推进污染防治、生态保护、环境风险防控等工作的重要依据和生态环境监管的重点内容。各级生态环境部门应强化生态环境分区管控在环评、排污许可、生态、水、大气、土壤、固体废物等环境管理中的应用，严格落实生态环境分区管控要求。

3. 创新探索生态产品价值实现机制

生态产品价值实现不仅是国家生态文明建设中的重要一环，也是破解生态保护与经济发展对立困境的机会。四川作为生态资源丰富的省份，更应积极探索创新适应于自身的生态产品价值实现机制。一是要整合生态资源，山水林田湖是一个生命共同体，生态系统的整体经营，有利于发挥其最大的价值，形成规模效应。二是要注重建立生态资产产权交易制度，尤其要解决分布在广大农村的生态资源产权不清、定价不一的问题，建立确权和评估定价机制是使各类生态资源进入公开市场交易的基础，为社会资本参与乡村生态资源开发提供动力。在当前乡村振兴的大背景下，实现乡村发展是继续实现经济增长必须要面对的挑战，而牺牲环境来发展经济的道路早已走不通了，对于乡村地区来说，实现发展之一就是要实现经济增长，乡村地区唯一富集的资本便是生态资本，活化乡村地区的生态资源，使其变为有价值的生态资本，并进一步转化为乡村居民实际的货币收入是目前乡村地区突破发展瓶颈的路径之一。

4. 自然教育培养生态保护人才

整体来说，公众的环保意识与以往相比有较大幅度的提高，较关注其生活周围的大气、水、垃圾等污染状况，但是其对于生态环境问题仍认知不足，关于环境问题与人类之间的关系、如何应对环境风险及改善环境等知识更是缺乏。一方面，公众深层次的环境理念、环境意识的养成还存在明显的不足，要从公益广告等方面入手推动自然保护理念的普及，尤其是公众环境保护的逻辑教育要紧紧跟上。例如，公众没有从人—环境—社会相关角度认识到人的行为会如何影响生态和环境，以及环境问题如何影响人们的生存和福利，更没有从根本上认识到环境问题解决的方式之一就是每一个人的参与和行动。另一方面，公众还缺乏参与环境保护应具备的环境科学知识、科学素养和态度，包括独立的、理性的思考和判断。许多环境群体事件的出现，暴露的不仅是环境管理不到位，更是公众对环境问题缺乏科学性的认识。因此，四川省在开展相关环境教育时，不仅要倡导不污染环境，更是要在科学知识等方面做更多的普及工作。

为全面推进自然教育，未来五年四川省有五大任务：实施全民自然教育行动、建设自然教育开放空间、强化自然教育示范建设、培育多元自然教育

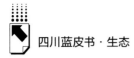

主体、拓展自然教育交流合作等。人才是自然教育的重要支撑，随着林长制、若尔盖国家公园创建等工作的持续推进，更多青少年将科学有序地参与到关注森林、研究森林和保护森林的行动中。同时，持续推进森林城市建设，结合夏令营、冬令营等活动，深入开展青少年进森林研学教育活动，让尊重自然、顺应自然、保护自然成为青年一代的自觉。

大熊猫国家公园建设篇

Construction of Giant Panda National Park

B.2

大熊猫国家公园雅安片区社会经济现状
评价与管理建议研究

李绪佳　陈俪心　李曜汐　喻靖霖*

摘　要： 随着大熊猫国家公园等第一批国家公园的正式建立，我国在建立
以国家公园为主体的自然保护地体系进程中进入了新阶段，对国
家公园的建设与管理有了新要求。本报告在全面调查大熊猫国家
公园雅安片区社会经济现状的基础上，指出区域存在自然资源本
底不清、经济水平较低、产业结构单一等问题，并基于以上研究
结果，从自然资源清查、社区协调发展、产业转型升级等方面对
大熊猫国家公园雅安片区提出相关建议。

---

* 李绪佳，四川省林业和草原调查规划院大熊猫国家公园研究所高级工程师，主要研究方向为
国家公园建设管理，主要负责本报告的选题、撰写；陈俪心，四川省林业和草原调查规划院
大熊猫国家公园研究所助理工程师，主要研究方向为自然保护地生态保护，主要负责本报告
的数据分析；李曜汐，四川省林业勘察设计研究院有限公司助理工程师，主要研究方向为自
然资源管理，主要负责本报告的数据分析；喻靖霖，四川省林业勘察设计研究院有限公司助
理工程师，主要研究方向为自然保护地社区发展，主要负责本报告的外业调查。

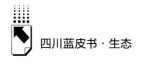
关键词： 大熊猫国家公园　社会经济　自然资源管理

一　大熊猫国家公园社会经济调查的意义

（一）大熊猫国家公园雅安片区概况

大熊猫国家公园是全球生物多样性保护的热点地区之一，也是我国生态安全战略格局"两屏三带"的关键区域。大熊猫国家公园雅安片区内共有野生大熊猫 337 只（据全国第四次大熊猫调查报告），公园面积为 5936 平方公里，占雅安市面积的 39.5%。雅安市是大熊猫国家公园中面积最大、县份最多、占比最大的市（州），是全球唯一实现大熊猫发现、保护、繁育、野化、放归完整历程的地方，也是南北大熊猫种群交流的重要生命廊道。雅安片区范围涉及宝兴、天全、荥经、石棉和芦山共 5 个县域。公园全域受东亚季风环流影响明显，主要气候类型是以亚热带季风气候为基带的山地气候，雨量充沛、四季分明，气候的区域性与垂直差异性较明显。多层次的气候特征为多种野生动植物的栖息繁衍提供了优越的环境条件。

2020 年，芦山、荥经、石棉、天全、宝兴五县的地区生产总值分别为 50.81 亿元、76.96 亿元、102.38 亿元、70.70 亿元、34.53 亿元，五县城镇居民人均可支配收入分别为 33805 元、36816 元、35531 元、33637 元、36107 元，五县农村居民人均可支配收入分别为 14695 元、16670 元、15201 元、14597 元、16174 元。

（二）社会经济调查的意义

大熊猫国家公园开展体制试点工作以来，公园范围内野生大熊猫种群数量稳定，栖息地面积扩大、连通性增强，在管理体制机制、科研监测、国际交流合作、社区共建共管等方面积累了丰富的经验。然而，由于大熊猫国家公园多处于偏远山区，当地居民生活与森林、动物息息相关，无法分割，居民生活生产基础设施落后，产业结构单一，以矿山开采、水力开发等资源消耗型产业为主。目前公园范围内有大量的企事业单位、工矿企业、旅游经营机构等。在我国已设立的国家公园中，大熊猫国家公园涉及省、市、县、乡镇的人口最多，情况最为复杂。按照国家公园功能定位，原则上核心保护区内禁止人为活动，一般控制区内限制人为活动，不符合保护要求的产业也要逐步退出。同时，在坚持生态保护第一的前提下，国家公园也要统筹保护和发展，有序推进生态移民，适度开展生态旅游，实现生态保护、绿色发展、民生改善相统一。

因此，在大熊猫国家公园正式设立后，急需开展社会经济调查以分类有序地摸清和解决历史遗留问题，为后续国家公园规划、建设、管理提供明晰本底依据。具体来说，对国家公园内的土地资源现状进行调查，可为后续集体所有土地及其附属资源处置建立基础；对国家公园涉及村镇居民开展社区调查，可为后续社区协调发展规划建立基础；对国家公园内的矿权、小水电、旅游服务等经济产业项目进行调查，可为后续工矿企业有序退出、产业升级转型提供依据。

二　大熊猫国家公园雅安片区社会经济现状及评价

（一）大熊猫国家公园雅安片区社会经济现状

1. 自然资源

（1）土地利用现状

雅安片区土地资源现状由第三次全国国土调查和 2020 年度森林资源管理"一张图"进行融合处理所得。统计结果显示，片区内土地类型主要为林地，面积为 5088 平方公里，占片区总面积的 85.71%，草地、其他土地、水域及水利设施用地占比分别为 8.75%、3.52% 和 1.61%，其余土地类型占比均不足 1%（见图 1）。片区内土地权属性质主要为国有，占比达到 83.39%。其中林地、草地、水域及水利设施用地的国有权属占比分别为 83.18%、95.83% 和 91.44%。

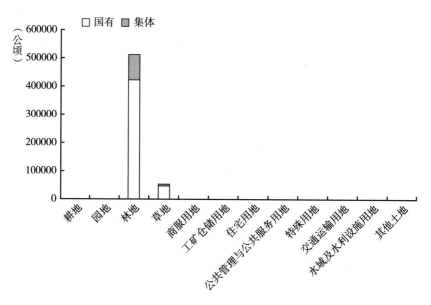

图1 大熊猫国家公园雅安片区土地利用现状

资料来源：由第三次全国国土调查和2020年度森林资源管理"一张图"进行融合处理所得。

（2）森林、草原、湿地资源概况

森林资源中，林地面积最大，为428704.54公顷，占比84.26%；灌木林地面积次之，为668平方公里，占比13.13%；疏林地、未成林造林地、无立木林地、宜林地、林业辅助生产用地占比很小，均小于2%。林木资源的活立木蓄积为6163万立方米，其中乔木林占比96.57%，疏林蓄积占比0.09%，散生木蓄积占比3.34%。草地资源中，天然牧草地为主，面积为467平方公里，占比89.84%；其他草地53平方公里，占比10.16%。湿地资源中，公园内有湿地14平方公里，其中河流水面为主，面积为74平方公里，占比98.32%；湖泊水面、水库水面、坑塘水面、内陆滩涂和沟渠的面积占比均小于2%。

2. 社区人口

（1）人口数量

社区人口数量的调查以访问调查和实地核查为主。基于国土三调的宅基地图斑和卫星影像区划房屋图斑，形成人口核查图层，通过到涉及村镇访问调查或实地核查的方式逐户核实人口居住情况，并落实到房屋图斑上，核查结果显示，片区内共有331处房屋，其中核心保护区12处，一般控制区319处；片区内共核查有居民2552人，其中户籍人口2389人，非户籍人口163人。非户籍人口包括公园内各乡镇管护站、电站、加水站等管理用房以及生产生活用房的常住人口。有部分户籍人口不居住在公园内，因此常住人口更少，有2245人。户籍人口中，核心保护区20人，占总人数的0.84%，一般控制区2369人，占总人数的99.16%。

居民家庭人口数量调查以问卷调查为主，调查范围为公园涉及行政村（行政村完全或部分位于公园内）。有效问卷708份，涉及社区居民708户3363人。访问内容包括各乡镇平均户籍人口、平均每户常住人口（一年中在家居住时间>6个月的人口）、平均每户总人口（经济生活存在实质稳定联系的家庭人口）、平均每户劳动力数量。统计结果如表1所示，家庭平均户籍人口多为4~5人，由于家庭中儿女成家后不同父母居住或在外务工等，大部分家庭常住人口少于户籍人口，每户平均常住有3~4人。平均每户有2~3个劳动力，几乎为总人口数量的一半。

表1　大熊猫国家公园雅安片区涉及村镇居民家庭人口数量统计

县	乡镇	调查户数（户）	平均户籍人口（人）	平均每户常住人口（人）	平均每户总人口（人）	平均每户劳动力数量（人）	劳动力占总人口比例（%）
宝兴县	大溪乡	11	6	4	6	2	33.3
	蜂桶寨乡	43	5	4	5	3	60.0
	灵关镇	47	4	4	4	2	50.0
	陇东镇	68	4	3	5	2	40.0
	穆坪镇	41	4	3	5	3	60.0
	硗碛藏族自治乡	41	5	4	5	2	40.0
	五龙乡	69	4	3	4	2	50.0

续表

县	乡镇	调查户数（户）	平均户籍人口（人）	平均每户常住人口（人）	平均每户总人口（人）	平均每户劳动力数量(人)	劳动力占总人口比例（%）
天全县	喇叭河镇	50	4	4	5	3	60.0
	仁义镇	10	4	2	5	3	60.0
	兴业乡	10	4	3	5	3	60.0
	思经镇	30	5	4	5	4	80.0
	小河镇	30	5	5	5	3	60.0
芦山县	宝盛乡	10	4	4	4	2	50.0
	大川镇	16	4	5	5	3	60.0
	太平镇	40	5	4	5	3	60.0
石棉县	安顺乡	11	5	6	6	2	33.3
	回隆乡	40	4	4	5	2	40.0
	栗子坪乡	31	6	5	6	3	50.0
荥经县	安靖乡	20	3	3	4	3	75.0
	牛背山镇	39	4	4	4	3	75.0
	龙苍沟镇	20	5	4	6	2	33.3
	泗坪乡	10	3	3	3	2	66.7
	荥河镇	21	4	3	4	2	50.0

资料来源：抽样调查。

（2）文化水平

居民文化水平调查以问卷调查为主，有效访问人数为3022人。片区涉及村镇居民普遍文化水平较低，初中学历人数最多，占总人口的36%；小学学历人数次之，占总人口的33%；中专及高中学历人数占14%，大专及以上学历的人数占12%；无学历人数为143人，占总人数的5%。

（3）收入来源

居民就业与收入调查以问卷调查为主，有效访问人数为2479人。片区内的就业人口比例为89.19%，社区居民的生活来源以务工为主，有1102名居民，占总调查人口的49.84%；其次为务农，有906名居民，占比41.00%；其余主要为个体经营、自由职业。社区居民整体收入水平有限，家庭年均收入 93136 元，人均年收入 18627 元。

（4）居民认知

居民就业与收入调查以问卷调查为主，调查结果如表 2 所示，有效回答是否知道国家公园或保护区的居民有 705 人，其中 77.2% 的居民知道自己所在村镇有区域处于国家公园或保护区范围内。有效回答对国家公园或保护区建立的态度的居民有 700 人，其中 89.9% 的居民对国家公园或保护区的建立表示支持，84.7% 的居民觉得国家公园建立对自己的生活没有负面影响。支持的主要原因为居民认为国家公园或保护区建设能促进当地发展尤其是旅游业发展，有利于改善较偏远地区的基础设施，为当地经济发展提供更多的机遇。同时，部分居民认为国家公园或保护区的建立能更好地保护环境、保护大熊猫，但是居民也反映野生动物肇事事件较为频繁，特别是宝兴县涉及村镇，90% 的居民反映种植的粮食作物或者林木遭到过野生动物的损害，肇事动物主要有野猪、藏酋猴等。虽然调查中大部分居民认为保护当地生态对居民有好处，有必要设立国家公园或保护区，但他们中大多数不能回答出具有什么好处，也不能在更深层次上认识到生态保护的重要性。

有效回答是否愿意搬迁进行集中安置的居民有 679 人，其中 76.58% 的居民表示愿意搬迁。小部分自发愿意搬迁的居民主要认为目前居住地位置较偏远、条件较差，没有发展前景，因此愿意搬迁到生活便利的区域；其他大部分愿意搬迁的居民则表示应该响应国家政策，如果大部分人都同意搬迁或者政策能保障搬迁后的生活，自己便愿意搬迁。大部分不愿意搬迁的居民表示习惯了目前以农耕为主业的生活，如果搬迁后失去田地，担心没有经济来源和生活保障。

表 2　大熊猫国家公园雅安片区涉及村镇居民保护认知统计

单位：人，%

访问内容	态度	人数	占比
是否知道国家公园或保护区	知道	544	77.2
	不知道	161	22.8
	小计	705	100.0

续表

访问内容	态度	人数	占比
对国家公园或保护区建立的态度	不支持	7	1.0
	无所谓	64	9.1
	支持	629	89.9
	小计	700	100.0
国家公园或保护区建立对自己生活的影响	负面	106	15.3
	无影响	309	44.7
	正面	277	40.0
	小计	692	100.0
是否愿意搬迁进行集中安置	不愿意	152	22.4
	不知道	1	0.1
	无所谓	6	0.9
	愿意	520	76.58
	小计	679	100.00

资料来源：抽样调查。

3. 产业结构

（1）第一产业

除了外出务工，社区居民在本地的生产生活主要依赖务农。务农主要包括种植业和养殖业。种植业以粮食作物为主，经济作物相对较少。其中种植作物主要是粮食作物，经济作物较少。粮食作物种植以玉米为主，水稻和小麦极少。这些粮食作物基本不用于出售，主要供家庭食用或用作养殖饲料。此外，片区内村镇居民种植有少量蔬菜，大多乡镇蔬菜种植面积不超过1亩，种植品类包括土豆、油菜、辣椒等，基本用于满足自给自足，偶尔会售卖少量蔬菜，但收入较低。仁义镇六成村有公司定期收购居民种植的蔬菜，调查中有5户居民靠蔬菜种植获得较高收入，平均每户每年收入6720元。

调查发现，片区内经济作物主要是茶叶、水果、经济林木和竹类。芦山县种植茶叶的居民最多且户均种植面积最大。不同种植户的茶叶出售价格差异较大，例如天全县兴业乡柑子村两户居民平均每年茶叶种植收入分别为1000元/亩和2000元/亩，而芦山县宝盛乡农户平均每年茶叶种植收入为4000

元/亩。水果种植户主要集中在宝兴县和石棉县，种植的种类主要有李、梨、苹果、樱桃、猕猴桃、枇杷、黄果柑等。调查显示，居民种植的水果中，有53.6%的水果用于出售，但部分水果由于刚种植或处于种植头两三年，大部分未挂果，不能产生收入。已经进行出售的水果中，不同区域价格差异较大，以枇杷为例，片区内枇杷种植每年平均收入在20000元左右，但由于有野生猴类摘吃和病虫害损害等情况，有的种植户每年出售枇杷收入仅有2000~30000元。

片区内种植的其他经济林木种类主要有藤椒、花椒、山桐子。其中花椒种植收入相对较高，调查显示，花椒种植户平均收入为6205元。竹类在片区内也被广泛种植，除石棉县外，其他4个县均有竹类种植，主要品种有方竹、水竹、百家竹、荆竹和雷竹等。竹类种植在部分乡镇已形成十分庞大的规模，天然林禁止采伐后，居民从林业中获得的收益有所下降，居民转而将采集出售新鲜竹笋作为主要副业收入。每年3~9月方竹、水竹等成熟时，大量的居民开始打笋子售卖，每年户均收入从千元至万元不等。

片区内种植的草本中药材种类主要有重楼、毛茨菇、地苦胆、三七、云木香、牛膝和白芨等。草本中药材的收入与种植面积和种类有关，户均每年收入从1000元至100000元不等。黄檗、厚朴和杜仲作为三木药材在片区内被广泛种植，尤其是黄檗种植范围最广。三木药材的有效成分为树皮中的小檗碱、药根碱等，因此木本药材主要靠幼苗长大后取树皮进行售卖，等树皮取完后再砍树出售木材。大部分的农户按年份分批次种植，每年树皮采集量不固定，且与种植面积有极大的关系，因此收入较不稳定。

（2）第二产业

片区内的第二产业以工矿和水电为主。基于基础资料和现地核查，片区内涉及矿权71宗，其中，采矿权33宗，包括核心保护区采矿权1宗、一般控制区采矿权32宗；探矿权38宗，包括核心保护区探矿权7宗、一般控制区探矿权31宗。片区内共有28种矿种，最多的是花岗石和铅锌矿，其次是硫铁矿、砂岩、饰面用花岗岩、饰面用石料（大理石）等。目前所有矿权全部均已停产关闭。

片区内现有154个小水电站，包括核心保护区3个，一般控制区151个。片区内现有154个小水电站中有8个缺乏装机容量信息，其余146个小水电的总装机容量为541530千瓦，平均装机容量为3709千瓦。目前小水电正按计划陆续退出。

（3）第三产业

片区内的第三产业发展以旅游业为主。大熊猫国家公园雅安片区涉及神木垒景区、达瓦更扎景区、夹金山风景名胜区、四川龙苍沟国家森林公园等旅游景区共10处，其中AAAA级旅游景区5处、省级风景名胜区2处、特色景区3处。各旅游景区信息如表3所示。

表3　大熊猫国家公园雅安片区旅游景点现状统计

序号	景区	县	乡镇	景区面积（平方公里）	年游客量（人）	旺季	景区级别	门票价格（元/人）
1	神木垒景区	宝兴县	硗碛藏族自治乡	14	510200	5~10月	AAAA级旅游景区	52
2	东拉山大峡谷风景区	宝兴县	陇东镇	323	18000	5~10月	AAAA级旅游景区	50
3	夹金山风景名胜区	宝兴县	硗碛藏族自治乡	825	510000	3~10月	省级风景名胜区	0
4	达瓦更扎景区	宝兴县	硗碛藏族自治乡	6	119028	5~10月	特色景区	60
5	蜂桶寨邓池沟景区	宝兴县	蜂桶寨乡	160	446700	5~10月	AAAA级旅游景区	30
6	空石林景区	宝兴县	灵关镇	30	60000	5~10月	特色景区	185
7	夹金山景区	宝兴县	硗碛藏族自治乡	66	不详	5~10月	特色景区	0
8	灵鹫山—大雪峰风景名胜区	芦山县	大川镇	322	不详	5~10月	省级风景名胜区	0
9	二郎山风景名胜区	天全县	喇叭河镇、小河镇	1591	150000	5~10月	AAAA级旅游景区	60
10	四川龙苍沟国家森林公园	荥经县	龙苍沟乡	80	不详	4~10月	AAAA级旅游景区	58

资料来源：访问调查。

（二）大熊猫国家公园雅安片区社会经济评价

1. 自然资源类型丰富，保护管理难度较大

片区内土地类型以林地为主，林木基本为天然林，这种天然原始的森林资源条件，营造了国家公园优良的生态基底，对于公园内生物多样性的维护十分有益。片区内林地、林木权属均以国有为主，但集体所有的林地、林木仍然不少，特别是在一般控制区，这对国家公园后续的管理造成一定难度。片区内耕地面积较小，且无永久基本农田分布，这些耕地为原住居民的基本生活所需，对国家公园的整体保护管理的影响较小。总的来说，初步调查显示雅安片区具有丰富的自然资源，主要表现为类型多样、数量可观、质量优良、价值可期。但是缺乏对各类自然资源资产的系统、全面清查，导致各类自然资源的价值量化和后续管理存在难度。

2. 片区发展水平较低，居民保护认知不足

首先，片区内人口较多，意味着这些区域人为活动较多，对片区内的野生动植物保护有一定影响，对于片区的保护管理将构成挑战。其次，片区的教育资源有限，居民的文化水平普遍不高。最后，居民由于收入来源不同，收入水平差别较大。有些村庄地处偏远、交通不便、信息闭塞，这也会在很大程度上影响居民收入。此外，野生动植物肇事也对居民生产生活产生明显影响，居民希望政府能采取一定措施，给予合理赔偿补助。居民对国家公园的认知态度等也有较大差异，大部分居民对公园的认知仅停留在保护大熊猫的层面上，对其他野生动植物的保护意识较薄弱，对国家公园的保护管理政策不了解，反映了社区宣传引导工作仍需加强。

3. 自然资源依赖较强，片区产业结构单一

片区经济产业对自然资源的依赖度较高，对自然资源依赖度越高的居民，对搬迁撤并的顾虑越多。地方财政收入主要依靠资源开发型产业如矿山开采及水力发电等，导致地方产业结构较为单一。片区内涉及的矿权和小水电数量较多，占整个大熊猫国家公园矿权的 21.6%（71 宗/329 宗），因此矿权和小水电的清退会明显影响当地经济。除此之外，当地经济发展主要依

赖于农林业，由于经济林木采伐周期长、成本高，居民对农业的依赖度远高于林业。但当地的农林业发展不足，基本处于自给自足水平，没有规模化发展。随着国家公园的保护管理加强，这种单一的产业结构将进一步受到制约，因此亟须转型升级，寻求生态优先、绿色发展的新路径。

三 大熊猫国家公园雅安片区建设管理建议

（一）摸清自然资源本底，加强自然资源管理

自然资源既是国家公园生态系统的重要组成部分，也是当地居民生产生活的物质基础，因此平衡保护与发展不可避免地涉及自然资源管理，包括合理处置非国有自然资源、确保国有自然资源资产保值增值。目前已有调查初步摸清了各资源的总体数量和权属，但对自然资源本底的系统、全面调查仍然缺乏。后续应该紧密结合自然资源资产产权制度改革，充分参考相关技术规程规范，汲取已开展的自然资源资产清查试点经验，在摸清森林、草原、湿地、土地、矿产、水等自然资源本底的基础上，探索国家公园内自然资源资产保护管理模式，实现片区内自然资源资产的严格保护与合理利用。

（二）推进社区协调发展，加快入口社区建设

一是推进社区分类调控。首先，将核心保护区和一般控制区内对资源环境影响较大、不宜继续保留、需要搬迁的社区归入搬迁撤并类进行调控。其中核心保护区内的20户人口应当统一组织搬迁安置，一般控制区内无常住居民或者常住少于5人的社区（宝兴县蜂桶寨乡大池沟村和灵关镇建联村、天全县思经镇劳动村）也应逐步搬迁撤并。其次，一般控制区内具有良好自然环境和悠久历史文化、保存完好的传统村落或特色乡村、民族村寨应当作为特色保护类社区进行管理。建议宝兴县蜂桶寨乡和硗碛藏族自治乡与石棉县回隆乡、安顺乡及栗子坪乡可归为此类，严格保护其民族传统文化，彰显民族风貌。再次，一般控制区内人口较为集中的社区作为聚集提升类进行

调控。建议人口数量较多的宝兴县灵关镇云茶村、陇东镇中岗村和芦山县大川镇快乐村、三江村可归为此类，可以适度促进人口聚集，但避免破坏资源环境。最后，一般控制区内除以上分类的其他社区划分为一般控制类，不新增建设规模，对居民生产生活也采取适当措施进行管控。

二是开展示范社区建设。根据社区居民人口和基础条件进行社区建设分类，在片区范围内分类规划建设社区布局，配套完善的社区基础设施和公共服务设施，并对社区面貌和环境进行统一整治，以促进片区内社区生态宜居、居民生产生活便利。

三是加快入口社区建设。片区入口社区内涉及省级生态示范社区有宝兴县灵关镇、宝兴县蜂桶寨乡、石棉县孟获乡、荥经县龙苍沟镇、天全县喇叭河镇、芦山县大川镇6处。这6处入口社区各具文化和旅游特色，前期已有一定的旅游发展基础，后续可以将生态移民搬迁安置、游客接待服务与乡村振兴战略结合起来，集中修建居民安置点、接待服务设施、自然教育场所等，将入口社区打造成为片区的亮丽门面。

（三）引导产业转型升级，促进地方经济发展

在大熊猫国家公园的建设进程中，应当避免对生态保护和经济发展任何一方产生偏倚，在坚持生态保护为第一原则的基础上，科学合理发展经济，以促进生态文明建设与乡村振兴协调发展。习总书记提出的两山理论是解决生态保护和经济发展的根本遵循，其中产业转型升级是社区发展的重要支撑，只有通过产业发展为社区居民带来切实惠益，才能增加社区居民对国家公园的认同和支持，可持续地推动国家公园建设与发展。

核心保护区内禁止开展产业活动，一般控制区内可以基于特许经营机制适当发展生态产业，片区周边可以在保护国家公园生态环境的基础上发展各类产业。总体来说，国家公园及周边产业重心应当逐步从第二产业转向第一产业和第三产业，产业发展选择绿色有机的生产方式，注重废物循环利用和污染治理。首先，应当针对片区内的矿权和小水电制定有序退出方案，妥善提出矿业权处置意见。其次，第一产业中传统农林牧渔的发展应注重品牌

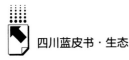

化，片区的茶叶、水果、中药材等经济作物可以通过大熊猫国家公园生态品牌认证，提高农林产品的知名度和附加值。一般控制区内的第一产业发展应当符合特许经营管理要求，周边社区可以通过资金、政策、技术等方面的支持和投入，支持农户发展规模化种植养殖。最后，第三产业发展应着眼于自然教育、游憩体验、传统文化体验等领域。在一般控制区内发展第三产业也应当符合特许经营管理要求，在资源禀赋优越、发展基础良好、生态影响低微的区域规划开展自然教育和生态体验项目，周边社区主要配套发展各类基础设施。

B.3
四川省大熊猫国家公园集体林管理研究

——以雅安片区为例

蒋钰滢　甘庭宇*

摘　要： 国家公园的集体林不仅在维护国家生态安全上具有重要意义，同时也是当地村民生计保障和经济发展赖以依存的重要基础。在集体林地及其附属的自然资源纳入国家公园统一管理后，处理好保护与发展的矛盾，在保护的前提下实现可持续经营是国家公园集体林管理需要解决的重大课题。本报告在总结回顾集体林管理发展历程的基础上，梳理了国家公园集体林管理的相关政策，并以大熊猫国家公园四川省管理局雅安片区为例，分析其应对政策缺乏问题、林权问题、经营问题、野生动物肇事问题的主要做法，在此基础上提出呼吁政策出台、厘清权属、开展经营试点和加快资金落实等相应对策。

关键词： 大熊猫国家公园　集体林　自然资源管理

一　引言

集体林业是集生态产品公共服务供给与林区农户生计维持和改善于一体

---

* 蒋钰滢，四川省社会科学院硕士研究生，主要研究方向为农村发展；甘庭宇，四川省社会科学院农村发展研究所研究员，主要研究方向为社区发展。

的生态经济复合体,[①] 集体林在维护国家生态安全上具有重要意义。根据我国第八次全国森林资源清查结果（2009～2013 年），全国林地面积占国土面积的 31.6%，其中农村集体林地面积占全国林地面积的 56.8%、占国土面积的 17.9%。自集体林权改革以来，集体林的管理特别是自然保护地中集体林的管理一直备受关注，其中，权属问题、占林补偿问题一直存在且十分复杂，集体林特许经营和社区利用与森林保护的矛盾也一直存在。建立国家公园体制是党的十八届三中全会提出的重点改革任务之一，是我国生态文明制度建设的重要内容。关于大熊猫国家公园体制试点，2016 年 8 月由四川、陕西、甘肃三省人民政府联合上报《大熊猫国家公园体制试点方案》；2018 年 10 月 29 日，大熊猫国家公园管理局正式挂牌；2021 年 10 月，习近平在《生物多样性公约》缔约方大会第十五次会议上宣布，大熊猫国家公园正式设立。作为我国国家公园体制下成立的第一批国家公园，其目标是保护野生大熊猫栖息地的连通性、协调性和完整性。在首批设立的国家公园中，大熊猫国家公园具有"一最、二大、三多"的特殊性,[②] 一是涉及省份最多，二是海拔跨度大、整合难度大，三是原住居民多、矿点多、旅游经营机构多。

大熊猫国家公园由四川省岷山片区、四川省邛崃山—大小相岭片区、陕西省秦岭片区、甘肃省白水江片区组成，总面积 27134 平方公里，其中，四川省面积最大，占 75%。整合了各类自然保护地 80 余个，分布在 3 省 12 市（州）30 县（市、区），公园内常住人口 12.08 万人，集体土地面积 7758 平方公里，占总面积的 28.59%。其中，核心保护区面积 3724 平方公里，一般控制区面积 4035 平方公里。大熊猫国家公园在四川省内的集体林面积 1434 平方公里，大熊猫国家公园雅安分局管辖范围内集体林面积 651 平方公里[③]。由于国家公园勘界定标工作还没有完全结束，上报的边界没有批复，

① 孔凡斌、王苓、沈月琴、徐彩瑶、廖文梅：《集体林业制度改革研究前沿》，《林业经济问题》2021 年第 1 期。
② 孙继琼、王建英、封宇琴：《大熊猫国家公园体制试点：成效、困境及对策建议》，《四川行政学院学报》2021 年第 2 期。
③ 资料来源于四川省大熊猫国家科学研究院。

再次勘界后边界可能发生细微变化，但不会有大的调整，集体林面积也不会有大的变化。

集体林权私有性与国家公园全民公益性之间的矛盾，不仅会影响国家公园自然资源资产国家所有权的实现，还会加剧生态保护与经济发展不协调、各方利益冲突等一系列问题。[①] 在大熊猫国家公园的集体土地中，相当一部分为集体林，与社区老百姓生计息息相关。当前，关于国家公园内集体土地及其地上资源如何统一利用管理的问题，《建立国家公园体制总体方案》[②]提出"集体土地优先通过租赁、置换等方式规范流转"，《关于建立以国家公园为主体的自然保护地体系的指导意见》[③] 提出"对划入各类自然保护地内的集体所有土地及其附属资源，按照依法、自愿、有偿的原则，探索通过租赁、置换、赎买、合作等方式维护产权人权益，实现多元化保护"，但还未出台具体的细则或规定。

大熊猫国家公园雅安片区面积 6219 平方公里，占雅安市面积的41.3%，[④] 是大熊猫国家公园中面积最大、县份最多、占比最大的市（州），从历史上来说，雅安市是发现第一只大熊猫的地方，社区靠山吃山的传统利用方式还未转化完全，集体林管理问题在国家公园体制下是否会加剧，或者在新的政策法律背景下能否探索出新的机遇，是在国家公园建立之初十分值得关注的问题。通过与雅安分局管理人员、管护站巡护员和国家公园周边社区居民座谈和访谈，围绕集体林的有效管理，归纳雅安片区大熊猫国家公园集体林管理的有效做法，梳理总结问题，提出实现国家公园内集体林有效管理的建议，以缓解保护与发展之间的矛盾，为国家公园建设积累经验。

---

① 吴天雨、贾卫国：《南方集体林区国家公园体制的建设难点与对策分析——以武夷山国家公园为例》，《中国林业经济》2021 年第 5 期。

② 《建立国家公园体制总体方案》，《生物多样性》2017 年第 10 期。

③ 《中办国办印发〈关于建立以国家公园为主体的自然保护地体系的指导意见〉》，《绿色中国》2019 年第 12 期。

④ 资料来源于大熊猫国家公园雅安管理分局。

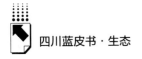

二 大熊猫国家公园集体林管理的历史进程和政策梳理

集体林管理一直是我国林业部门的重点工作，在历史上大致经历了个人所有、集体林权的形成与发展、集体林分与统两难设置、集体林权改革与深化四个阶段，最重要的是，法律法规和管理政策的颁布和持续细化，使得对集体林的管理有了切实可行的参考，在划定大熊猫国家公园之后，配套政策《关于建立以国家公园为主体的自然保护地体系的指导意见》、《建立国家公园体制总体方案》、《大熊猫国家公园总体规划》（以下简称《总规》）等中有相关叙述，更细化的政策暂未颁布。

（一）集体林管理的历史演进

集体林是指山林权属于集体所有的森林，根据《土地管理法》和《森林法》规定，林地所有权只存在国家所有和集体所有两种形式，国家、集体对森林、林木、林地享有所有权，个人没有林地所有权。

我国围绕集体林的形成和发展经历了一系列产权制度变迁。新中国成立后，土地改革时期（1949~1952年），农民个人拥有山林所有权；农业合作化时期（1954~1957年），林地所有权和使用权发生分离，农户个人不再享有直接的支配权、使用权和占有处分权；人民公社及四固定时期（1958~1980年），山林完全归国家和集体所有。改革开放以来，我国集体林权流转制度改革经历了林业"三定"时期、两次集体林改过渡时期和新一轮集体林改时期。1981年3月，中共中央、国务院发布《关于保护森林发展林业若干问题的决定》，确定"稳定山权林权、划定自留山、确定林业生产责任制"（以下简称"林业'三定'"）的林业发展方针，开启了集体林权制度改革（以下简称"集体林改"）。在林业"三定"后期，南方集体林区出现了严重的乱砍滥伐现象。1987年6月，中共中央、国务院发布了《关于加强南方集体林区森林资源管理坚决制止乱砍滥伐的指示》，终止了林业"三定"和市场化改革进程，并做出了如下规定：集体所有集中成片的用材林，凡没有分到户的不得再分；已经分到户的，要以乡或村为单位组织专人统一护林，积极引导农民实行多种形式的联合采伐，联合更新、造林；在集体林区采取木材一家进山收购政策。虽然一些地区收回了部分已分到户的责任山和自留山，但家庭承包经营依然占据主导地位。2003年，中共中央、国务院出台《关于加快林业发展的决定》。同年，福建省率先启动了强化家庭承包经营的新一轮集体林改，此后，江西、辽宁、浙江等地陆续启动了新一轮集体林改。

2008年，中共中央、国务院发布了《关于全面推进集体林权制度改革的意见》，在全国范围内推行新一轮集体林改。2014年以来，在新一轮集体林改的基础上，我国推行集体林所有权、承包权和经营权"三权"分置，积极培育家庭林场和合作社等林业新型经营主体。2016年11月25日《国务院办公厅关于完善集体林权制度的意见》发布，对集体林管理从稳定集体林地承包关系、引导集体林适度规模经营等方面明确了集体林权属关系的合同规范和集体林结构调整，促进碳汇市场交易等内容。截至2017年底，77.70%的集体林地已确权到农户；新型林业经营主体达到27万多个，经营林地面积3.45亿亩。2018年国家林业和草原局出台的《关于进一步放活集体林经营权的意见》提出，要加快推行集体林地"三权"分置机制。推行林地"三权"分置的核心是将农户和集体统一管理的林权流转出来。对改革开放以来集体林权流转制度改革历程进行梳理，研究相关核心议题，可为后续推进集体林权流转制度改革提供镜鉴，具有重要的现实价值。

（二）国家公园集体林管理政策法律分析及要点综述

目前，国家虽然还没有出台自然保护地法和国家公园法，但现有政策对国家公园内集体林管理和利用的相关问题均有相关阐述，但总的来说，仅是一些比较原则性的规定。

1. 关于产权界定的规定

《关于建立以国家公园为主体的自然保护地体系的指导意见》规定，

"推进自然资源资产确权登记。清晰界定区域内各类自然资源资产的产权主体，划清各类自然资源资产所有权、使用权的边界，明确各类自然资源资产的种类、面积和权属性质"。《建立国家公园体制总体方案》提出"集体土地优先通过租赁、置换等方式规范流转"。《关于建立以国家公园为主体的自然保护地体系的指导意见》提出"对划入各类自然保护地内的集体所有土地及其附属资源，按照依法、自愿、有偿的原则，探索通过租赁、置换、赎买、合作等方式维护产权人权益，实现多元化保护"，但实际还未出台具体可行的操作模式。

国家公园针对集体林和基本农田的政策为：不在核心区的大面积连片的基本农田要调出国家公园。核心区的基本农田则要转变为普通农田。集体林如果是天然林起源的人工商品林要转为国有林；而人工林则考虑通过租赁、流转的方式统一归国家公园管理，并逐步进行近自然林的改造。关于国家公园内集体林的使用，政策上是可以采伐的，只是采伐后要进行恢复。国家公园的政策在这方面相对宽松，反而是自然保护区、森林公园等方面的规定更加严格。此外，地方政府在理解相关政策方面也存在一些误解。

2. 有关占林补偿的规定

目前尚未确定国家公园对集体林的补偿政策，仍需要一个过程。在以前的集体林权改革中，如2017年的《四川省人民政府办公厅关于进一步完善集体林权制度的实施意见》提到"已承包到户的公益林，补偿款要直接打卡到户，集体统一经营的则要建立分配、公示、监督制度。确保公益林生态效益补偿资金及时、足额兑现到林权权利人"。2020年4月，四川省下达2020年天保工程二期省级集体和个人所有公益林森林生态效益补偿资金预算13689万元，补偿面积1045.3万亩，补偿标准12.75元/亩，加上中央财政补偿3元/亩，省级集体和个人所有公益林补偿标准达15.75元/亩，说明集体林赔付系统已经十分清晰了。

但是划归国家公园之后，大熊猫国家公园集体林并没有明确补偿标准与资金来源等相关政策，仅在《关于建立以国家公园为主体的自然保护地体系的指导意见》中作出了"对划入各类自然保护地内的集体所有土地及其附属资源，按照依法、自愿、有偿的原则，探索通过租赁、置换、赎买、合作等方式维护产权人权益，实现多元化保护"的规定，同时指出"在健全生态保护补偿制度时，将国家公园内的林木按规定纳入公益林管理，对集体和个人所有的商品林，地方可依法自主优先赎买"。但目前国家尚未出台大熊猫国家公园范围内的集体土地及其附属资源赎买的相关政策。

《总规》规定，"按照自愿、有偿的原则，集体土地在充分征求其所有权人、承包权人意见基础上，优先通过租赁等方式规范流转，由国家公园管理机构统一管理，促进生态系统的完整保护。对于确需征为国有的土地，应依法办理征收审批手续，予以合理补偿"。但是关于如何赔偿、赔付标准、赎买资金来源等问题还不明确。依据《"关于做好大熊猫国家公园体制试点保护区内经济发展、群众民生保障的建议"复文（2019 年第 6291 号）》，在中央财政资金安排方面，对大熊猫国家公园范围内的符合条件的林地，已按要求认定为国家级公益林，中央财政安排了森林生态效益补偿；同时，将大熊猫国家公园范围内的天然林商品林纳入停伐管护补助范围，中央财政安排管护补助。

3. 关于特许经营的规定

《总规》提出，"大熊猫国家公园所有的经营活动都要得到特许经营授权，制定特许经营门槛，特许经营范围由大熊猫国家公园管理局与所在地人民政府共同协商确定。大熊猫国家公园内的经营活动必须以自然资源、人文资源及生态系统等的保护为前提。鼓励当地居民接受培训后，参与到公园的特许经营活动中"。

《大熊猫国家公园特许经营管理办法（试行）》对经营范围、遵循原则、授权主体、准入和审批等问题作了具体规定。将特许经营活动分为 5 类，其中，与集体林经营相关的为Ⅰ类和Ⅱ类，Ⅰ类指大熊猫国家公园内原住居民利用现有农房开展餐饮、住宿、商品销售等经营活动；Ⅱ类指投资建设经营性服务性设施，引入社会资本开展生态旅游、生态体验、自然教育等。但是现在大熊猫国家公园内的特许经营还无具体实施细则，在基层管理

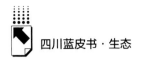
中，一般是"一刀切"，管理分局会采取"最严格的保护"，可能在实施细则颁发之后一些政策才会放宽。

4. 关于社区利用的规定

大熊猫国家公园内限制了居民原有的生产经营和活动，其赖以生存的生产生活资料也被协议保护了，后续利用资源条件受到限制，在关于原住居民搬迁问题方面，《总规》指出，"对核心保护区原住居民实施有序搬迁，一般控制区域内原住居民合理控制人口及生产规模，在自愿的基础上逐步引导集中居住或外迁并严格控制人口迁入"。但目前国家公园既没有明确生态移民搬迁政策和标准，也没有出台非全民所有自然资源的补偿政策和标准。

《总规》明确，在核心保护区中，"暂时不能搬迁的原住居民，可以有过渡期。过渡期内在不扩大现有建设用地和耕地的情况下，允许修缮生产生活以及供水设施，保留生活必需的少量种植、放牧、捕捞、养殖等活动"。一般控制区中，"零星的原住居民在不扩大现有建设用地和耕地规模前提下，允许修缮生产生活设施，保留生活必需种植、放牧、捕捞、养殖等活动"。因此，被划入大熊猫国家公园并不是就完全被禁止从事种植或养殖活动，而是根据功能区划和种养殖活动的类型与规模不同而予以区别管理。

三 大熊猫国家公园雅安分局集体林管理的主要举措

国家公园成立以后，社区的集体土地及其附属的自然资源纳入大熊猫国家公园进行统一管理。大熊猫国家公园成立以来，雅安分局先行先试，大胆探索，在集体林管理方面做出了以下有益探索。

（一）以协议保护为基础的集体林有效管护

为了切实加强对大熊猫国家公园范围内的集体林的管理保护，雅安分局已经与大熊猫国家公园覆盖的 5 个县 24 个乡 70 多个村签订了 11 万余公顷的集体自然资源保护协议，签订率达 100%，规定社区不得采伐利用集体林，实现了国家公园范围内集体林地的统一管理。2021 年，大熊猫国家公园雅安管理分局安排补助资金 50 万元，在芦山片区的 3 个乡镇 8 个村 1 个林场开展集体林合作保护，将芦山片区的全部集体林纳入管护范围。试点以来，芦山片区已聘请以原住居民为主的 22 名管护人员，采取设卡、监测、人工巡护等方式，对 84314 亩集体林进行了有效管护。同时，也为原住居民提供了一定的就业岗位，增加其经济收入。分局还研究制定了《志愿者管理章程（试行）》《访客管理制度（试行）》《特许经营管理办法（试行）》等，同时通过社区共管等模式不断探索当地居民参与生态保护的利益协调机制，全市设立公益岗位 4300 余个。加强大熊猫国家公园四川片区集体所有自然资源管理保护，用公益岗位的形式为当地社区居民提供生态补偿。

（二）以共建共管共享为路径的管理试点

一是通过法律法规的落实和体制机制的建立，让村民知晓违法的成本和代价，使其不敢违法和不愿违法，在访谈中村民都表示"违法的事情干不得"。雅安成立了全省首支大熊猫国家公园综合执法支队。荥经县龙苍沟镇人民法庭成为全国首批设立的 7 个大熊猫国家公园法庭之一，并敲响了国家公园内涉野生动物资源的案件"第一槌"。二是积极支持社区建设，支持社区合理利用资源，发展绿色生态产业，促进社区居民增收致富，根据管理需求统筹设置生态管护公益岗位，优先聘请当地社区居民。通过聘请芦山当地百姓参与巡护和补偿困难群众，惠及国家公园内社区居民 189 户，有效解决了国家公园内及周边就业、增收等问题，真正让百姓感受到国家公园建设和发展带来的福祉。积极创新资源管理和利用模式，探索建立集体所有自然资源参与特许经营项目利益分享机制。

（三）以入口社区建设辐射带动周边居民

雅安在完成了大熊猫国家公园社区调查的基础上，从全域经济和社会发展的角度，对宝兴、天全、芦山、荥经和石棉五个县的入口社区建设进行了合理规划，着力打造集物种保护、科普游憩、科学研究、社区发展、生态旅游于一体的新型生态社区。建设内容包括在雨城区（碧峰峡出口站）规划了熊猫新城，新建办公楼、博物馆等；荥经县按照党建引领、共建共享的理念，出资 6000 万元，将陶家坝游客接待中心改造为大熊猫国家公园南入口社区共建共管服务中心，并成为共建共管机制的展示窗口，以"1+N 引领·全民参与"模式开展大熊猫国家公园生态保护工作。同时将社区规划融入全国"十四五"规划中，对接省上 7 个专项规划，按照生态搬迁、入口社区检核和生态补偿三类，编制上报 22 个项目，估计总投资约 448 亿元。雅安按照全域旅游理念，以特色文化为主题，重点发展大熊猫文化旅游和自然教育。依托科普宣教服务中心、大熊猫放归基地、A 级景区等现有基础设施，宝兴县蜂桶寨乡、荥经县龙苍沟镇均被命名为全省首批熊猫小镇，规划自然教育线路 6 条。充分利用碧峰峡基地、蜂桶寨等 5 个自然科普教育基地，规划建设了生态体验区 10 余个，考虑到集体林资源比较丰富的特点，探寻有利于社区参与自然教育的模式，将村民因集体林不能利用而产生的损失降到最低。

四　国家公园建设中集体林管理面临的挑战

大熊猫国家公园周边社区居民多，涉及的集体林面积大，集体林保护利用和管理涉及多个利益相关者，国家公园的管控措施一定程度上限制了农民和村集体生产经营自主权，是公园管理面临的一大难题。通过在大熊猫国家公园雅安片区的座谈和调研走访，笔者发现现阶段的大熊猫国家公园集体林管理仍存在以下值得关注的问题。

（一）目前尚缺乏可操作和执行的管理政策和资金

由于国家公园刚刚正式成立，许多针对集体林利用与保护的政策还不完善，如集体林中的人工林如何经营、对于公益林应该如何补偿；现有法律法规与国家公园建设的要求存在冲突，"九龙治水"导致的不同部门出台规章有违和之处该如何处理；政策规定操作难度较大，如虽然公布了省级特许经营管理办法，但没有具体的操作细则。相较于过去单纯的保护，地方政府和管理部门的工作内容更加复杂，在搞好保护的同时，面临解决居民生计、搞好管理和公共服务等巨大压力，需要资金支持，但是目前还未有专项的集体林管理资金，而地方财政又没有资金兜底，如对于现在大熊猫国家公园中的集体林公益林补助仍然走的林草渠道，国家公园还尚未有运行资金，只能在避免踩红线的前提下等待政策明朗，许多工作无法进一步开展。村民所关注的补偿问题、发展问题、搬迁问题都得不到明确的回应，不仅影响到村民对未来的投资和规划，而且使村民对国家公园建设给自身经济收入带来的影响产生了焦虑情绪。

（二）历史遗留的集体林权纠纷亟待解决

集体林权的历史遗留问题由来已久，其形成原因很复杂，由于时间长，解决起来难度也很大。一是集体林权权属复杂，雅安片区集体林权权属分别有乡有林、村有林、社有林和划分到户；在称呼上，居民称为责任山、自留林和集体林等，说明虽然集体林在当地村民生活中扮演着重要角色，但他们并不清晰具体的权属。二是国营林场联合造林留下的林权纠纷。天全县于20世纪80年代开展的联合造林规定，林地所有权归村集体所有，联合经营时买苗、种植树木都由村集体承担，砍伐木材的收益归林场、村集体共同所有，林场、村集体按照事先约定比例进行收益分配，但2017年其划归大熊猫国家公园体制试点范围之后，联合造林地被划定为公益林，不允许砍伐其中的树木，村集体不仅没有政府的公益林补贴、得不到林木收益，而且因林地被共同种植树木占用而无法收回土地。

（三）划分到国家公园的集体林经营管理难度大

20世纪80年代初集体林被划分到村和户后，为了充分发挥集体林的价值，社区居民都在集体林地上植树造林，许多村民也会在自留山、退耕地及承包的集体林地上种植厚朴、黄连、黄柏等经济林木。近年来，过往栽种的人工商品林陆续达到采伐年限，但是因其林地被划入大熊猫国家公园内而依据政策不允许被砍伐，多年的资金投入和管理投入无法回收。部分林地也未被认定为公益林，不能得到政府每年 15 元/亩的公益林补贴，社区居民不仅无法获得收益，而且因林地被种植树木占用而不能用作其他经营，经济损失较大。随着集体林权流转制度的完善，有些无力经营的村民将集体林进行流转，有的村集体也将已经划归到户的集体林收回统一经营管理，如果大熊猫国家公园范围内的集体林需要被赎回，管理部门赎回时，面对的主体是谁？赎回价格标准是流转前的还是流转后的？这些经营管理相关问题都值得商榷。

（四）野生动物肇事频率变高

随着保护的不断深入，生态环境越来越好，野生动植物得到了有效保护，野生动物下山伤人、损害农作物等事件时有发生。两个调研点都不同程度地发生了松鼠啃食竹笋、猴子破坏农作物、野猪践踏种植药材等野生动物肇事情况，多的频次达到一年 10 次以上，农户的农作物受到一定程度的破坏。与此同时，农户上山遇到野生动物的频率也在变高。由于担心被野生动物伤害，农户越来越不愿意进入林地进行经济采集和林地管理，林木和林下产品的质量和数量也就不同程度地受到了影响。随着野生动物肇事频率增多，野生动物肇事理赔无专项资金、无定损规则、无专事人员的情况使得生态保护和居民生活之间的冲突加剧，不利于和谐共生的社区建设。

五 国家公园集体林可持续管理和建设的对策建议

针对以上发现的问题，在大熊猫国家公园管理中，为了发挥集体林的生态功能和社会经济功能，可持续地利用集体林使得社区居民能够利用周边富集的生态林业资源实现共同富裕，为此提出以下建议。

（一）呼吁细则出台，做好政策宣传、释疑和解读

呼吁国家尽快发布有关大熊猫国家公园内集体林管理政策的细则，在特许经营、易地搬迁、集体林占用等方面，老百姓迫切需要政策的支持。国家公园体制机制试点以来，先后颁布了多个政策文件，实践中，不同层面对这些政策文件都有不同的解释，造成一定理解上的偏差和误解。首先，各地方政府和管理局首先要深入学习与大熊猫国家公园相关的政策，吃透政策，以免在政策落地过程中地区间存在较大差异。其次，要向国家公园内居民和周边社区居民进行政策宣传，通过发放宣传册、搭设展板、开展学法小剧场等形式，在公园勘界、搬迁补偿、特许经营和集体林管护等社区关心的议题上要细致耐心解读，对社区居民提出的疑问要予以合理解释，帮助他们理解政策、读懂政策，以防在认知上出现偏差。应注重把国家政策中关于尊重群众权益和鼓励社区参与保护等条款，以通俗易懂的卡通宣传画等形式，在社区进行广泛宣传。这样做有利于准确传达政策信息给群众，避免和减少谣言的出现，减少国家公园建设和发展中的阻力。

（二）厘清权属问题，寻找合理补偿方式

厘清权属问题，按照林权证书上认定的集体林权属，充分尊重林权权利人的主体地位，提高村民的权利意识。将历史问题通过新的国家公园体制更好地予以解决。鉴于国家公园不同功能分区的管控要求不同，对于集体林也应该区别对待，在核心保护区，应该采取赎买方式（所有权）或者长期流转、租赁方式，在一般控制区，因地制宜，采取租赁部分地役权方式与供地村社或者农户进行协商，明确国家公园需要集体林的哪些权利。不管是核心保护区还是一般控制区的集体林，都不应该搞"一刀切"补偿标准和方式，应该制定差别化的补偿标准。不断探索开展集体林经营收益权和公益林、天然林保护补偿收益权市场化质押担保。

（三）开展经营试点，探索集体林可持续利用

在大熊猫国家公园集体林管理与入口社区建设和发展中，充分利用生态

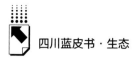

公益岗位和特许经营优先权，一是开展适度规模的特许经营。对不在白名单上的特许经营项目不允许开展经营，在特许经营授权时应首先考虑社区参与。与原住居民合作，鼓励原住居民利用自有生产生活设施开展餐饮、住宿、生态采摘等特许经营活动，免收特许经营费，调动其保护资源和生态的积极性。二是要对人工林进行适度的经营管理。通过林木良种使用和推广，适度巡护，及时发现并消灭林木病虫害；加强人工林近自然森林经营，促进森林生长和更新；培育新型经营主体，依靠专业的经营森林人员对大熊猫国家公园人工林进行管理。三是积极发展碳汇。根据实地情况，在集体经营的人工林中开发森林碳汇项目。借鉴福建省的"一元碳汇"经验，实施小规模的碳汇项目；并积极探索碳汇和流域水权以及其他让小农户参与碳普惠的可行方式。

（四）加快资金落实，积极化解野生动物肇事矛盾

村民种植的林木和林下产品遭受到野猪、猴等不同程度的破坏和啃食，随着野生动物遇见率的增加，野生动物与社区居民之间的矛盾也越发凸显。为化解野生动物肇事带来的危害，政府要积极制定野生动物肇事补偿条例，积极探索政策性保险与特色保险、商业保险相结合的路子，鼓励涉及国家公园的县（区）政府在落实好政策的同时，打捆购买野生动物伤人保险、损害农作物专项保险，着力构建大熊猫国家公园内人与自然和谐共生的新局面。例如，2021年大熊猫国家公园唐家河园区在北京山水自然保护中心的技术支持下，制定了《唐家河国家级自然保护区落衣沟村野生动物肇事补偿管理办法（试行）》，补偿工作由共管共建委员会和村两委共同完成，做到透明、公平、公正、公开，补偿金额在50～3000元，保障社区居民的生产利益不受或少受野生动物肇事危害，促进人与动物和谐共处。

B.4
四川省生态护林员队伍建设实践探索

——以大熊猫国家公园绵阳管理分局安州管理总站为例

杨金鼎　李道春　蒋忠军*

摘　要： 四川省是生态资源大省、长江上游重要的生态屏障，是生物多样性最为富集的区域之一，肩负着维护国家生态安全的重要使命。生态护林员作为生态系统最前沿、最基础、最坚实的一道屏障和基层保护力量，对于生物多样性和区域生态系统健康发展起着不可替代的作用。针对生态护林员队伍建设所面临的一些实际困难，近年来大熊猫国家公园绵阳管理分局安州管理总站通过采取多元举措系统推进生态护林员队伍建设，具体从生计上、组织上、能力上和意愿上"四位一体"推进生态护林员队伍建设，并以此为契机与机遇撬动和带动大熊猫国家公园周边社区及社会资源等多元保护主体协同参与和融入大熊猫国家公园建设，在实践探索中总结出了教育连续性、"做中学"、多元主体协同参与、培养社区关系处理能力等经验，并就未来四川省生态护林员队伍建设提出了展望，建议建立健全高效透明的选拔和考评机制体系、建立长效且多样化的激励机制、构建多维度的能力建设机制、尝试渐进引入商业和公益力量等社会资源协同参与等。

关键词： 大熊猫国家公园　生态护林员　安州

---

* 杨金鼎，四川省社会科学院硕士研究生，主要研究方向为生态保护和社区发展；李道春，四川千佛山自然保护区绵阳市安州区管理处主任，主要研究方向为国家公园保护与社区建设；蒋忠军，四川千佛山自然保护区绵阳市安州区管理处副主任，主要研究方向为自然保护区监测巡护。

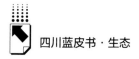

2021年10月，习近平总书记在出席《生物多样性公约》第十五次缔约方大会领导人峰会并发表主旨讲话时宣布成立大熊猫等五个第一批国家公园，它宣告了中国的生态文明建设进入新的历史阶段，标志着国家公园建设的重心已经从体制试点向全面深化各项工作、着力提升国民认同感转移。生态护林员作为最基层保护力量，同时作为国家"生态补偿"政策的重点关注对象，无论是从生态保护抑或是从社会基层治理来说都是重要的参与主体之一。本文首先介绍了生态护林员的概念、特征和重要性，其次探讨了大熊猫国家公园建设中生态护林员队伍建设面临的问题及四川省生态护林员队伍建设的现状，再次介绍了大熊猫国家公园绵阳管理分局安州管理总站在"四位一体"协调推进生态护林员队伍建设相关工作中开展的一些实践和探索，最后针对四川省生态护林员队伍建设的现状和面临的问题提出了建设性的建议。

一 生态护林员的概念、特征和重要性

通过查询相关文件和学术资料，本文对生态护林员概念的产生背景和实际应用进行了一定的梳理和归纳，认为生态护林员的产生具有一定的时代和社会背景，同时具有一定的历史渊源，作为大熊猫国家公园建设工作中最基层的保护力量，其多重性和复合性的身份特征无论是在生态保护还是在促进基层社会公平等方面都发挥出了独特的作用。

（一）生态护林员概念

根据政府现有不同政策文件和管理主体对生态护林员的定义，本文认为生态护林员概念具有一定的历史性和延展性，与生态文明建设时代背景下国家公园建设的现实需要和发展息息相关。2015年10月，国家主席习近平在减贫与发展高层论坛上首次提出"生态补偿脱贫"的概念，同年11月中共中央、国务院联合发布《关于打赢脱贫攻坚战的决定》，指出"结合建立国家公园体制，创新生态资金使用方式，利用生态补偿和生态保护

工程资金使当地有劳动能力的部分贫困人口转为护林员等生态保护人员"。2016 年，国家林业局开展了选聘建档立卡贫困人口担任生态护林员的工作，选聘以集中连片困难地区为重点，以具有一定劳动能力，但又无业可扶、无力脱贫的贫困人口为对象。此时，生态护林员是指在建档立卡贫困人口范围内，由中央财政或省级财政安排补助资金购买劳务，受聘参与森林、湿地、沙化土地等资源管护服务的人员。2021 年 2 月，习近平总书记在全国脱贫攻坚总结表彰大会上宣告我国脱贫攻坚战取得了全面胜利，它标志着生态护林员在消除绝对贫困历史阶段中所扮演的"扶贫对象"的时代角色告一段落，在大熊猫国家公园正式宣告成立的新历史阶段，生态护林员正扮演和承担着新的历史角色和时代任务。2021 年 11 月，国家林业和草原局办公室会同有关部门联合印发的《生态护林员管理办法》明确指出，生态护林员是在中西部 22 个省（含自治区、直辖市），由中央对地方转移支付资金支持购买劳务，受聘参加森林、草原、湿地、荒漠、野生动植物等资源管护的人员。

本文在梳理归纳相关文件和政策的基础上结合国家公园护林员日常管理工作实践和需要，将生态护林员定义为在乡村从事集体所有和个人承包的森林、林木、林地管护的专职或者兼职人员，主要包括建档立卡贫困人口生态护林员、公益林管护员、天然林资源保护管护员等各类政策性护林员，以及其他非政策性护林员。本文案例中所提及的生态护林员主要是兼职生态护林员，相较于专职生态护林员而言属于临聘编外人员。

（二）生态护林员特征

1. 生态层面

生态护林员主要来自周边乡村社区，普遍存在年龄大、文化水平相对较低、收入少、专业素质不高等特点。生态护林员既来自当地周边乡村社区也处于自然保护地在地管理机构的管理序列下，"双重性"的身份延伸造就了其"民兵"性质的特点。生态护林员一般是由当地村委会向自然保护地管理机构推荐任职，一方面，乡村生态护林员自身专业职业素质由于年龄、文化水平和专业技能能力等方面的制约而难以达到保护区管理机构通过社会公开招聘且正式入编的专职林业管护人员的水平；另一方面，身处乡村的生态护林员由于长期在保护区周边社区生活生产，对于周边自然地理和社会环境的熟悉和了解程度要远远高于外来入职的生态护林员，乡村生态护林员的乡土情结也要相对更加浓厚一些，对自然环境和家乡动植物资源的热爱也更加纯粹一些。

2. 小农层面

生态护林员大部分来自附近村落，其身份本质上是农民，有着农民固有的思维和行为习惯，只是在不同时代背景和国家政策支持下参与生态保护的方式和角色不同，相较于有正式编制的林业保护人员，其有着农民固有的相对较高的分散性和流动性，有着道义和自利的两面性。乡村生态护林员属于临时编外人员，一般有着基本的农业生产生活，有着较高的分散性和流动性，难以按照现有行政管理体制对其进行规范化、行政化管理和教育；乡村社区相较于城市虽然在现代管理制度方面不太健全，但却是一个有机的、完整的、相对更加具有社会属性并且高效独立运行的系统，在这个系统中经济、文化、社会、生态等子系统相互嵌套和相互作用，共同维持和推动着整个乡村社会系统的正常运转。在这个系统中，生态护林员是一个特殊的准精英群体，处于熟人社会的特定环境中，这个特殊群体有着小农自身所兼具的道义和自利相统一的特点，一方面生态护林员凭借自身的能力和技能能够有效应对和解决乡村社区中一些相对棘手的问题；另一方面，这个特殊群体有着相对较高的敏锐性，凭借自身在乡村社区中的影响力和资源掌控能力更加容易获取和利用区域公共资源和外部支持资源。

3. 兼业性层面

兼业无论是在发达国家还是在发展中国家都成为一种普遍现象，商品经济对农村的自然经济形成猛烈的冲击，从而使农业剩余劳动力向非农产业转移成为可能，是一种趋势。生态护林员在农业生产之余，出于生计需要和对经济收入最大化的追求会季节性、流动性地寻求在其他产业的就业。兼业的动因出于压力、需求等因素，兼业行为一方面对于自身的生活条件改善和观念变化带来影响，另一方面对稳定社会秩序和促进经济发展等具有重要作用。生态护林员在自身生存需求和经济收入最大化的双重作用的驱动下，参与生态保护和建设也可被认为是一种在不脱离或者不完全脱离农业生产生活的基础上的兼业行为。

（三）生态护林员队伍建设的重要性

生态护林员队伍建设的重要性主要体现在生态保护和社会公平两个层面。生态层面表现在生态护林员是生态系统最基础、最前沿、最坚实的保护力量；社会层面表现在乡村生态护林员是乡村振兴战略组织振兴和人才振兴的重要参与主体之一，是国家生态补偿转移支付脱贫政策的重点关注对象，有利于提高弱势群体收入和促进社会公平。

1. 生态护林员是大熊猫国家公园生态建设的中坚力量和保护政策的最基层贯彻执行者

根据 2018 年国家林草局公布的数据，我国自然保护地的面积占到陆域国土面积的 18%，[①] 对于整个国家的生态文明建设起到至关重要的作用，而生态护林员则是生态文明建设的重要组成部分和不可或缺的一环。2021 年 10 月，习近平主席在《生物多样性公约》第十五次缔约方大会领导人峰会上宣布中国正式设立大熊猫等第一批国家公园，在中国自然保护地体系中国家公园是保护强度、保护等级最高的。国家公园把自然生态系统最重要、自然景观最独特、自然遗产最精华、生物多样性最富集的部分保护起来，保持自然生态系统的原真性和完整性。大熊猫国家公园跨四川、陕西和甘肃三省，保护面积 2.2 万平方公里，是野生大熊猫集中分布区和主要繁衍栖息地，保护了全国 70% 以上的野生大熊猫。作为生态文明战略实施的最一线、最基层、最前沿的一支保护力量，生态护林员对看护林业资源、预防森林火灾、开展监测巡护工作等起到至关重要的作用。建设大熊猫国家公园毫无疑问需要持续投入大量的人力、物力和财力，生态护林员则处于这条资源投入

---

① 《中国自然保护地》，国家林业和草原局政府网，2020 年 6 月 2 日。

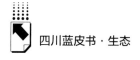

链条的终端和最后一环，对于能否有效实现相关建设目标起到至关重要的作用。

2. 生态护林员是促进基层社会公平的积极因素和国家扶贫政策的重点关注者

大熊猫国家公园的大部分区域为人类社会生产生活的边缘区域或者过渡交接区域，长久以来周边社区基于生存的需要往往过着"靠山吃山"的生活，相对于平原地区保护地周边社区的资源更加有限和稀缺，保护和发展的矛盾更加突出和尖锐，过去很长一段时间保持着"人进兽退，兽退人进"的状态，"单纯保护""隔离保护""一禁了之"等正是过去政府行政性保护力量和资源在地实施过程中保护和发展矛盾的具体表现和无奈之举。基层保护部门和人员往往处于国家行政力量和资源支持、分配的末梢，到基层后国家保护力量和资源的逐渐弱化与分散难以有效组织各方主体参与，生态护林员的"民兵"性质将有效对接国家保护力量和资源，进而促成相关在地化合作。通过设置生态护林员公益岗位等方式，国家保护力量和当地社区合作有效吸纳一部分有意愿且有能力的贫困人群进入保护系统，有效缓解社区居民生计压力，提高社区居民收入水平，进而推进社区共管共建，有助于提高社区居民的参与度、拥有感和主人翁意识，生态护林员则在保护区和社区之间起到桥梁和载体作用，对于促进大熊猫国家公园周边社区的基层社会公平起到积极作用。

二　大熊猫国家公园建设中生态护林员队伍建设面临的问题

尽管政府和社会各界对大熊猫国家公园的建设持续投入了大量的资金、人才和技术等资源，且取得了良好的阶段性成果，但由于受到现行管理体制、新的工作环境和要求、生态护林员队伍素质等方面的影响，生态护林员队伍建设仍然面临着一些实际困难和问题。

（一）科层制等行政管理体制难以对流动性和分散性较高的生态护林员进行有效管理

从生态护林员队伍行政管理体制的适应性问题分析，近年来护林员职能作用发挥出现明显虚化、弱化趋势，其主要原因在于护林员职责与收益不均衡以及缺乏有效约束机制。[1] 虽然建立了全套的管理制度，但属于从上往下的命令式管理，对护林员缺乏人文关怀，使其容易产生心理抵触等问题;[2] 一方面是管理机构繁多，护林员互不统属，另一方面是护林员管理领导机构权限不清。护林员种类繁多、政出多门和护林员思想水平不高导致庞大的护林员队伍无法形成合力甚至出现"拖后腿"或者产生矛盾的现象。随着护林员队伍的壮大，基于现有行政管理体制难以按照科层制固有的运行规则和制度组织管理流动性和分散性较高的兼业性生态护林员；行政保护管理机构受人员、资金等不足的制约在对兼业性生态护林员组织管理方面沟通成本、交易成本和监督成本较高。

（二）流动性和分散性较高的生态护林员难以适应组织化程度较高的工作需要

生态护林员具体工作内容涉及多个方面和层次，包括宣传森林、林木、林地等资源保护的有关法律、法规、政策；了解管护区域内森林资源状况，开展日常巡护，做好巡护记录，报告管护区域内的生产经营活动；协助管理野外用火，及时处理和报告火情；及时处理和报告管护区域内发生的有害生物危害情况；及时处理和报告管护区域内破坏森林资源的行为；及时报告管护区域内草原、湿地、荒漠植被和野生动植物遭受破坏的情况等。生态护林员的工作职责涉及多个方面，并且这些工作对于大熊猫国家公园来说属于基本职能，不可或缺且极其重要。此外，就其工作性质来说，无论是护林防

---

[1] 陈柯：《乡村护林员职能作用发挥现状及对策》，《林业资源管理》2013 年第 6 期。

[2] 李玉新、段华超、张加龙、董琼、谢平华：《新时代护林员队伍建设问题与对策建议》，《绿色科技》2020 年第 17 期。

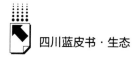

火、监测巡护、政策宣传抑或是协助科学考察等，都需要一定的组织化程度，然而现有的行政管理体制难以对"流动性"和"分散性"较高的生态护林员进行有效组织管理，政府行政力量的触角在基层社区逐渐弱化、分散，难以有效集中，交易成本较大且需要依靠庞大的人力、物力等资源加以维持。

（三）生态护林员队伍工作素质难以短期内适应国家公园基层工作的新规则和任务

2021年10月，国家公园的正式成立宣告新的保护机制和保护理念将引领下一阶段的保护工作。在国家公园正式成立的背景下，尤其是基层工作层面需要一定的创新性探索和实践，无论是社区共管共建机制、生态保护补偿制度或者社会参与机制创新，生态护林员都是重要的参与和实践主体之一。从生态护林员队伍自身素质分析，护林员队伍在林粮矛盾日益突出的背景下，管护工作难度增大，护林员选配不合理，管护工作落实难，护林员队伍整体素质不高，管护工作滞后，工作任务繁杂，工资待遇低；护林员队伍年龄大、待遇低、工作素质不高、聘用不规范。[1] 生态护林员自身素质难以有效适应工作环境与复杂性和艰巨性任务的要求，生态护林员虽然在经过国家公园管理机构的培训后具备一定的监测巡护等基础技能，但其自身素质难以适应和满足新阶段下工作要求的现状仍未从根本上得到改变。

（四）缺乏透明高效的选拔、考评和激励机制体系

基层生态护林员管理机构和林业主管部门对管理制度进行了一定的完善，在固有的管理模式和体制内做了最大限度的调整，填补了一些生态护林员选拔和考评流程的漏洞，消除了生态护林员管理中存在的一些弊端，并针对生态护林员的选拔和考评机制制定了一些规则和制度，不过仍然不能从实质上破除现有制度面临的制约。现有的选拔和考评制度大部分是从政府行政

---

[1] 袁佳：《浙江省岱山县护林队伍建设探索》，《森林公安》2018年第6期。

性质主导的管理机构角度向外延伸的，政府行政机构是管理主体，生态护林员被视为管理对象，而生态保护工作是具有公共性特征的，需要发挥多元保护主体的参与积极性。松散的管理架构和机制不能有效发挥生态护林员的积极性，集体行动能力、集体凝聚力、荣誉感和认同感不强，进而难以适应需要高度协作的护林工作要求。

三 四川省生态护林员队伍建设现状

四川省作为林业大省，林地面积达到2541.96万公顷，[①] 各级林业主管部门为保护好森林资源围绕着生态护林工作做了大量的尝试和探索。

（一）生态护林员队伍人员规模

2015年7月至2017年4月，四川2.5万有劳动能力贫困人口转为生态护林员，直接帮助至少3万贫困人口稳定脱贫；[②] 2017年四川提供生态护林员岗位5万余个，带动7.8万贫困人口稳定脱贫。[③] 2016年至2020年6月，全省已安排生态护林员补助资金共计16.55亿元，持续在贫困地区实施生态护林员政策，选聘生态护林员28.7万人次。2020年度中央省级下达生态护林员指标50075万个，四川全省12个市州所属的88个贫困县经过年底考核后，于2020年10~12月陆续选（续）聘生态护林员81709人（见图1）。[④] 其中泸州市续（选）聘2077人、绵阳市1323人、广元市6710人、乐山市人2938人、南充市4466人、宜宾市2977人、广安市2737人、达州市5710人、巴中市5062人、阿坝州6997人、甘孜州21285人、凉山州19397人、卧龙特区30人。

---

① 《四川省第三次全国国土调查主要数据公报》，2022年1月18日。
② 《四川2.5万名有劳动能力贫困人口转为生态护林员》，中国政府网，2017年4月14日。
③ 《2017年四川提供生态护林员岗位5万余个带动7.8万贫困人口稳定脱贫》，四川新闻网，2018年3月9日。
④ 《四川省2020~2021年生态护林员名单公告》，四川省林业和草原局官网，2021年1月15日。

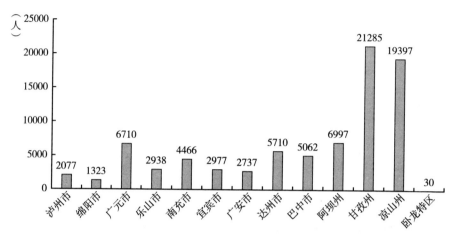

图 1　四川省 12 个市州及卧龙特区 2020~2021 年选（续）聘生态护林员数量

（二）四川省生态护林员队伍建设的相关政策和措施

一是下达生态护林员配套财政补助资金。四川是全国最早启动生态护林员公益岗位试点的省份之一，一部分生态护林员就是来自大熊猫国家公园周边社区的贫困人群，为了增加保护地周边社区贫困人群在生态保护中的受益渠道和途径，国家政策鼓励和支持保护地管理机构通过设置自然保护地公益性岗位吸纳保护地周边社区贫困居民参与大熊猫国家公园的建设进而增加其收入。2016 年，国家安排四川省生态护林员补助资金 7000 万元，四川省统筹资金 4000 万元，各地共选聘生态护林员 25064 名，生态护林员政策使全省 3 万贫困人口稳定脱贫。[①] 2020 年 6 月，四川省财政厅、四川省林业和草原局联合下达 2020 年中央财政林业草原生态保护恢复资金 34075 万元，专门用于生态护林员补助。2020 年全省共落实生态护林员补助资金 50075 万元，较 2015 年新增 1575 万元。2016 年至 2020 年 6 月，全省已安排生态护林员补助资金共计 16.55 亿元，持续在贫困地区实施生态护林员政策，选聘

---

① 《我省生态护林员政策助 3 万贫困人口脱贫》，四川省人民政府官网，2016 年 11 月 10 日。

生态护林员 28.7 万人次，为建档立卡贫困人口提供稳定生态就业岗位，实现贫困群众就近就业，促进了生态保护与脱贫攻坚战双赢。①

二是开展生态护林员业务能力培训和督查。2016 年 9 月，四川省林业厅在成都召开生态护林员工作培训会，强调生态护林员政策是精准扶贫工作思路的重大创新，是林业精准扶贫的重要举措，实施生态护林员政策，既可促进森林资源有效管护，又能帮助贫困人口直接稳定脱贫，是保护绿水青山和促进农民脱贫奔康的双赢举措。2017 年 3 月，四川省林业厅派出 5 个工作组，分赴乐山、阿坝、甘孜、凉山等 7 个市州的 13 个县（区），对生态护林员政策落实情况进行专项督查。工作组采取座谈、查阅档案、进村入户、与护林员面对面交谈等方式，重点检查了生态护林员选聘程序是否规范、指标落地是否精准、档案资料是否齐全、管护责任是否明确、培训工作是否开展、劳动报酬是否及时兑现、考核管理制度是否建立等。2019 年 1 月，为扎实做好护林员定位管理系统推广使用工作，四川省林草局在成都召开了全省推广使用护林员定位管理系统培训会，各市（州）林业部门、局直属有关单位负责人、部分重点县（市、区）林业部门分管负责人、具体经办人员共 100 余人参加了培训。2020 年 9 月，四川省林业和草原局在成都举办了 2020 年度生态护林员选聘培训班，全省 12 个市（州）和 88 个贫困县林草主管部门业务科室负责人及经办人员共计 100 余人参加了培训。

三是完善生态护林员队伍建设管理办法。2021 年 11 月，四川省林草局下发《关于进一步加强生态护林员队伍建设管理工作的通知》，要求各地林草主管部门把生态护林员队伍建设管理作为常态化推进森林草原防火的重要举措，一要优化生态护林员选聘管理机制，制定严格的生态护林员上岗条件、岗位责任、选聘要求，及时清理解聘不能履职尽责人员；二要压实生态护林员巡护责任，明确生态护林员的工作要求，对履职尽责不到位造成严重后果的，应依法依规追究责任；三要加强生态护林员考核管理，乡镇

---

① 《四川下达生态护林员专项补助资金》，四川省人民政府官网，2020 年 6 月 11 日。

按月度组织考核，县级林草主管部门强化考核监管；四要保障生态护林员劳务报酬，生态护林员减员的结余资金，可用于适当提高在岗护林员补助标准，支持生态护林员参加以工代赈项目和发展林草产业增加收入。2021年11月，四川省林草局下发《关于加强国有林业保护管理单位护林员管理的通知》，要求全省各级林草主管部门和国有林业保护管理单位，一要高度重视护林员管理工作；二要选优配强护林员队伍；三要落实护林员巡护责任；四要保障护林员工资待遇；五要加强护林员考核奖惩；六要加强护林员能力培训。

四　大熊猫国家公园安州管理总站生态护林员队伍建设的实践探索

大熊猫国家公园绵阳管理分局安州管理总站生态护林员是四川省生态护林员队伍中的一分子，具有典型性和代表性。大熊猫国家公园安州管理总站针对在实际工作中面临的一些问题和困难做出了一些探索和实践，并总结出了一些值得借鉴的经验。

（一）大熊猫国家公园安州片区基本情况

1. 安州区基本情况

安州区，原为安县，是绵阳市主城区之一，位于绵阳市西南部、四川盆地西北部，与绵阳市涪城区、江油市、北川县毗邻，与德阳市绵竹市、罗江区和阿坝州茂县接壤，距四川省会成都市 100 余公里。全区面积 1181.14 平方公里，辖 10 个乡镇 117 个行政村 34 个社区，根据第七次全国人口普查数据，安州区常住人口为 37.29 万人。① 其中乡村人口 34.9 万人。全区粮食作物主要有水稻、小麦、玉米、油菜、大豆、红薯、土豆等。2018 年，安州区耕地面积为 56.6 万亩。2020 年，安州区地区生产总值达到 196.18 亿元，

---

① 《绵阳市第七次全国人口普查主要数据情况》，绵阳市人民政府网站，2021 年 5 月 28 日。

2020 年农业实现总产值 59.48 亿元。

2. 大熊猫国家公园安州管理总站基本情况

2020 年 7 月，大熊猫国家公园绵阳管理分局安州管理总站挂牌成立，设在安州区花荄镇。该站为绵阳首个大熊猫国家公园县级管理总站，曾获得大熊猫国家公园绵阳管理分局颁发的 2020 年度"野生动植物保护工作先进集体"、"大熊猫国家公园体制试点工作先进集体"和"自然教育工作先进集体"等荣誉称号，为大熊猫国家公园在绵阳的建设提供了模式探索和早期实践的经验。绵阳是大熊猫野外种群数量最多、遗传多样性最丰富、密度最大、栖息地质量最优的核心分布区，绵阳划入大熊猫国家公园面积 4560 平方公里，其中包含安州区高川乡和千佛镇 5 个村，区域面积 146.35 平方公里。

大熊猫国家公园安州片区地处我国生物多样性保护优先区和全球生物多样性热点地区，是大熊猫岷山 B 种群的重要栖息地和重要扩散区，同时也是大熊猫岷山 A、B 种群的关键连接地带，另有种群数量较大的国家 I 级重点保护野生动物川金丝猴广泛分布，具有重要的科研和保护价值。国家 I 级重点保护植物有红豆杉、南方红豆杉和珙桐等 6 种，国家 II 级重点保护植物有巴山榧树、水青树和鹅掌楸等 10 种；国家 I 级重点保护动物有大熊猫、川金丝猴和绿尾虹雉等 10 种，国家 II 级重点保护动物有猕猴、小熊猫和白尾鹇等 36 种。

（二）大熊猫国家公园安州管理总站生态护林员队伍状况介绍

大熊猫国家公园安州管理总站下辖两个管护站，分别为千佛管护站和高川管护站，总共 33 名生态护林员，其中千佛管护站 19 名生态护林员，高川管护站 14 名生态护林员；女性生态护林员共 3 名。生态护林员全部来自当地周边社区，由当地村委会向国家公园安州管理总站推荐任职，属于临聘编外人员，管理总站会每年与生态护林员签订劳务合同。生态护林员平均年龄在 50 岁以上，文化水平主要是初中或高中，最高学历为大专，最低学历为小学。其中，负责生态路线监测的护林员每月工资 2500 元，管护站负责行

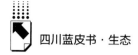

政的护林员每月工资 2500 元，负责护林防火的网格员每月工资 800 元，负责看守哨卡的护林员每月工资 900 元。

（三）生态护林员队伍建设的主要探索和实践

2021 年 7~12 月，在四川省林业和草原局（大熊猫国家公园四川省管理局）等单位的指导和支持下，大熊猫国家公园安州管理总站实施了"千佛山大熊猫友好社区建设暨生态护林员能力建设示范项目"，按照在生计上支持中蜂养殖等生态产业、在组织上孵化生态护林员协会、在能力上提高监测巡护和自然教育能力、在意愿上增强生态护林员队伍的自豪感和荣誉感"四位一体"协调推进的战略实施框架重点培育大熊猫国家公园生态护林员（见图 2）。从整体上分析，"四位一体"的战略实施框架从不同的视角、维度和层次统筹、协调推进生态护林员队伍建设，进而形成一个在相对稳定的条件下动态、持续深入推进生态护林员队伍建设的高效运行系统；从局部分析，它们之间既相互独立又相互联系，既相互制约又相互促进，相辅相成，互为条件且缺一不可。在生计上提高生态护林员收入水平为组织和能力建设提供了经济基础；在组织上提高生态护林员集体凝聚力为生计和

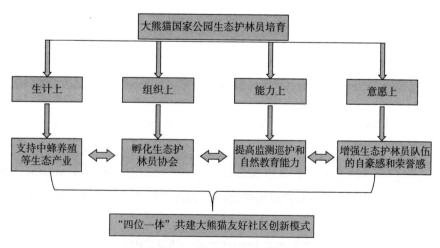

图 2　大熊猫国家公园安州管理总站生态护林员队伍建设结构示意

能力建设提供了组织制度保障；在能力上提高生态护林员业务素质为生计和组织建设提供了人才保障。以上三者在不同程度上持续提高生态护林员的工作意愿，进而推进了生态护林员队伍相关的生计、组织和能力建设。"四位一体"战略实施框架是对大熊猫国家公园生态护林员队伍建设的有效探索的成果，为四川乃至全国的国家公园生态护林员队伍建设工作提供了有益借鉴。

一是从生计上支持中蜂养殖等生态产业，提高和拓宽生态护林员的经济收入和增收途径。通过项目资金支持，千佛管护站生态护林员队伍获得了总共 3 万元的资金支持，其中 9000 元资金用于以每箱 300 元的价格向当地蜂农购置 30 箱中蜂并进行集体养殖，考虑到养蜂的季节性和周期性，剩余的大部分资金在 2022 年春季用于购置新一批中蜂，并预留一部分资金用于集体蜂场的日常管理开支。在此期间，大熊猫国家公园安州管理总站曾组织生态护林员前往绵阳市平武县关坝村等学习其先进的养蜂经验，并与当地养蜂技术能人交流养蜂经验。在生态护林员自主购置蜂箱之后，大熊猫国家公园安州管理总站着手推动建立以生态护林员为参与和实施主体的集体蜂场。该集体蜂场在安州管理总站的支持和指导下由生态护林员自主运营、管理和发展，由其为生态护林员集体蜂场的发展提供外部支持和资源，蜂箱、蜂巢及后续生产蜂蜜的所有权全部归属生态护林员，集体蜂场经营所得收益将在千佛管护站生态护林员之间实行按劳分配。

生态护林员集体蜂场的建立和发展对生态护林员队伍的建设和社区关系的改善产生了积极作用，一方面为生态护林员队伍创造了集体资产，有助于生态护林员队伍的公共性建设，通过集体蜂场产生的经济纽带作用使每个生态护林员之间形成经济联系，依托蜂场的建立、运营和发展，提高生态护林员的集体意识和行动能力。在实践中，生态护林员的态度从刚开始对于集体蜂场"不想干"转变到"我要干"，生态护林员队伍发生了"质"的变化，生态护林员的集体观念和凝聚力增强。另外，该集体蜂场的后续经营收入中将预留一部分资金作为生态护林员组织和能力建设的经济基础和来源。单纯依靠项目和财政转移支付的支持往往难以产生常态化效果，而通过推动集体蜂场的发展得以产生相对稳定、持续的经济收入为生态护林员队伍的组织化提供经济支持，最终实现从"外部输血"向"自我造血"的转变。

二是从组织上孵化生态护林员协会，搭建生态护林员自我管理、自我教育、自我服务和自我发展的平台。协会在正式成立之前举行了第一届会员大会，会上通过了协会的组织章程，由会员投票选举产生了理事会和监事会成员，确定了理事长和秘书长人选。协会主要负责人均由生态护林员担任，从而形成了协会的管理架构。在大熊猫国家公园安州管理总站的支持和指导下，协会广泛征求意见，经过专家指导和热烈的讨论由生态护林员自主拟定并确立的协会成员内部管理规定正式通过，具体涉及日常管理、活动管理、经费及资产管理、会议制度、档案管理制度等。2021年12月，由千佛山社区生态护林员、安州区国有林场职工、社区村民和乡镇企业代表等50余名会员共同发起的绵阳市安州区千佛山生态护林员协会正式在绵阳市安州区民政部门申请成立。它是大熊猫国家公园区域范围内第一家以生态护林员为参与主体的社会团体。作为协会主要成员的生态护林员既来自当地周边社区也处于保护地在地管理机构的管理序列下。依托协会为具有"民兵"性质的生态护林员提供自我管理、自我教育、自我服务、自我发展的载体和平台，提高生态护林员的组织化程度、集体凝聚力和荣誉感，并以此为组织载体将生态护林员队伍打造为保护区和当地社区之间的天然沟通媒介和纽带，从而提高社区群众参与生态环境保护的积极性，带动和影响当地社区居民参与生态保护和建设，创新保护地和社区共管共建工作模式。千佛山生态护林员协会作为向民政部门正式注册备案的社会组织，一方面动员周边社区和社会力量参与大熊猫国家公园建设；另一方面，科研机构、NGO和社会企业等社会力量将协会作为融入保护地工作的对接主体之一，生态护林员在与多元社会保护主体的交流中能够学习到先进的保护理念、丰富的保护经验，进而获取智力和资金支持等。

　　三是从能力上开展提高监测巡护和自然教育能力培训，提高生态护林员工作素质和技能。大熊猫国家公园安州管理总站通过组织生态护林员外出交流和参与培训，使其有机会学习新的知识、技能和先进的理念；通过邀请自然教育专家和导师进行实地培训和讲授自然教育相关知识，增强了生态护林员的讲解能力；通过举办和开展本土化以乡村社区孩子为参与主体的自然教育公益体验活动，提高和积累了生态护林员举办相关活动的组织协调能力和相关经验。2020 年 9 月，大熊猫国家公园安州管理总站通过召开有林草部门、科研机构、民间组织、社会企业、生态护林员等多方参与的自然教育专家研讨会，针对本土生态护林员如何在大熊猫国家公园管理体制试点下通过自然教育发挥主体作用纷纷建言献策，并对千佛山未来三年的自然教育发展框架提出了构想。2021 年 10 月，大熊猫国家公园安州管理总站千佛管护站的生态护林员自发申请并组织举办了由中国林学会联合有关单位组织发起的"千园千校，一起向自然"的自然教育嘉年华活动。2022 年 1 月，千佛山生态护林员协会正式开展了大熊猫国家公园首届针对下一代环保教育的公益活动——"培育'护二代'，传承生态护林使命"，同年 3 月在猫儿沟举办了"科学少年"自然教育活动，并取得了较好的社会影响。大熊猫国家公园安州管理总站以自然教育理念创新为抓手和契机加强生态护林员队伍建设，将生态护林员队伍打造为大熊猫国家公园和当地周边社区之间形成友好关系的纽带。

　　四是从意愿上全方位鼓励和支持生态护林员的工作，增强生态护林员队伍的自豪感和荣誉感。大熊猫国家公园安州管理总站通过举办各种以生态护林员为参与和实施主体的活动，以及提供外出学习、考察和交流的机会，增强生态护林员的主人翁意识；通过了解生态护林员的生活和工作状况，听取和采纳生态护林员对大熊猫国家公园日常工作的建设性意见，真正地将生态护林员的积极性和主动性发挥出来，让生态护林员从心底产生强烈的身份认同和自豪感，尊重和支持生态护林员的工作，使得生态护林员由"不作为""慢作为"转为"主动作为"。

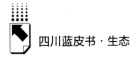

（四）生态护林员队伍建设取得的主要经验

一是注重对生态护林员教育的连续性。生态护林员队伍建设是一项长期性和系统性工程，不可能一蹴而就，在对生态护林员进行技能和技术培训的时候，要注重对生态护林员教育的连续性，有计划、有系统、前后连贯地进行思想和工作素质教育。生态护林员长期处于特定的生活环境中，有着固有的一套价值观和认知体系，新的价值观念对其产生影响乃至冲击和最终使其接纳是一个漫长的过程，生态护林员无论是思想认知方面还是工作技能方面都是由相互联系的若干阶段构成的长期累积过程，尤其是生态护林员对其工作内容的认知具有系统性和逻辑性，只有前后连贯、循序渐进方可取得应有的效果。大熊猫国家公园安州管理总站在充分了解、掌握生态护林员认知、行为、能力等信息的基础上，科学地确定了不同阶段工作素质培训的要求和内容，进而通过邀请科研机构、NGO、社会企业等领域的专家学者，每个月对生态护林员进行两次技能、知识和理念等方面的培训，潜移默化、润物细无声地影响生态护林员的认知和技能，从而使其对自我身份更加认同、工作技能更加熟练，以便产生良好的效果。

二是注重培养生态护林员"做中学"的能力。生态护林员的工作是极具复杂性和艰巨性的，相较于纯理论知识的灌输，生态护林员更需要结合日常工作实际在实践层面做出一定的适应性调整和创新，因此要注重培养生态护林员"做中学"的能力，真正地使理论联系实际，在理论和知识学习的基础上，更重要的是通过举办相关的活动使生态护林员寓教于学、寓教于乐，将相关的培训技能和知识应用于实践，在活动中学习和总结相关经验反过来进一步充实相关知识和提高相关技能。大熊猫国家公园安州管理总站为生态护林员提供了培训和学习机会，不单单是在课堂上对生态护林员进行理论灌输，更重要的是将日常所学应用于平常的工作之中，在合作过程中培养团队精神和乐于解决问题的精神，提高生态护林员在实践中学习和在学习中实践的能力。

三是注重多元保护主体的协同参与。习近平总书记指出，发展为了人民、发展依靠人民、发展成果由人民共享，大熊猫国家公园建设所产生的生态价值和效益是福泽整个社会的，同时大熊猫国家公园的公共属性决定了其建设需要多元保护主体的协同参与，而不是某个群体和社会组织能单独支撑起来的。大熊猫国家公园安州管理总站一方面通过发挥生态护林员的主体参与作用，激发其工作的积极性和主动性、产生身份认同感，进而增强荣誉感和自豪感；另一方面通过发挥千佛山生态护林员协会的组织协调作用，带动、激发社会力量和资源参与、融入大熊猫国家公园建设，其中不乏科研机构、高校、社会组织和社会企业等，生态护林员在对接社会力量的同时能够获得相关的资金、技术和技能支持。

四是注重培养生态护林员的社区关系处理能力。中国的国情决定了国家公园内的社区发展是一个非常重要且复杂的课题，注重培养生态护林员的社区关系处理能力既是国家公园建设对生态护林员工作职责的基本要求之一，也是生态护林员队伍建设中必不可少的一项重要基础内容。生态护林员"民兵"性质的身份是极具特殊性的，通过发挥生态护林员的桥梁和媒介作用，最大限度地让社区居民能够参与大熊猫国家公园建设，社区的参与能够为国家公园的建设提供本土化力量，推动社区共管共建。通过举办自然教育活动等，吸纳社区居民参与活动的策划、安排和执行等，生态护林员协同社区居民开展围绕社区的相关工作，进而培养生态护林员的社区关系处理能力。

五 四川省生态护林员队伍建设的建议

四川省在从生态大省向生态强省转变的过程中必须重视、加强生态护林员队伍建设。生态护林员队伍建设是一项复杂且持续性的工作，需要政府、社会组织、企业、高校等各方参与主体协同联动、多措并举、多管齐下地持续推进。

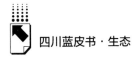

（一）建立健全高效透明的选拔和考评机制体系

现行的生态护林员选拔制度尚不完善，主要是由当地村委会向保护地管理机构推荐，这就不可避免地在推选程序上有不透明的地方，多数被推举的生态护林员与村委会主要负责人之间具有血缘和裙带关系，有些生态护林员本身就是村委会成员之一或者村民小组组长。不公开透明的机制不利于选拔优秀的生态护林员，还极易造成社区内部的利益分配不公，进而引起矛盾。基于此，建立公开透明的选拔和考评体系刻不容缓，这是建设好国家公园的根本所在，也是推动社区共管共建的必要措施之一。一方面，围绕生态护林员选聘从发布公告、申请申报、审核到最终公示的一整套流程要制定严谨、高效且具体细化的系统性执行方案，各个环节环环相扣，形成严密的组织管理体系，在生态护林员队伍稳定的基础上进行相应的动态调整，对因个人健康原因、履职不到位经教育无效、主动要求退出以及有其他违反协议事项的生态护林员解除聘用后按程序重新择优补聘。另外，创新生态护林员的选拔和考核方式势在必行，因地制宜地采取"自荐"和"他荐"相结合、"由下而上推举"和"由上而下选拔"相结合的方式，拓宽社区居民竞选生态护林员的渠道，精准吸纳有意愿且有能力参与生态管护的社区居民。再者，细化生态护林员岗位责任制考核办法，并由自然保护地管理机构、村委会、生态护林员、社区居民等多方参与的利益主体代表组成考核小组，不定期地对生态护林员的工作情况进行督促检查，明确责任主体，实行百分制量化打分并记录在册，按工作实效进行奖励和处罚，督促生态护林员增强责任心。

（二）建立长效且多样化的激励机制

建立长期有效的激励机制是保障生态护林员队伍稳定和发展的有效手段，目前针对生态护林员的激励机制尚且单一和简单，不足以起到有效的激励作用，需要建立多样化、多层次的激励机制，从精神上到物质上给予生态护林员一定的激励，针对个人表现突出的优秀生态护林员给予外出学习发展的机会，全方面、全方位地为生态护林员的发展提供力所能及的帮助。大熊猫国家公园管理机构可以联合有关单位举办以生态护林员为主题的各项活动，针对在监测、巡护、自然教育等领域有突出专长和特殊贡献的生态护林员予以精神和物质嘉奖，借助和依托互联网、媒体等各种宣传平台对其事迹进行报道，从而激励乡村生态护林员以更加饱满的热情投入守护绿水青山、建设美丽乡村的事业中。

（三）构建多维度的能力建设机制

生态护林员是生态文明建设的基础力量，其所承担的责任和任务也是具体且重要的，是不可或缺的。作为最基层的生态护林员，是国家生态保护相关法律、法规和政策的宣传者，是大熊猫国家公园的自然解说员，是大熊猫国家公园形象的促销员，是乡村社区发展的协调员。生态护林员所扮演和承担的角色和任务是多样的，其所面对的工作环境也是复杂且艰巨的，自然保护地管理机构应该立足于现实工作需要，在充分了解、掌握生态护林员工作素质状况的基础上从多个维度加强生态护林员能力建设，通过举办讲座、开展业务培训和活动等方式，从思想上、行为上、组织上、意愿上全面提升生态护林员能力，弥补生态护林员的能力短板和缺陷。

（四）尝试渐进引入商业和公益力量等社会资源协同参与

尝试借助社会企业等多方力量协同参与大熊猫国家公园建设，在一定程度上激发生态护林员队伍的活力并带动社会资源的多方参与，进而构建政府主导、生态护林员主体、企业协同、社会参与、部门联动的长效参与机制。生态护林员尝试借助企业资源通过市场化手段联合开发、盘活大熊猫国家公园区域内的自然和社会资源，探索大熊猫国家公园特许经营权的本土化试点运营，这在一定程度上能够消除"等""靠""要"财政补贴的固有弊端，由"输血式"向"自我造血式"转变。生态护林员能够由被动转为主动，由"让我干"向"我要干"转变。基于商业化的利益联结机制，生态护林员的自我主动性将会提高。同时，在与商业力量的合作中汲取营养成分，借鉴学习商业力量中的管理模式和优秀经验，提升生态护林员的业务能力。

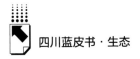
参考文献

余启蛟：《天台县专职护林员队伍管理存在的问题及对策》，《现代农业科技》2020年第6期。

袁佳：《浙江省岱山县护林队伍建设探索》，《森林公安》2018年第6期。

李玉新、段华超、张加龙、董琼、谢平华：《新时代护林员队伍建设问题与对策建议》，《绿色科技》2020年第17期。

陈丽英：《浅谈生态护林员制度》，《农村实用技术》2018年第3期。

漆建波：《生态护林员政策相关问题研究》，《农村经济》2021年第2期。

李华丽：《明清时期农民兼业化趋向研究》，《中国农学通报》2011年第8期。

李苏：《论农户兼业化向专业化的过渡》，《社会科学家》2000年第6期。

吴明艳、谭本会：《强化护林队伍 夯实森林资源保护》，《现代园艺》2019年第3期。

程彬：《泾县生态护林员选聘及在精准脱贫中的作用》，《安徽林业科技》2020年第3期。

韩锋、高月、赵荣：《云南省生态护林员政策实践及启示》，《林草政策研究》2021年第1期。

闫海旺、周学海、张宝学：《古浪县生态护林员项目实施经验与管理模式探索》，《甘肃科技》2021年第10期。

全民自然教育篇
National Nature Education

B.5
四川省全民自然教育调查与研究

凌琴　张黎明　王　莉*

摘　要： 随着 2020 年我国脱贫攻坚任务全面完成，人民群众对自然资源的可持续利用、传统生态文化知识应用迈入了新的发展阶段。自然教育作为连接人与自然、人与人、人与自我、人与社会的重要手段，既可以促进生物多样性、自然资源富集山区经济的可持续发展和优秀传统文化传承，又能满足城市居民日益增长的对自然、生态体验的客观需求。本文通过对四川省自然教育发展现状的实地调研、问卷调查、专家访谈和研究分析表明，四川省自然教育正处于蓬勃兴起的发展阶段，存在诸多机遇与挑战。未来应更深入地践行习近平生态文明思想，持续积极倡导由以青少年儿童为主的自然教育向全民

* 凌琴，四川省社会科学院硕士研究生，主要研究方向为农村发展；张黎明，四川省林业和草原局（大熊猫国家公园四川省管理局）科研教育处处长、四川省科学会自然教育与森林康养专委会主任、高级工程师，主要研究方向为生物多样性保护、区域可持续发展、以自然教育和森林康养为主体的生态福祉；王莉，四川省林学会副理事长兼秘书长，主要研究方向为林业和草原生态、自然教育。

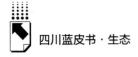

自然教育理念转变，大力推进全民自然教育，促进人与自然和谐共生。

关键词： 四川省　全民教育　自然教育

一　引言

2012年11月，党的十八大从新的历史起点出发，做出"大力推进生态文明建设"的战略决策。十八大报告进一步明确，建设中国特色社会主义，统筹推进经济建设、政治建设、文化建设、社会建设、生态文明建设"五位一体"总布局。

"五位一体"总布局要求积极探索生态文明建设的实施路径，将生态文明建设融入其他四大建设的各方面和全过程。四川省的全民自然教育涉及知识、地域、行业、人群广泛，全民自然教育促进了人们对人与自然和谐共生的一致共识，协力走向全民生产、生活与学习的实践。全民自然教育既是国民素质教育的重要内容，也是培育生态文化、提升社会生态文明意识的重要途径和抓手。在经济建设方面，全民自然教育促进了生态产品价值实现；在政治建设方面，全民自然教育体现了政府主导、部门协同和社会参与的新局面；在文化建设方面，全民自然教育倡导优秀本土传统文化、民族文化、生态文化的发扬与传承，促进了我国文化振兴和文化自信；在社会建设方面，全民自然教育强调人与自然、人与人、人与自我三个层面的关系，引导建立了全社会人与自然和谐共生的核心价值观。

随着我国城市化进程不断加快，人类对自然资源的利用和管理进入新的阶段。自然教育作为人与自然、人与人、人与自我的重要连接手段，对未来人与自然和谐发展关系具有重要影响。自然教育注重在自然环境中的体验式学习，发挥自然的教育性作用。自然教育的场景多在乡村一级，而乡村生态资源最丰富的当属各级自然保护地。因此，发展自然教育的"全民性"理念，既促进生态富集山区经济的可持续发展和优秀传统文化传承，又满足城市大众日益增长的对自然体验的需求，具有重要的研究意义。四川省林业和草原局组织课题组，以成都、阿坝、绵阳、泸州、宜宾等市州为主体，以自然保护地为重点，采取二手资料查阅、问卷调查、实地调研等方式，收集问卷 214 份，实地调研机构 72 家、保护地周边社区居民 33 户，对全省全民自然教育在各地推进情况进行了较为全面的调研，针对具体问题与相关专家进行了座谈研讨。

二 自然教育迈向"全民性"的新发展理念阶段

（一）自然教育的概念和起源

在不同行业或学术背景下人们对自然教育的理解各有不同，目前社会各界尚未对其形成统一的定义。自然教育在不同国家、不同地区、不同部门有着不同的提法和呈现形式。开展机构类型多样，如自然学校、森林学校、湿地学校、绿色学校；活动名称多样，如环境教育、生态教育、研学旅行、森林教育、乡村教育等，虽然概念理解和活动形式有所不同，但基本上与本文论述的全民自然教育相通。卢梭是 18 世纪法国大革命的思想先驱，他首次提出"自然教育"，发现教育的"自然法"，进而提倡自然教育，并把教育分为自然教育、物的教育和人的教育。在西方有的学者将自然教育定义为：在自然中体验形成关于自然的事物、现象及过程的认知，目的是认识自然、了解自然、尊重自然，从而形成爱护自然、保护自然的意识。

"自然教育"不是舶来词，而是吸收了欧美发达国家的理念，又根植于中国文化和传统发展起来的一个新的概念。中国的自然教育思想可以追溯到先秦时期的老庄学说，其著作无处不渗透着对自然的崇尚，老子在《道德经》中写道："人法地，地法天，天法道，道法自然"，表示人要遵循万物生长的规律，而自然便是万物本身的样子。在历朝历代文人墨客的作品和民

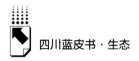

间百姓传统文化习俗中我们都能看到自然教育以各种形式呈现。

四川省地方标准《自然教育基地建设》① 中对自然教育进行了诠释：自然教育是指"以森林、草原和湿地等自然资源及自然环境为主要依托，以启发性教育、沉浸式体验和参与性学习等方式，让参与者通过五感认知自然和环境，感悟生态，培育和树立尊重自然、顺应自然和保护自然的生态文明理念，促进人与自然和谐共生的所有教育活动的总称"。自然教育依据其特点可归纳为三大方面：第一，自然教育并不是简单地观察花草动物，而是一种有秩序的教育行为，有系统的理论和方法。第二，自然教育天生带有"生态""环保"的烙印，可以培养人尊重生命、尊重自然规律的价值观。第三，自然教育涉及领域很多，包括教育、户外、旅游、环保、农学、林学等，因而对从业人员有着较高的要求。

改革开放以来，中国的社会生产力得到极大的提升，交通出行和信息获取更加便利，通过学习与借鉴发达国家先进经验和广泛的国际交流与合作，自然教育与儿童成长和环保公益兼容并包，在森林教育、研学旅行、生态旅游和自然保护地等多个领域交汇发展，逐步呈现出具有中国特色的自然教育理念。特别是党的十八大以来，为寻求可持续发展道路，我国大力推动生态文明建设，加强生态文明宣传教育，"绿水青山就是金山银山"的绿色发展理念被广泛传播并深入人心，自然教育发展正迎来符合我国国情且与生态文明思想高度关联的新契机。

（二）全民自然教育的相关政策

四川省林业和草原局在全国率先提出了"全民自然教育"这一理念，并在政策文件中予以强调。2020年9月，四川省林业和草原局联合省发改委、教育厅等八部门印发《关于推进全民自然教育发展的指导意见》（以下简称《意见》）。全民自然教育是推动全民认知、全民参与、全民受益、全民全龄自然教育的行动。《意见》创新性地提出了分阶段实施四川省全民

———————————————

① 四川省地方标准《自然教育基地建设》（DB51/T 2739-2020），2021年1月1日。

自然教育的目标，到 2025 年，国内领先的四川全民自然教育发展格局基本形成，幼儿园、中小学自然教育参与度达 90%，自然教育市民认知度达到80%，以基地为主体的各类自然教育场域达到 500 处，各类自然教育主体500 家，并培育认证一批自然教育服务机构、自然教育导师，以及自然教育课程、线路和产品，创建一批自然教育优质品牌，将四川建成全国自然教育示范省和国际知名自然教育目的地。

（三）全民自然教育的内涵、意义

"全民"即全体公民，是一种参与性、影响性的范围概念。全民自然教育的提出与《四川省加快推进生态文明建设实施方案》[①] 中提到的提高"全民生态文明意识"、《建立国家公园体制总体方案》[②] 中提出的坚持"全民公益性"等内涵一脉相承。全民自然教育强调自然的教育性、教育的自然性，以及自然教育的全民性、共建共享性。本文认为全民自然教育是在以往自然教育发展的基础上，倡导全民认知、全民参与、全民共建、全民共享的全龄、全域自然教育，具有显著的公益性和社会性。全民自然教育秉承生态文明建设的思想，既是生态的，也是经济的，同样也需要全民无差别地共同参与。

推广实施全民自然教育具有多重意义：首先，全民自然教育是生态保护和自然保护地有效管理的重要手段。实施全民自然教育能够扩展自然教育的受益群体，提升社会各界的自然保护意识和参与性，从而夯实生物多样性保护的基础。其次，全民自然教育可以推动生态产业化，有助于生态产品价值实现。通过实施全民自然教育，可以提供各种类型的自然教育产品，满足不同群体日益增长的自然体验、精神文化需求，推进林业现代化发展和林业草原产业转型升级，让生态保护成果全民共享。最后，全民自然教育是践行习近平生态文明思想的重要举措。实施全民自然教育，挖掘和弘扬我国优秀传

---

① https：//www. sc. gov. cn/10462/10464/10797/2016/4/1/10374661. shtml.

② http：//china. cnr. cn/news/20170927/t20170927_ 523966483. shtml2017-9.

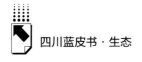

统生态文化，促进科研成果转化，倡导自然资源的可持续利用，将对我国生态文明建设做出重要的贡献。

三 四川省全民自然教育发展概况

四川省自然教育虽然起步晚，但发展迅速。自2007年以来，四川省以林业系统为主导推进的自然教育取得了显著成效。2020年，四川正式提出在全省推进全民自然教育，被誉为全国自然教育的领跑者。尤其是在大熊猫国家公园体制试点以来，自然教育成为国家公园管理的重要手段，因此，自然保护地也是本次调查和研究的重点对象。在四川省林业部门大力推进自然教育的同时，教育部门和文旅部门也加大力度开展中小学生研学实践活动和生态旅游。以各种形式开展自然教育的社会组织、企业等民间机构数量呈逐年上升态势，其影响领域和范围逐步扩大。在全省政府部门和民间力量的推动下，形成了一批具有地方特色和多学科融合发展的示范和典型，并不断探索总结，迎接新的挑战和机遇。

（一）调研概况

1. 调研背景

四川省林业和草原局组织开展"2021四川省全民自然教育调研"，力图摸清四川省自然教育发展情况，发现新发展阶段实施全民自然教育的潜能和需求，践行习近平主席人与自然和谐共生的生态文明建设理念。

2. 调研目的

全民自然教育内容丰富、涉及面广，四川省不同区域之间自然地理和生态文化差异性大，很难在短期内对四川省全民自然教育状况进行系统调查和深入了解。"2021四川省全民自然教育调研"的主要目标是通过调查四川省全民自然教育开展现状、主要需求、存在空缺、面临挑战等，宣传四川省自然教育相关政策文件精神，探索在自然教育新发展阶段生态产品价值的实现，促进四川省全民自然教育健康可持续发展，为建设生态文明提供重要的数据和信息支撑，为创新自然教育政策等打下基础。

3. 调研对象

本次调研的样本主要以全省现有自然保护地为重点，适度兼顾保护地外情况，采取"线上为主、线下为辅"的方式，以问卷调查为主要手段，同时通过文献查阅、专家访谈开展调研信息收集工作，完成调研机构 72 家，问卷 214 份，具体包括四川省已建自然保护地、个别县教育部门及开展自然教育的中小学校、部分从事自然教育的机构（包含旅游企业、自然教育基地、研学营地、科普基地等）、自然教育专家学者、自然教育受众（包含自然保护地周边社区和家长、学生）。

（二）四川省自然教育市场主体和发展现状

四川省在推进全民自然教育过程中，各地各类各级机构以自然保护地、自然教育基地、自然教育机构等为主体积极参与，并探索出各具特色的自然教育发展定位、推进机制、运营模式和核心课程。四川实施自然教育的主体在 21 世纪初以后快速增加，呈多样化、小规模化发展趋势。全国自然教育网络 2018 年的调研数据显示，四川省是自然教育机构最多的省份。

自然教育论坛多年持续调查的结果显示，2010 年，中国自然教育呈井喷式发展态势。2016 年，国内的自然教育机构呈现快速增长的趋势，主要集中在北京、上海、浙江、广州、云南、四川，规模以中小型居多，工作领域以亲子、儿童教育和自然体验为主。其中自然学校（自然中心）类型的机构数量最多，占 47%；其次是户外旅行类，占 18%。2016 年自然教育机构主要服务对象以小学生、亲子家庭以及 3~6 岁的儿童为主，分别占 86%、73%、55%。2018 年的调研结果表明，自然教育机构年服务 500 人次以内的机构占比较高，达到 47%，服务人群主要为小学生和亲子家庭，分别占30% 和 29%。自 2020 年以来受新冠肺炎疫情影响，自然教育机构在人员、待遇和营收等方面都受到不同程度的影响。

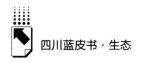

（三）重点机构分析——自然保护地自然教育发展现状

自然保护地具有丰富的生态资源，是开展自然教育的重要场所，例如众多的风景名胜区、地质公园、世界自然遗产地等，吸引了大量的研学、自然教育机构，成为重要的全民自然教育实施载体。因此，自然保护地也是本次调研的主要对象。本次调研发现自然保护地开展的自然教育模式同质化现象较为严重，但也出现了一些创新模式，其经验值得进行分析和总结，对其他自然保护地具有借鉴价值。

1. 基本情况

自然保护地是此次调研的重点。线上线下调研的自然保护地管理机构共计145家，调研范围覆盖成都、甘孜阿坝、宜宾、绵阳等16个市（州）。调研对象为四川省各级自然保护地（如国家公园、自然保护区、地质公园、风景名胜区、森林公园、湿地公园、自然遗产和自然保护小区等）。据统计，四川省登记在册的自然保护地约525个，有独立管理机构的约为注册保护地数量的1/2，分布在四川省的21个地市州。因此，本次调研自然保护地的样本量占自然保护地有实体管理机构数量的近1/2，调研涉及机构级别多样，调查结果可以较为全面地反映自然保护地开展自然教育的实际情况。

2. 自然教育开展目标和理念认识

目前，保护地级别、管理情况等各不相同，设立开展自然教育的相关科室五花八门，还没有形成统一的科室开展自然教育活动。同时，自然教育和科研、宣教、社区共管、生态旅游管理、野保科等科室的协同性、交叉性较高，就像如何定义自然教育一样，不同的保护地根据不同的目标对自然教育有着不同的划分和见解。

保护地对开展自然教育主要目标的理解方面，各选项普及率[①]由高至低

---

① 普及率用于表示某项的选择普及情况，响应率用于表示各个选项的相对选择情况，二者的区别在于被除数不一样。比如有100个样本，平均每个样本选择3项，则总共100个样本共选择了300个选项，对于某个选项共有60个样本选择，则普及率 = 60÷100×100% = 60%，响应率 = 60÷300×100% = 20%。

依次为增进保护地管理 79.17%、发挥自然保护地生态功能 79.17%、公众环境教育 76.04%、提高知名度 50%、促进本地经济发展 43.75%，筹集资金 11.46%。依据帕累托法则①，从表 1 可知，从保护地视角，在推动开展自然教育的因素中按重要性排序依次为增进保护地管理、发挥自然保护地生态功能、公众环境教育和提高知名度。47.69% 的保护地认为自然教育开展对保护地管理有明显促进作用，52.31% 的保护地认为有一定的促进作用。这也直接体现自然保护地将自然教育作为重要的管理手段。

表 1 保护地开展自然教育的主要目标

单位：%

主要目标	响应		普及率($n=96$)
	n	响应率	
提高知名度	48	14.63	50.00
增进保护地管理	76	23.17	79.17
发挥自然保护地生态功能	76	23.17	79.17
筹集资金	11	3.35	11.46
公众环境教育	73	22.26	76.04
促进本地经济发展	42	12.80	43.75
其他	2	0.61	2.08
汇总	328	100.00	341.67

注：拟合优度检验：$\chi^2 = 121.750$，$p = 0.000$。

3. 自然保护地自然教育同质化现象

自然保护地并非开展自然教育的唯一场所，但却具有开展自然教育的各种先天禀赋。围绕保护地开展自然教育的主要吸引力，各保护地对自然景观、野生动植物资源、文化景观、基础设施完善、地理气候、自然教育产品、服务质量、服务态度等进行了排序，其中保护区内自然景观、野生动植物资源排名前两位。这说明，保护地在提升吸引力方面目前还停留在以自然资源的客观优势

---

① 又称"二八原理"，即 80% 的问题是由 20% 的原因造成的，区分造成结果的"微不足道的大多数"和"至关重要的极少数"，从而便于人们关注重要的类别。

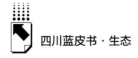

为主，而与自然教育相关的产品、服务等软实力是未来工作的重点。

2020 年受疫情影响，一些保护地自然教育活动基本停滞，大多数保护地开展的自然教育活动仅 1~2 次，且以外部机构合作开展为主。本次调研样本中，90.77% 的保护地开展的是科普、知识性讲解类型的自然教育活动。这说明保护地还是以科普知识性讲解为主，活动类型比较单一、同质化严重。

4. 创新性模式

部分自然保护地一般利用传单、宣传册等资料开展宣传，采取进学校举办森林防火讲座等方式完成保护地宣教的基本职责。这样的方式仅停留在形式上，并不能起到深入人心的作用，没有把开展自然教育作为社区共管共建的重要手段。本次调研发现，各自然保护地也不乏一些创新性自然教育模式。例如，大熊猫国家公园唐家河片区采取"PPP 模式"① 引进北京青野生态，一体化统筹运营和管理园区自然教育活动和业态孵化。雅安市大熊猫国家公园荥经片区地方政府部门高度重视自然教育，将自然教育与地方经济社会发展有机结合起来，采取"EPC+O 模式"②，促进以全域自然教育为支撑的大熊猫国家公园建设与地方经济社会协调发展。中国大熊猫保护研究中心采取"BO+模式"③，立足于保护地周边三个饲养繁育基地开设了"大熊猫营养师""圈舍丰容④制作与行为观察""生态茶体验""大熊猫和它的邻居们"等主题课程 30 余个，年均自然教育活动参与人次达 20 万人次、为社区和学校提供自然教育 30 余场次，先后被授予全国科普教育基地、生态教育基地、全国自然教育学校（基地）等称号。平武关坝自然保护小区基于社区形成了以合作社为载体的自然教育服务乡村振兴的发展模式；安州区千佛山自然保护区成立全国首个"生态护林员协会"，以协会为载体促进生态护林员参与自然教育等活动，探索生态护林前提下的自然教育利益链接模式；

---

① 即由公共部门、私营部门构建的伙伴式合作模式。
② 即从工程策划设计到营运流程的总承包模式。
③ 即建设运营模式。
④ "丰容"指给圈养动物提供一个能表现自然行为的条件，大熊猫圈舍丰容制作指通过模拟大熊猫野外生存环境对大熊猫圈舍进行设计制作。

都江堰、崇州、平武、北川等县（市、区）保护地，不断推出具有各自特色的自然教育活动，孵化培育类型多样的自然教育产品。成都智然小房子、云上田园、一年·四季等自然教育社会企业积极开设大熊猫国家公园自然教育课程，持续组织开展自然教育活动，推动全民自然教育。

5. 发展需求、挑战和机遇

保护地在开展自然教育过程中存在人才培养不足、自然教育专业人才缺乏、运营管理资金压力大、产品课程开发能力不足、宣传影响力有待提升等一系列问题，这些也是保护地推动自然教育发展的需求。不同级别的保护地对于这些问题的反应程度不同，省级以下的自然保护地相对于国家级自然保护地在资金和人才方面问题更加突出，相当一部分省级以下的保护地几乎无法开展自然教育活动。而开展自然教育的保护地同时也需要考虑生态保护优先和周边社区发展问题，在公平和效率、商业和公益、保护和发展的关系上采取平衡举措，因此，大多数保护地还处于自然教育探索阶段，这在一定程度上影响了自然教育的发展。

保护地职工在自然教育方面最需要培训的能力情况如表3和图1所示，按照帕累托法则，至关重要的能力为活动组织能力（普及率87.69%）、课程设计能力（普及率83.08%）、解说能力（普及率83.08%）、安全与危机管理能力（普及率69.23%）。自然教育方面最需要培训的各能力之间没有出现极端化现象。综合上述保护地自然教育开展现状，说明保护地在自然教育各方面的能力提升空间都非常大。

表 2　保护地职工自然教育方面最需要培训的能力

单位：%

项目	响应		普及率（n=65）
	n	响应率	
课程设计能力	54	19.78	83.08
活动组织能力	57	20.88	87.69
解说能力	54	19.78	83.08
后勤安排能力	27	9.89	41.54

续表

项目	响应		普及率($n=65$)
	n	响应率	
宣传招募能力	36	13.19	55.38
安全与危机管理能力	45	16.48	69.23
其他	0	0.00	0.00
汇总	273	100.00	420.00

注：拟合优度检验：$\chi^2 = 63.692$，$p = 0.000$。

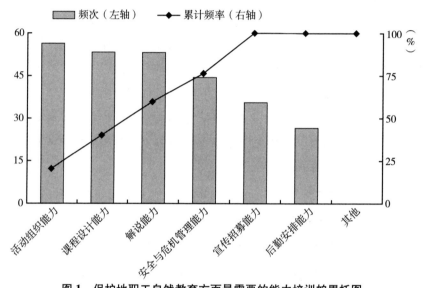

图1　保护地职工自然教育方面最需要的能力培训帕累托图

注：帕累托图是"二八原则"的图形化体现，柱形图为各个选项从高到低的频次，折线图表示对应频次的累计频率，帕累托图分析可以帮助从多项因素中快速科学地找出最重要因素，便于研究者提出更有针对性的建议和解决措施。

各保护地对本省自然教育发展中存在的问题和自然教育领域亟须拟定的行业标准规范进行了排序。其中，存在的问题排名前三的是缺乏经费、缺乏人才、缺乏优质课程/活动，亟须拟定的行业标准规范排序依次为自然教育活动/课程标准、自然教育机构资质认定、自然教育基地规范、自然教育安全活动标准、自然教育导师认证体系。自然保护地在自然教育发展过程中面临诸多问题和挑战。自然保护地多处于乡村一级，在乡村振兴战略和"绿水青山就是金山银山"的发展理念下，自然保护地的自然教育发展被赋予了重要内涵，面临新的机遇。

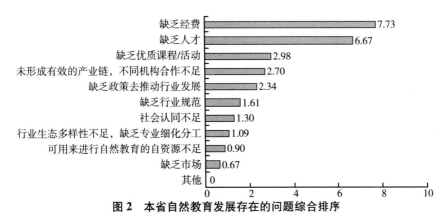

图2　本省自然教育发展存在的问题综合排序

注：排序题的选项平均综合得分反映了选项的综合排名情况，得分越高表示综合排序越靠前，计算方法为：选项平均综合得分＝（Σ 频数×权值）/本题填写人次。

（四）四川省自然教育阶段性成效

十余年来，四川省推进自然教育取得了显著成效。2020 年，四川正式提出在全省推进全民自然教育，被誉为全国自然教育的领跑者。自然教育政策性文件从单个部门到多部门联合发布，内容涉及自然教育相关基地建设标准实施、人才培养机制、组织论坛研讨会、加强自然教育品牌宣传、影响力提升等，四川省全民自然教育取得阶段性成效。

1. 顶层驱动成效突出

2007~2018 年，四川省林业厅以建设长江、黄河上游屏障为己任，通过国内外合作，积极引进试点国际自然教育、森林教育理念，结合行业实际，以自然学堂、自然教育中心等为载体，通过国际国内项目合作在王朗、唐家河、卧龙、鞍子河等大熊猫自然保护区探索自然保护地自然教育模式，在全省推进森林自然教育，并将其作为生态文明建设抓手，取得了系列重要成果，形成了自然教育大会等重要平台。2019 年，机构改革后由林业厅成立而来的林业和草原局，继续坚持推进自然教育，积极探索创新，自然教育再

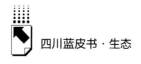

上新台阶。

截至2021年末，四川省自然教育相关政策性文件、基地建设标准规范、人才培养等举措的数量和影响力显著提升。四川省全民自然教育指导意见、自然教育基地建设标准等政策规范相继出台，自然教育被纳入大熊猫国家公园四川片区总体规划，掀起了以明星物种为主题特色的自然教育热潮。四川省内评定省级自然教育基地150余处、大熊猫国家公园国家级自然教育基地称号3处、国家研学基地9处、中国林学会自然教育基地9处。四川省多部门联合组织自然教育培训、自然导师培训和技能培训等近300期次，培训人次超10000人次。自2018年，四川省连续举办四届森林自然教育大会。2021年，四川省林草局（大熊猫国家公园四川省管理局）积极支持并配合教育厅、文旅厅推进研学旅行，评定地学研学基地，为全民自然教育搭建了新空间。

本文整理了四川省各主管部门发布的自然教育相关政策性文件，具体如表3所示，可以看出，关于自然教育软硬件相关标准和规范性政策文件陆续出台，自然教育受重视程度越来越高。

表3　四川省自然教育相关政策性文件

序号	时间	政策性文件
1	2014	"四川省森林自然教育行动宣言"
2	2016	《四川省森林自然教育基地评定办法（试行）》
3	2020	《关于推进全民自然教育发展的指导意见》《自然教育基地建设》
4	2021	"关于开展首届自然教育周活动的通知"、《关于进一步推进中小学生研学旅行实践工作的实施意见》

2. 公众参与和认知逐步提升

四川全民自然教育基于政府主导、社会主体、全民共建机制，其社会参与程度逐年增强。在省级层面，自然教育连续三年成为省人大、政协两代会重要提案。2020年四川省林草局、省发改委等联合印发《关于推进全民自然教育发展的指导意见》，成为全省全民自然教育发展的指导性纲领，彰显省级行政部门和群团组织合作共建自然教育的良好合力。2021 年，教育厅、文旅厅、省林草局等 14 部门联合印发《关于进一步推进中小学生研学旅行实践工作的实施意见》，修订地方课程教材《可爱的四川》，从活动组织、课程建设、线路设计、基地管理、评价管理、队伍建设、经费保障等方面完善政策措施，共同推出红色研学实践基地 112 个、地学研学实践基地 55 个、精品研学实践线路 35 条，将自然教育通过研学模式在中小学研学实践工作中予以融合发展。在市州层面，全省 21 个市（州）林业草原行政主管部门从 2017 年启动自然教育基地评定以来，积极申报自然教育基地，全省已评定的 150 余个自然教育基地广布在 21 个市（州）的 80 余个县（市、区）。2021 年四川省启动的首届"自然教育周"，得到超过 70%的市（州）的积极响应。在社会层面，以成都智然小房子、爱必立、花溪龙场、一年四季、大松果户外俱乐部、雅安探途为代表的专门从事自然教育服务的社会企业100 余家、省林学会等社团 13 家、关坝村等社区自然教育载体 5 个以上，全省参与研学的各类机构 400 余家。全省连续三届自然笔记大赛共计吸引省内近 40 万名中小学生踊跃参与。据不完全统计，2021 年全省各类各级博物馆、动（植）物园、自然保护地、繁育研究基地、幼儿园和中小学、自然教育基地以及自然教育机构等累计开展各类自然教育活动超过 1000 期次，全年实现线上线下参与自然教育人次达 1 亿人次以上。

四　四川省全民自然教育调查研究结论

（一）自然教育"全民性"不足

通过持续的顶层驱动，四川省全民自然教育普及推广工作取得了阶段性预期效果，但在广度和深度上还存在拓展空间。四川省普遍开展的自然教育还是面向青少年儿童群体，模式上以商业化为主，区域上以旅游景点为主。因此，从全龄、全域、形式多样化的角度来说自然教育"全民性"不足。

尤其是重点调研的自然保护地中，除大熊猫国家公园外，全省少数市（州）、半数县（市、区）推进自然教育的力度仍然不足，还未能将全民自然教育作为林草部门彰显生态福祉、生态价值转化、促进生态文明建设和乡村振兴的一项重要内容纳入议事日程，多数的自然保护地还没有将自然教育作为一项任务和使命融于其职能和日常工作。通过对四川省自然保护地的调研发现，自然保护地类型、级别尤其是管理水平相差很大，与之相应的是自然教育发展水平的差异明显。

四川省自然保护地在全民自然教育推进中主要存在以下不足之处：第一，自然教育相关责任部门未制订自然教育相关规划且专业人员缺乏等，导致很多自然保护地还没有开展自然教育工作，自然教育资源还没有得到有效利用；第二，自然教育建设中偏重于基础设施，如宣教馆、步道等，缺乏统筹规划，人员能力提升和自然教育教材开发不足；第三，学生进入保护地多，保护地进入学校少，尤其是面向保护地周边社区开展的自然教育活动的可持续性较差；第四，社会开展自然教育的积极性没有得到发挥，教育机构和自然保护地之间的衔接不够顺畅；第五，保护地的合作对象较为单一，没有和周边社区、中小学形成长期举办公益活动的支持机制，同时保护地和社区、中小学之间也缺乏有效沟通。保护地、周边中小学、社区之间围绕自然教育的合作中存在的不少障碍可能影响未来全民自然教育理念的践行。

（二）公众对自然教育的需求和市场供给不匹配

公众对自然教育的需求和市场供给不匹配主要体现在如下几个方面。一是，市场开展自然教育的对象范围有待拓展、方法有待创新。当前开展自然教育的对象主要集中为青少年群体，忽略了对成人开展自然教育的重要性，其主要原因是人们天然地认为接受教育是在青少年阶段发生的事情，自然教育也不例外。然而通过调研发现，在一些开设的亲子自然教育营中，家长的收获往往比孩子更大。在这个过程中家长不仅接触了大自然，释放了工作生活中的压力，也陪伴了孩子，学习到了要按每个孩子的成长规律因材施教。

对成人开展自然教育可以使其持续地在生活中影响孩子及身边人，比仅仅针对孩子开展的自然教育所产生的社会意义更大。因此，需要推动开设更多成人类、亲子类自然教育课程，扩大接受自然教育的群体。

在商业化的推动下，自然教育也多是针对城市孩子的课程活动设计。然而在城市化进程中，针对乡村孩子的自然教育出现巨大的缺失。在调研保护地周边社区时发现，上高中以前，乡村孩子可每个周末回到家乡，而上高中后，仅每个寒暑假可回到家乡，在回到家乡后的不多的时间里，由于缺乏父母有意识的监督管理，电视或手机等电子产品带来的诱惑更大。特别是高中寄读以后，乡村孩子对家乡的生态和文化更加疏离。与此同时，大部分家长仍然持唯分数论的传统观念，极少有家长认识到自然教育的作用，也往往因缺乏精力、渠道去引导孩子接受自然教育而不了了之。因此，在"双减"政策背景下，应注重引导公益资源为乡村孩子提供持续的自然教育服务。

二是专业人才缺乏。调研显示，无论是政府部门还是自然教育服务机构，当前都面临人才问题，表现为数量不足、专业素养不够、缺少系统培训等。多数自然保护地还没有设立专门的部门和人员负责自然教育工作，缺乏具有专业解说技能的自然教育解说员、自然教育体验师和自然教育导师。机构专业人才的主要来源之一是对在岗职员进行培训。因此，在调查自然教育成本时发现，自然教育从业人员的薪酬和培训支出成为机构最大的压力。尤其是在疫情下，大多数自然教育机构无法开展活动，被迫裁员，少部分留下来的人员也会因长期过低的薪酬而另谋出路，甚至部分无力支撑的自然教育机构被迫转行。因此，疫情对自然教育机构产生了非常大的冲击。

（三）自然教育市场化过程中忽略社区主体性作用

目前，自然教育仍然是采取以城市群体为主的商业化发展模式。要达到全民自然教育，必须重视乡村社区的主体参与性，尤其是生态富集的自然保护地的周边社区。自然保护地周边乡村社区具有重要的生态文化传承功能和

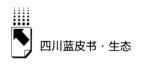
良好的自然环境，开展了大量的自然教育活动，而这些活动都是外来的自然教育从业者举办的针对少数城市孩子的商业活动。我们在自然教育调研过程中发现，来自社区的生态护林员在自然保护地的保护工作中，随着对自然教育的逐渐了解，有开展自然教育活动的强大动力，但是缺乏相关支持和引导。

乡村是祖辈向下一代传递生活经验或亲身示范以延续传统文化的重要场景。然而随着城市化进程的加快，越来越多的人逐渐搬进了城市，老一辈的传统经验和文化没有了传承的载体，几辈人都在忙于适应现代化生活节奏且承受着巨大压力。如此一来，在城市化过程中缺乏乡村社区主体参与，不利于实施乡村振兴战略。乡村社区有人与自然和谐相处的经验，以及人依靠自然、尊重自然、顺应自然和保护自然的多面性，因此在自然教育市场化过程中要重视发挥乡村社区的主体作用。

（四）全民自然教育行业标准和规范还有待完善

目前自然教育在向全民自然教育的推进过程中缺乏系列权威性标准规范，虽然这从某种程度上来说为民间提供了自由发展的空间，但长期来看不利于全民自然教育发展。在调研过程中发现，自然保护地在希望寻找的自然教育合作伙伴类型方面，偏好正规、有资质的自然教育机构的占比达到92.31%，然而林业部门采购自然教育相关服务时，对于自然教育机构资质、自然教育导师并没有明确清晰的标准可依。相对于中小学开展的研学实践活动，对第三方资质的要求更加清晰。

在调研过程中，自然保护地、自然教育机构、自然教育从业者普遍关注自然教育行业规范化发展问题。自然教育行业自民间发展而来是我国自然教育行业发展的独特性，而如何实现行业规范稳定发展，推动我国自然教育行业走上理性、规范发展之路，则是当前自然教育行业发展中的关键问题。

从2013年国务院办公厅印发的《国民旅游休闲纲要（2013—2020年）》明确提出要"逐步推行中小学生研学旅行"以来，林草、教育、文旅等部门发布了一系列鼓励和扶持自然教育的相关政策文件，市场自然教育机构、基地、营地等数量逐年增加。随着习近平总书记"绿水青山就是金山银山"重要理论不断被践行，全民自然教育在政策、市场及公众意识等各个层面都得以推进，潜力巨大。自然教育未来势必会发展成为一个涉及教育、心理、健康、艺术、环境保护、生物多样性等跨行业的新兴交叉学科。实地调研过程中发现，无论是林业部门、教育部门还是文旅部门，在实际的自然教育、研学实践和生态旅游的活动中都具有交叉性，每个部门单独开展自然教育往往会面临各种各样的问题。全民自然教育的推进，需要基于政府主导、部门协作、机构主体和社会参与机制，真正将理念推向实践。

（五）依托自然保护地开展自然教育潜力巨大

自然教育是自然保护地的重要职能，也是保护地进行社区共管的重要手段。针对自然保护地的问卷调查结果显示，保护地开展自然教育的主要目标排前三位的选项为：增进保护地管理、发挥自然保护地生态功能、公众环境教育。丰富的野生动植物资源和独特的自然景观使得自然保护地具有开展自然教育的强大优势，是开展自然教育的重要载体。改革开放以来，四川乃至全国的自然保护地面积有了大幅增长，为自然教育提供了广阔的场所。但长期以来，四川省各自然保护地的自然教育发展极不均衡，差异明显。

保护地开展自然教育的主要吸引力是自然景观、野生动植物资源，而解说性的自然教育产品和服务等是未来亟须发展的重点。保护地开展自然教育可以有效地促进自然保护地管理。自然保护地的生态保护与周边社区的经济发展之间联系紧密，保护与发展问题也是地方政府、学界、社会组织等各界长期关注的焦点。在全民自然教育的理念下，自然保护区的科研工作将更加注重成果转化，监测和巡护将更加注重对热点环境问题的追踪，生态护林员将被赋予更多的责任，也有利于激发其工作热情，从而实现自然教育与保护区日常管理、乡村振兴的有机结合。

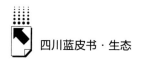
五　关于推进四川省全民自然教育的建议

（一）把全民自然教育作为大熊猫国家公园建设的主要内容之一

我国自然保护地按生态价值和保护强度，依次分为国家公园、自然保护区、自然公园三大类型。国家公园是以保护具有国家代表性的自然生态系统为主要目的的区域。从概念上可见国家公园也是最具自然教育代表性的区域。2021年10月，第一批国家公园名单公布，大熊猫国家公园入选。围绕国家公园建设我国相继出台的《建立国家公园体制总体方案》《关于建立以国家公园为主体的自然保护地体系的指导意见》《全国重要生态系统保护和修复重大工程总体规划（2021—2035年）》等一系列文件中都提到了在生态保护的前提下，强调全民共享、全民共建、全民公益性等概念，大熊猫国家公园体制建设方案的确立也将以此为原则。

大熊猫国家公园面积为2.7134万平方公里，其中四川片区约占大熊猫国家公园总面积的74%。[①] 国家林业和草原局发布的《大熊猫国家公园总体规划（征求意见稿）》中提出，到2035年，将大熊猫国家公园建设成为生物多样性保护示范区域、生态价值实现先行区域、世界生态教育展示样板区域。四川是长江、黄河上游重要的生态屏障，是人口资源大省，是农林资源大省，推进全民自然教育既是强化生态建设、培育生态文化也是提升社会生态文明意识的重要途径和抓手。

因此，在建设四川省大熊猫国家公园片区的契机下，加快推动全民自然教育应从以下几个方面着手。首先，明确政府在国家公园作为"公共产品"供给中的主体地位，将国家公园纳入公益事业体系，保证充足的财政、人员等供给。其次，在确保国家公园生态保护和公益属性的前提下，探索多渠道多元化的投融资模式，政府和市场通过适当的合作方式，可以激励市场参

---

① 《大熊猫国家公园体制试点方案》。

与、广泛调动市场资源，从而缓解政府压力，达到公平和效率的最佳结合。再次，完善社会参与机制，如生态环保组织、社区发展组织、志愿服务组织、基金会等可在资金、人力、技术方面给予支持。最后，建立第三方评估制度，对国家公园建设和管理进行科学评估。建立健全社会监督机制，建立举报制度和权益保障机制，保障社会公众的知情权、监督权，接受各种形式的监督。

（二）因地制宜构建地方特色的全民自然教育体系规划

面对全民自然教育中"全民性"不足的问题，政府部门应鼓励自然教育的创新性探索，实施针对性引导政策和支持项目。政府引导编制具有地方特色的全民自然教育体系建设规划，强化科研成果转化、发扬传统文化、社区共建共管、生态产品价值实现等方面的作用，有效整合各界自然教育力量，转化地方发展劣势，推动地方生态保护管理工作。发展具有区域特色的全民自然教育产品，避免同质化，满足多元化的市场需求。

因地制宜构建具有地方特色的自然教育体系规划应从以下几个方面入手，首先，政府相关部门设立支持建设具有地方特色的自然教育体系规划的项目资金；其次，聘请科研院校专家、自然教育机构、地方民间文化学者，考虑从多学科、本土化、专业化、市场端需求的角度，挖掘地方生态文化价值，为规划做好科学性的本底数据支撑；最后，由地方政府部门牵头，组织专家对规划进行审核监督。

（三）加强自然保护地社区在自然教育市场中的主体性

自然保护地与周边社区普遍存在土地权属复杂、生态保护严格、叠加相对贫困等问题，生态体验和自然教育工作面对控制访客数量、兼顾社区发展等挑战，加大了管理难度。随着自然教育的兴起和快速发展，越来越多的商业自然教育机构把市场瞄准了自然保护地，大多数自然保护地基于发展自然教育的需要，与外来资本形成了一拍即合的商业合作模式。然而，自然保护地周边社区居民是不能被忽视的主体之一，自然教育是尊重自然保护地原住

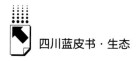

居民自然资源使用权的重要体现，这对促进生态公平、实现生态价值转化有着重要的意义，有助于实现自然保护地社区共管共治共享的目标。同时，保护地周边社区发展自然教育需要始终遵循生态保护目标，尤其注意处理好经济增长和环境保护之间的关系。

在从针对少数群体的自然教育到全民自然教育的转型过程中，四川省自然保护地无疑是其中发挥作用的主力军。提升自然保护地周边社区在自然教育中的主体性，应从以下几个方面努力。首先，加强对来自社区的生态护林员的能力建设。护林员有丰富的乡土知识和参与本社区青少年自然教育的意愿，但缺乏开展自然教育的经验，为此需要对他们开展针对性培训，以"做中学"的形式，增强他们的解说能力，把众多新旧不一、经验不一、年龄普遍较高、文化水平偏低的生态护林员有效地组织发动起来；其次，充分利用社会资本，尤其是发展初期需要借助社会组织、企业、志愿者等社会力量，帮扶保护地周边社区开展组织建设，如成立协会、合作社等经营主体，提高社区自身的组织管理能力和服务水平，帮助本土机构在自然保护地内的一般控制区获得特许经营权。保护地周边社区发展自然教育是巩固脱贫成效并促进乡村振兴的重要途径，自然教育可以有效整合村内各种资源，发展集体经济，吸引年轻人返乡，这对社区长远发展具有重要的意义。

参考文献

刘晓东：《自然教育学史论》，《南京师大学报》（社会科学版）2016 年第 6 期。

方勤、孙益赟：《自然教育中的乡土文化认知与传承》，《园林》2020 年第 10 期。

戴晓光：《〈爱弥儿〉与卢梭的自然教育》，《北京大学教育评论》2013 年第 1 期。

林昆仑、雍怡：《自然教育的起源、概念与实践》，《世界林业研究》2022 年 3 月 31 日。

李鑫、虞依娜：《国内外自然教育实践研究》，《林业经济》2017 年第 11 期。

李海荣、赵芬、杨特、程希平：《自然教育的认知及发展路径探析》，《西南林业大学学报》（社会科学）2019 年第 5 期。

B.6
四川省自然教育介入保护性社区的居民感知研究

——以绵阳市千佛村为例

万昱彤　骆　希*

摘　要： 保护性社区的生态保护和经济发展之间的辩证关系受到众多学者的关注，但尚未探寻到一劳永逸的解决办法。随着自然教育井喷式的增长，保护性社区成为开展自然教育活动的友好课堂，不仅能挖掘社区自然特色、科普科学知识、拓展生态多元化功能，还能促进产业的优化与转型、发扬和继承本土文化。而社区居民作为直接相关者，面对新鲜事物的进入，千人千面感知各不相同。本文构建了千佛村居民自然教育感知评价指标体系，并基于问卷调查结果进行了描述性统计分析，通过使用熵权法计算得到居民对自然教育的感知，研究表明：职业是造成居民自然教育感知差异的重要原因；居民自然教育感知整体处于可持续发展后期准备阶段；被访样本分为敏捷派、犀利派、中立派和盲从派四类，其中敏捷派占比最大。

关键词： 自然教育　保护性社区　社区居民感知

2021 年 7 月中共中央办公厅、国务院办公厅印发《关于进一步减轻义

---

* 万昱彤，四川省社会科学院农村发展研究所硕士研究生，主要研究方向为农村教育；骆希，四川师范大学经济与管理学院讲师，主要研究方向为农村贫困治理、农村政策。

务教育阶段学生作业负担和校外培训负担的意见》，"双减"政策给更多学生参与自然教育活动打开了时间窗口；2021年12月国务院印发《"十四五"旅游业发展规划》，明确指出"开展森林康养、自然教育、生态体验、户外运动，构建高品质、多样化的生态产品体系"。① 此外，2021年1月长江流域重点水域正式进入"十年禁渔期"，使整个长江流域的自然场域有机会发挥教育功能；10月在昆明举行的CBD COP15，② 是首次以生态文明为主题召开的全球性会议，让公众更有意愿了解自然，共建生态文明；同月，中国正式设立的第一批国家公园，是提升公众认知能力的最好的自然课堂。这些政策的出台，强调自然教育发展是至关重要的。中国自然教育事业发展已有十余年，学术界对此的相关研究较少，主要涉及自然教育环境设计、场地设施需求、课程体系设计、商业模式等，未有居民对自然教育感知的研究，而居民感知与态度可以被看作自然教育发展的重要指示器。本文基于最新政策，以保护性社区③为载体、以自然教育介入为切入点，以千佛村为例通过实地调研探究居民对自然教育的感知程度，为四川省保护性社区发展自然教育提供参考，为实现人与自然和谐共生贡献微薄之力。

一 自然教育发展的意义

自然教育是生态产品价值实现的重要途径，是"绿水青山就是金山银山"科学论断的重要实践，是提高体验者生态保护意识、促进社区高质量发展的重要手段。自然教育具有物质和哲学双重意义，一方面，人们可以利

---

① 《国务院关于印发"十四五"旅游业发展规划的通知》，https：//www. mct. gov. cn/preview/whhlyqyzcxxfw/zhgl/202201/t20220126_ 930708. html，2022年1月20日。

② CBD COP15, The Fifteenth Meeting of the Conference of the Parties of the United Nation's Convention on Biological Diversity，《生物多样性公约》缔约方大会第十五次会议是联合国首次以生态文明为主题召开的全球性会议。

③ 保护性社区（Community in/around Protected Area）是指分布在保护地边缘的社区，同时该社区的族群关系、文化传统、景观特色等也具有保护价值。

用自然环境开展相关研究与实践；另一方面，人们要顺应遵循自然法则的教育理念开展研究与实践。通过以具有吸引力的方式，在自然中体验和学习关于自然的知识，建立与自然的联结，尊重生命，建立生态观，按自然规律行事，实现人与自然的和谐共生。

从重点参与的体验者角度分析，自然教育着重品格、品行、习惯的培养，提倡天性本能的释放，强调真实、孝顺、感恩，注重生活自理习惯和非正式环境下抓取性学习习惯的培养。更重要的是，通过对自然的不断观察，体会生命的伟大，培养热爱自然、热爱生命、热爱生活的情感。自然教育能充分发挥保护性社区的特殊优势，同时通过对体验者循序渐进的培养，为生物多样性保护培养一大批专业人才。

（一）自然教育定义

自然教育不是舶来词，是吸收了欧美发达国家的理念，又根植于中国传统文化发展起来的一个新概念。[1] 2010 年《林间最后的小孩：拯救自然缺失症儿童》一书推动了自然教育在中国的迅猛发展。但由于国内自然教育起步较晚，且其内容复杂，涉及多学科、多领域，[2] 目前针对自然教育还没有标准的定义。[3] 2018 年第五届全国教育论坛理事会在对《自然教育行业自律公约》的讨论修改过程中，将自然教育定义为"在自然中实践、倡导人与自然和谐关系的教育"。[4] 但笔者认为，自然教育是指在特殊区域内，人类通过亲近自然、主动接受自然科学知识熏陶，以此挖掘人们未知潜能的"做中学"教育。

---

① 李海荣、赵芬、杨特、程希平：《自然教育的认知及发展路径探析》，《西南林业大学学报》（社会科学）2019 年第 3 期。
② 张亚琼、曹盼、黄燕、周晨：《自然教育研究进展》，《林业调查规划》2020 年第 45 期。
③ 徐艳芳、孙琪、刘丽媛、郝彦哲：《自然教育理论与实践研究进展》，《安徽林业科技》2020 年第 46 期。
④ 封积文、肖湘、周瑾、邬小红：《自然教育行业调查报告》，全国自然教育网络，2018。

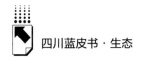
（二）四川省开展自然教育的意义

四川省被誉为全国自然教育的"领跑者"，截至2021年3月，四川获得教育部、中国林学会等授予的全国自然教育基地（自然学校）、研学基地近20处，评定省级自然教育基地130处，全省年参与自然教育公众人次超过1000万人次。四川省林业和草原局（大熊猫国家公园四川省管理局）高度重视自然教育，于2020年11月出台《关于推进全民自然教育发展的指导意见》，提出将每年3月第二周作为四川省自然教育周。① 四川通过创新自然教育机制，融合产业主体，相互赋能、交互驱动发展，成为国内有代表性、国际有知名度的全域自然教育集散地。自然教育成为国民素质教育的重要内容，有利于满足人民群众对美好生活的需求。

（三）自然教育对保护性社区的意义

保护性社区开展自然教育活动既面临机遇也面临挑战。自然教育能有效解决社区保护与经济发展难题，打破二元结构隔阂。从社区角度分析，开展自然教育能很好地传承当地优秀文化，并通过规范化运营，不断注入新思想，加快社区产业转型，提高社区治理的造血功能。从居民角度分析，新事物的介入，能改变居民固有观念，加强与外界的交流，提升居民对家乡的认同感和自豪感。因此，自然教育开展在提高社区及居民收入的同时，又能扩大地区影响力，实现地方政府、保护区、社区居民多方协调发展，推动自然教育发展形成双向趋利格局。

二 保护性社区居民对自然教育感知所面临的困难

自然教育的介入使保护性社区居民面临接受新事物的挑战，且居民对自

---

① 《四川省印发〈关于推进全民自然教育发展的指导意见〉》，国家林业和草原局网站，2020年11月11日。

然教育的感知在很大程度上决定了自然教育发展的方向和趋势。居民是社区治理和经济建设中的主体，社区居民的观念、文化及吸纳信息能力是社区经济发展、居民增收的重要影响因素。随着城镇化进程的加快，社区居民缺乏归属感，对自然教育的认知具有较强的主观性和盲从性，这些都是开展自然教育中亟待解决的难题。

（一）乡土情结较为深厚

"万物土中生，离土活不成。田地是活宝，人人少不了。田地是黄金，有了才松心。"[①] 视土地为命根子的农民在长期的生活生产中形成了固有的价值观念。其一，土地的自然本性能满足居民求稳的价值心态；其二，土地是居民财富的标志和社会身份的象征；其三，土地还蕴含着对家族祖宗认同的血缘亲情意识，体现着居民的价值信仰、精神寄托和源远流长的人文精神。自然教育作为新事物，其开展会占用部分土地，影响居民的既有生活方式；加之居民普遍受教育程度低以及固有的价值观念等，导致新事物在社区的介入存在一定难度。

（二）实施行动具有自利特征

保护性社区居民在村级、乡级社会事务中的主人意识、平等意识、自主意识缺乏；依赖性较强，群众知政、参政、议政的积极性、主动性不够。对于自然教育活动的开展，个别社区居民首先考虑的是自身利益得失，其次才会基于邻居和他人的做法，盲目跟风。同时，在外界力量的带动下，居民更多的是持观望态度或者只是想谋求一职以获得稳定收入，对有利于社区或事物发展的考虑较少，导致自然教育发展的预期效果欠佳，甚至部分居民对自然教育持怀疑态度。

（三）获取信息渠道狭窄

保护性社区具有丰富的自然资源，但地理位置相对偏远，居民接受外界

---

① 袁银传：《小农意识与中国现代化》，武汉出版社，2000。

信息较被动。首先，社区居民接收的信息呈现一定的封闭性，表现为情报嗅觉迟钝，对网络这种新生事物持怀疑和不信任态度，认识不到信息能产生的巨大作用，缺乏运用信息的积极性。其次，受经济条件制约，社区居民知识贫乏、媒介拥有量偏少，大部分信息通过电视、手机、收音机、集市和乡邻传播，主动上网获取信息的人很少，读报和订刊物的人就更少之又少。另外，社区居民受教育水平普遍较低，外加民俗习惯、居住分散、信息传播滞后等影响，其获取信息、鉴别信息的能力较弱，存在信息不对称问题。

三 保护性社区居民对自然教育感知的实证研究
——以绵阳市千佛村为例

千佛村作为保护性社区，具有丰富的动植物资源，是自然教育活动开展的友好课堂。该村于 2001 年引入自然教育后，一直处于停滞状态。在此背景下，本文有别于其他研究视角，以社区居民为研究对象，探究居民对自然教育的感知。首先，入户开展问卷调研；其次，运用 SPSS 26.0 软件初步对数据进行描述性统计；再次，采用熵权法，通过客观赋权得到各指标的权重，测算每位被调查者的感知总分值；最后，计算整体均值，并针对被访样本的得分情况进行分类分析，得出主要结论，以便为四川省保护性社区的自然教育发展提供参考。

（一）研究区域基本情况

千佛村位于绵阳市安州区千佛镇，与川心村、德胜村、宝藏村、白果坪、万佛村等相连，面积 45.6 平方公里，辖区内共有 7 个村民小组，667 户 1324 人。千佛村已有村、组道路硬化 12 公里，泥碎路 6 公里；村内共建 6 个垃圾房，共发放 500 多个垃圾桶。其主导产业以种植业、旅游业及劳务输出为主。全村现有黄连、黄柏、杜仲、厚朴等山木药材 3000 余亩。围绕乡村旅游发展，充分发挥千佛山红色文化优势，大力发展精品民宿，现已形成规模性农家乐 3 家。另外，因千佛山国家级自然保护区的生态保护辐射效应，该村距保护区最近，且在动植物、中草药和红色文化等方面具有较高保护价值，使其发展为保护性社区。

千佛山国家级自然保护区作为覆盖生物多样性的重点区域，其原始森林覆盖率达96%，是全球同纬度地区保存最好的野生动植物类型区，被称为"保北野生物种基因库"，区内草本植物和珍稀菌类药材达上百种。同时，自然保护区被称为"天然基因库""天然实验室""活的自然博物馆"，具有极高的研究价值，是向人们普及生物学知识和宣传保护生物多样性的重要场所，也是开展自然教育活动的优先选择地。

受宏观政策和资源优势的影响，千佛山保护区于2001年引入自然教育，于2007年在千佛村修建自然教育中心，以自然保护区为载体把护林员培养成自然体验培训师。前期千佛村自然教育主要针对社区内部人员，组织了15名生态护林员参与社区共管共建、巡护监测、能力培训等，旨在让生态护林员在社区起榜样示范作用，影响并呼吁居民共同保护千佛山国家级自然保护区野生动植物。在长期实施保护行动和宣传的作用下，居民们积极参与其中，并对社区动植物资源了解颇深。

2021年，在大熊猫国家公园建立的基础上，保护区、村委会、社区居民、科研院所共同开展"千佛山生态护林员""千园千校"等本土自然教育公益活动，以生态护林员为主体、本地社区孩子为体验者开展自然教育。2022年1月，保护区、村委会、生态护林员协会、社区居民、非政府组织、科研院所共同开展"熊猫'护二代'冬令营"自然教育活动。这一阶段的自然教育，旨在促进公众对自然教育的认知、促进人与自然和谐共生，参与者满意度高，并期待自然教育活动持续开展，共同探索以多元化方式吸引更多的外来者参与其中。

（二）研究方法和资料来源

本文采取问卷调查法和文献分析法，问卷内容分为两大部分：第一部分为被调查者的个体特征，主要包括被调查者的性别、年龄、文化程度和职业等信息。第二部分主要了解当地居民对自然教育的看法。问卷数据运用克隆巴赫系数进行可信度检验，并用 SPSSPRO 进行统计处理。本研究于 2021 年 12 月在千佛村开展了为期三天的实地调研。除了进行问卷调查和实地访谈外，还对千佛村的自然资源、基础设施、风俗文化等进行实地考察，以便更加全面地了解千佛村自然教育发展状况。本次调查采取随机抽查的方式共发放问卷 103 份，回收有效问卷 91 份，有效率为 88%，问卷信度检验结果显示，克隆巴赫系数为 0.694，说明问卷数据可靠，可进行下一步分析。

（三）样本数据描述性统计

问卷采用 SPSS 26.0 软件进行分析，对于问卷中被调查者的个体特征采用描述性分析。在被调查居民中，约有 69.2% 的居民为女性，年龄集中为 35~55 岁；居民学历普遍偏低，初中及以下学历者占 83.6%；在家务农占比最高，其他还涉及待业者、个体户、退休者等群体。多元化的样本基本特征属性有助于分析居民的自然教育感知差异，总体上调查样本较理想（见表 1）。

表 1　千佛村居民自然教育感知调查样本

单位：人，%

项目	选项	人数	占比
性别	男	28	30.8
	女	63	69.2
年龄	18 岁以下	0	0
	18~35 岁	18	19.8
	35~55 岁	52	57.1
	55 岁以上	21	23.1
文化程度	没有受过正式教育	20	22.0
	1~4 年级	13	14.3
	5~6 年级	16	17.6
	初中	27	29.7
	高中	6	6.6
	大学	9	9.9

项目	选项	人数	占比
职业	村干部	2	2.2
	护林员	3	3.3
	技艺人	3	3.3
	在家务农	28	30.8
	外出打工	12	13.2
	其他	43	47.3

由表 2 可知，社区居民对千佛村动植物资源和野保站地理位置感知均值分别为 0.93 和 0.82，说明居民对这些因素的感知较强；居民对全民教育和千佛村前期开展过的自然教育活动感知均值分别为 0.31 和 0.25，说明居民对这些因素的感知较弱。另外，数据显示，各指标的标准差说明居民之间的感知差异较小。在实地调研中，得知村内修有自然教育中心办公楼，但很多居民不知道，或者是不清楚其工作职能，存在政策宣传不到位、涉及范围及群体狭窄的情况。另外，在实地调研中，居民对本地的自然资源优势非常认同和自豪，希望进行合理开发。

表 2　自然教育介入下保护性社区居民感知平均值

单位：%

	均值	标准差
性别	0.69	0.490
年龄	3.03	0.690
教育程度	3.14	0.165
职业	4.91	0.131
X1 是否知道野保站	0.82	0.040
X2 是否知道自然教育中心	0.46	0.053
X3 是否知道现在提倡德智体美劳全面发展的素质教育	0.45	0.052
X4 是否知道在提倡全民教育	0.31	0.049
X5 是否知道千佛村有丰富的动植物资源	0.93	0.026
X6 是否知道千佛村开展过"千园千校"自然教育活动	0.25	0.046
X7 是否知道其他自然知识	0.77	0.044

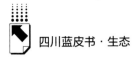

（四）实证研究

1. 变量选择

如表3所示，本文分析的因变量为居民是否知道自然教育；采用的自变量分为在地实践、政策倡导及居民特征。反映"在地实践"的变量为"千佛村自然资源是否丰富""野保站地理位置""自然教育中心地理位置""村里有没有开展过自然教育活动"。对于居民来说，如果对自己生活的环境非常熟悉，表明其在很大程度上知晓本地开展的自然教育活动。反映"政策倡导"的变量包括"是否知道素质教育"和"是否听过全民教育"。事物的发展必然遵循客观规律，政策的颁布和实施有利于我们更好地看待事物的发展方向，因此，对于居民来说，熟知素质教育的实施、全民教育的倡导有利于其正确看待自然教育的发展。最后，在被调查者的个体特征方面，由表2可知，职业是影响居民对自然教育感知的重要因素。

表3　千佛村居民自然教育感知影响因素分析的各变量选择及含义

变量	类型	变量含义
因变量	是否知道自然教育	1=知道;0=不知道
自变量	千佛村自然资源是否丰富	1=丰富;0=不丰富
	野保站地理位置	
	自然教育中心地理位置	
	村里有没有开展过自然教育活动	1=有;0=没有
	是否知道素质教育	1=知道;0=不知道
	是否听过全民教育	1=听过;0=没听过
	教育程度	1=没有受过正式教育;2=1~4年级;3=5、6年级;4=初中;5=高中;6=大学
	职业	1=村干部;2=护林员;3=技艺人;4=在家务农;5=农民工;6=其他

注：表中"在地实践"对应前4项自变量，"政策倡导"对应"是否知道素质教育"和"是否听过全民教育"，"居民特征"对应"教育程度"和"职业"。

2. 指标体系构建

通过构建千佛村自然教育感知研究评价指标，同时利用细化的指标对保护性社区自然教育发展进行具体化、客观化的统计分析，将定量与定性分析相结合，避免研究结论的片面性。本文指标选取涵盖宏观和微观两个部分，微观指标为突出在地实践，包括与自然教育相关联的建筑物、自然教育中心办公楼所处地、千佛村自然资源状况、千佛村自然教育开展情况；宏观指标突出政策倡导，包括素质教育和全民教育。在指标构建上，通过访问法在微观和宏观两个方面对指标进行筛选，从而为指标构建提供支撑，如表4所示。

表4　千佛村居民自然教育感知研究评价指标体系

目标层	指标层
千佛村居民自然教育感知研究评价指标	X1 是否知道野保站
	X2 是否知道自然教育中心
	X3 是否知道现在提倡德智体美劳全面发展的素质教育
	X4 是否知道现在提倡全民教育
	X5 是否知道千佛村有丰富的动植物资源
	X6 是否知道千佛村开展过"千园千校"自然教育活动
	X7 是否知道其他自然知识

3. 实证分析

运用旅游地生命周期理论，[①] 通过田野调查了解到千佛村自然教育发展处于参与阶段，由外部组织力量引导社区居民开展自然教育活动，本地居民为体验者提供一些简陋的膳宿设施。[②] 基于此，通过构建千佛村居民自然教育感知研究评价指标，使用熵权法进行客观赋权，计算出各个指标的权重，再进行百分制赋分。最终根据得分为居民分类提供依据，并针对不同人群分类进行细化分析。

---

① 旅游地生命周期理论是指任何一个旅游地的发展过程一般都包括探查、参与、发展、巩固、停滞、衰落复苏六个阶段，是一种客观存在的现象。其中，参与阶段表现为：旅游者人数增多，旅游活动变得有组织、有规律，本地居民为旅游者提供一些简陋的膳宿设施，地方政府被迫改善设施与交通状况。

② 宋菲：《生态旅游目的地居民旅游感知与态度研究》，华中师范大学硕士学位论文，2017。

熵权法是一种客观赋权方法,是信息论中用于度量信息量的,即一个系统越是有序,信息熵就越低;反之,信息熵就越高。因此,信息熵也可以说是系统无序程度的一个度量。在评价过程中,所获信息量的大小是评价精度和可靠性的决定因素之一,如果指标的信息熵越小,该指标提供的信息量越大,在综合评价中所起作用也越大,权重就越高。用熵权法确定的指标权重步骤如下:

第一,计算信息熵:

$$H_i = -\frac{1}{\ln(n)} \sum_{j=1}^{n} p_{i\,j} \ln(p_{ij}) \tag{1}$$

其中,p_{ij} 指每项占总数的比例,i 为指数,n 为记录数,H 介于 0~1。

第二,计算指标的熵权:

$$W_i = \frac{1 - H_i}{\sum (1 - H_i)} \tag{2}$$

通过 SPSSPRO 软件计算得出各指标权重,如表 5 所示。

表 5 自然教育介入下保护性社区居民感知评价指标及权重

目标层	指标层	权重
千佛村居民自然教育感知研究评价指标	X1 是否知道野保站	0.0416
	X2 是否知道自然教育中心	0.1664
	X3 是否知道现在提倡德智体美劳全面发展的素质教育	0.1716
	X4 是否知道现在提倡全民教育	0.2535
	X5 是否知道千佛村有丰富的动植物资源	0.0147
	X6 是否知道千佛村开展过"千园千校"自然教育活动	0.2958
	X7 是否知道其他自然知识	0.0565

由指标权重可知,居民对野保站和千佛村自然资源的感知较高,对全民教育和"千园千校"自然教育活动的感知较低。居民对自然教育活动开展感知较低,一方面,是由于信息上传下达不到位,以及前期自然教育活动开展还处于试点运营阶段,参与群体有限。另一方面,是由于居民对自然教育

主动参与探索意识不强，对新事物认识不足，与自身利益相比，持观望和漠视态度。

根据表 5 各指标的权重结果以及调查问卷得分，通过加权求和，得到每位调查者感知总分值，式（3）为：

$$P = \sum_{i=1}^{m} S_i W_i \qquad (3)$$

其中，P 为自然教育介入下保护性社区居民感知评价总分值；S_i 为某个评价因素的实际得分；W_i 为评价因素的权重值；m 为评价因素的数量。

通过实地调研，结合问卷对指标采用百分制打分，最后计算出整体均值。运用旅游地生命周期理论的 6 个阶段和生态旅游产业可持续发展程度[①]划分的 6 个阶段分值[②]，样本值 39.77 分表示居民对自然教育持积极态度，千佛村自然教育处于可持续发展后期准备阶段，如表 6 所示。

表 6　自然教育介入下保护性社区居民感知得分均值

项目	统计	均值	标准差	方差
得分	91	0.3977	0.2969	0.088

结合 91 份样本量和样本整体均值，利用 SPSS 软件，得出图 1 居民感知直方图，以便进一步对居民人群进行分类。其中，1 分 8 人、7 分 7 人、11 分 11 人、22 分 2 人、24 分 3 人、28 分 15 人、37 分 3 人、41 分 2 人、45 分 6 人、52 分 3 人、54 分 7 人、58 分 2 人、66 分 1 人、70 分 7 人、75 分 5 人、83 分 1 人、100 分 8 人，如图 1 所示。

---

① 生态旅游产业可持续发展评价值：<20，可持续发展前期准备阶段；20~35，可持续发展中期准备阶段；36~49，可持续发展后期准备阶段；50~69，初步可持续发展阶段；70~85，基本可持续发展阶段；>85，可持续发展阶段。

② 江东芳：《河南省农业生态旅游产业可持续发展评价研究》，《中国农业资源与区划》2018 年第 7 期。

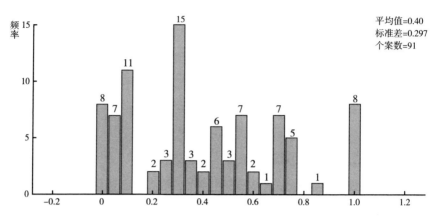

图1　自然教育介入下保护性社区居民感知直方图

在居民分类研究中，大多数学者采用的是聚类分析法对其进行划分。随着研究的深入，分类方法不断推陈出新。[①] 通过对国内外相关内容的梳理，大部分学者对居民感知分类均在三类以上，主要围绕正向、中立和负向三个方面进行分类，如表7所示。

表7　国内外研究对居民分类情况

研究者	居民类型
Davis	欢迎者、乐观者、中立者和理性爱好者、抵触者
Williams & Lawson	欢迎者、顾虑者、纳税者、无辜者
Evans	喜爱者、讨厌者、约束者和自私者
Ryan	热情支持者、中立者和稍微恼怒者
Madriga	热爱者、厌恶者和现实者
王丽华	热爱者、现实者、纠结支持者
卢松等	热爱者、纠结支持者、客观支持者、中立者、抵抗者
Fredline	理性支持者、厌恶者、现实者、热爱者、部分原因担心者
Weaver	支持者、反对者和中立者
Gon et al.	支持型、冷静观望型和怀疑型
苏勤、林炳耀	完全支持者、保留支持者、理性支持者、纠结支持者
杨兴柱、陆林	纠结支持者、完全支持者、中立者和冷淡者

① 胡慧文：《居民对乡村旅游影响的感知研究》，华中师范大学硕士学位论文，2020。

研究者	居民类型
史春云等	客观支持者、保守支持者、愤怒支持者、全面支持者
黄琨等	积极型、逃避型、冷淡型
衣传华	积极型、纠结型、理性型、冷漠型和愤怒型
黄洁、吴赞科	乐观者、倾向乐观者、现实者
邓冰	乐观派、忧公派、中立派、盲目派
韩国圣、张捷	盲目乐观派、社区经济主导派、客观支持派、消极反对派
Ap & Crompton	接受、包容、适应和退却
Knollenberg	怀疑者、支持者和倡导者
Bride et al.	贸易保护者、矛盾与谨慎者和支持者
Osti et al.	保护主义型、谨慎观察型和旅游支持型

居民对自然教育的感知，反映的是居民对新事物接受的敏锐程度和容纳程度，体现的是居民个体的态度。在邓冰①对居民分类的研究基础上，笔者进一步将千佛村居民自然教育感知分为敏捷派、犀利派、中立派和盲从派；同时结合问卷调查结果以及图 1 分布情况，将千佛村社区居民对自然教育感知 0~11 分 26 人界定为敏捷派、22~41 分 25 人界定为犀利派、45~66 分 19 人界定为中立派和 70~100 分 21 人界定为盲从派，如表 8 所示。社区居民四种类型的基本特征如表 9 所示。

表 8　本研究社区居民分类结果

单位：人，%

分类	样本量	占比
敏捷派	26	28.6
犀利派	25	27.5
中立派	19	20.9
盲从派	21	23.1
总数	91	100.0

① 邓冰：《介入机会影响下保护性社区旅游发展研究——以云南省香格里拉县吉沙村为例》，北京大学硕士学位论文，2005。

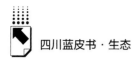
表 9　本研究社区居民分类特征

分类	特征描述
敏捷派	对新事物进入社区以个人利益、主观判断为先,感知迅速、灵敏;认识到自然教育带来的种种机遇和经济效益;对社区要付出的代价关注较少;是社区中人数最多的群体;年轻人居多,受过正式教育的人占绝大部分;个体经营户多属此类
犀利派	对新事物进入社区充满质疑,目光尖锐,能结合社区和个人长期发展考虑;对社区公共事务比较关心;对在自然教育开展过程中社区所要承担的代价较为担忧;男性占多数;教育程度趋向于中等水平;技艺人和外出打工者多属此类
中立派	对新事物进入社区有主见,意识到客观的影响;虽然没能从中获得较多的经济收益,但意识到社区的发展机遇,同时还担心社区环境资源保护问题;是社区中人数最少的群体;各层次学历水平的人都有;村干部和护林员多属此类
盲从派	对新事物进入社区认识较模糊,盲目跟从,没有明显的个人偏好;认为不能从中获得较多的经济利益,不愿表达真实想法、对任何问题的回答不直截了当;年龄和文化程度各层次都有,主要涉及在家务农者和外出打工者

4. 主要结论

一是居民对自然教育的感知整体均值 39.77 分,处于可持续发展后期准备阶段,呈积极态度。总体上看,千佛村自然教育发展处于后期准备阶段,居民对自然教育感知良好,对自然教育发展持积极态度。大部分居民对千佛村丰富的自然资源较为了解,如大熊猫、金丝猴、红豆杉、珙桐等珍稀野生动植物,以及佛光形成的"一山分三带,景色各千秋"的独特自然景观。硬件设施方面,大部分居民对交通通达度的满意度较高、对大熊猫国家公园的可进入性和新修野保站及哨卡的感知较高,但对自然教育中心楼和工作内容的感知较低。宏观政策方面,35~55 岁群体中政府部门、事业单位工作人员以及有孩子在读书的女性对素质教育、全面教育的感知更高。社区自然教育方面,居民对自然教育概念陌生,对前期开展过的活动的感知较低,只有相关工作人员,如保护区工作人员、护林员、村两委等及其亲朋家属较熟知。但大部分居民对社区开展自然教育活动持积极态度,认为其是促进社区发展的有效路径。

二是敏捷派居民自然教育感知占比 28.6%。千佛村居民中对自然教育感知属于敏捷派的有 26 人，是社区中人数最多的群体。该群体对新事物涉及自身利益的感知迅速又灵敏；年轻人居多，受过正式教育的人占绝大部分，个体经营户多属此类。敏捷派居民由于工作性质，通过多样化的媒介方式与外界交流密切，对新事物接受能力强、包容性强、接纳信息快。但对于自然教育发展更多的是从自身利益出发，对职业发展有信心，目标明确，能够通过思考对外界的信息进行有效判断和反馈，从而调整应对措施。

三是犀利派居民自然教育感知占比 27.5%。千佛村居民中对自然教育感知属于犀利派的有 25 人，位居社区人数分类群体的第二位。该群体对新事物介入目光锐利，男性占多数，教育程度趋向于中等水平，技艺人和外出打工者多属此类。犀利派居民有着浓厚的乡土情怀，想凭一己之力为家乡作贡献，但一直怀才不遇。由于个人感性情绪和封闭思想的影响，对待问题相对消极，但能从社区发展角度考虑相关问题，为自然教育介入社区规避了一定的风险，给自然教育组织者带来了解决本土化核心问题的挑战。

四是中立派居民自然教育感知占比 20.9%。千佛村居民中对自然教育感知属于中立派的有 19 人，是社区中人数最少的群体。该群体对于新事物的利弊，有主见，能客观看待事物发展。这类群体中各个层次学历水平的人都有，村干部和护林员多属此类。中立派居民基于职位，在新事物介入社区时，从宏观上把握事物发展方向，具有责任感和使命感，是促进自然教育在社区发展的重要主体。同时，他们也是向居民宣传自然教育的重要群体，其态度在一定程度上会影响其他居民的感知。

五是盲从派居民自然教育感知占比 23.1%。千佛村居民中对自然教育感知属于盲从派的有 21 人，位居社区人数分类群体的第三位。该群体对于新事物不弄清原因、不问是非地附和他人，缺乏主见和原则。这类群体涉及各层次年龄和文化程度，其中在家务农和外出打工者占大多数。部分盲从派居民是因为长期在外，对家乡认知降低，处于"不想回家乡，融不进城市"的尴尬境地，因此，对新事物介入漠不关心。另一部分是长期在家务工务农，文化水平有限，对自然教育既不了解也不想了解，只关心自己"一亩三分地"的产出，习惯于跟随大众。

总体而言，差异性是居民感知的基本特性，居民对自然教育感知的差异受多种因素的影响，千佛村社区居民对自然教育的感知很多时候并不是全部一致，存在明显的群体差异。通过田野调查和统计数据分析，对千佛村社区居民的自然教育感知进行分类，找出其群体特征，并从外生变量和内生变量角度探究每类群体感知背后的原因有利于探寻自然教育发展的有效路径，也能够为提高保护性社区居民对自然教育的感知提供新思路。

四 四川省保护性社区居民自然教育感知提升的发展对策

自然教育作为新事物介入千佛村保护性社区，敏捷派、犀利派、中立派和盲从派等不同群体的居民感知为自然教育发展提供了重要的参考。基于居民对自然教育作为新事物的感知较低问题，本研究从资源优势、人才培养、产业发展和主体参与等方面提出了提升保护性社区居民自然教育感知的建议。

（一）挖掘自然教育专业性人才，提升居民参与感和责任感

自然教育的专业性体现在其理念和运营模式，需要有特殊的区域、丰富的内容、完善的知识结构，自然教育导师、自然体验师和自然解说员是推动自然教育发展中的骨干力量。在千佛山国家级自然保护区这样的特殊区域，护林员有着丰富的工作经验，对本土事物更熟悉，是培养成自然解说员的最佳人选。因此，保护性社区开展自然教育应充分发挥护林员的宣传和示范作用，不断从社区居民中挖掘自然教育专业性人才，通过培养本地人才，以低成本、高产出、长效益的机制增强居民保护意识，以此提升居民的参与感和责任感。同时，不断提高敏捷派居民对社区发展的责任感、调动犀利派居民积极参与自然教育、发挥中立派居民领导能力、激发盲从派居民参与自然教育的积极性。

（二）突出区域特殊性资源优势，提升居民认同感和自豪感

千佛村基于千佛山国家级自然保护区，在珍稀动植物、中草药和红色文化等方面具有较高的保护价值。而在田野调查过程中，居民对自身环境认知粗略，认为生态保护会在一定程度上阻碍社区经济发展。因此，保护性社区开展自然教育，一是应发挥主体引导作用，在强调生态保护的同时，探寻社区保护与经济发展的平衡路径，以自然教育为契机，既让居民真正实施保护行动，也让居民从保护中获得持续性收益。二是通过接待外来体验者，加深对社区资源的了解，提高居民的认同感和自豪感。三是让敏捷派居民能将自身利益与社区利益相结合、使犀利派居民真正实现人尽其才、使中立派居民成为典范、使盲从派居民重拾昔日故土难离之感。

（三）构建"自然教育+"发展机制，提升居民获得感和满足感

保护性社区作为长期存在的地域，本身就应是一个经济循环中心。以文化为发展导向无法满足人们对经济利益的诉求，因而自然教育作为一种经济形式，可以成为促进经济增长的动力，但不能作为整个循环经济的启动力。保护性社区自然教育的开展应在不影响其他生产活动时，以自然教育为载体探索"自然教育+农业"模式，综合性开展农耕活动、亲子活动、季节性采摘等体验活动，以此提高自然资源的附加值，吸引更多主体参与自然教育活动，使居民拥有获得感和满足感。并且，敏捷派居民可在此过程中迅速抓住商机、犀利派居民能在实施前提供建设性意见、中立派居民能在全过程中积极招商引资、盲从派居民能在市场条件成熟时低风险加入其中。

（四）充分发挥多主体带动作用，提升居民希望感和成就感

建立良好的沟通机制是充分发挥多主体带动作用的前提。其中，协调各相关利益主体之间的关系，对促进社区融洽、增强各利益主体对自然教育发展的信心、保障自然教育发展的持续动力具有重要作用。保护性社区自然教育开展应充分发挥生态护林员协会等社会组织内外连接、组织协调的作用。

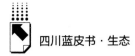

例如，千佛山生态护林员协会由四川省管理局、安州区资源局、民政局等单位支持建立，成员 58 人由生态护林员、国有林场职工、千佛村居民和绿色农家乐企业的企业主构成，通过向大专院校、科研院所、社区组织借力，发挥多主体带动作用，有效推进社区的自然教育发展。以自然教育为媒介，面对新事物的介入，使敏捷派居民能坚定方向、砥砺前行；使犀利派居民能消除消极情绪，积极面对新事物；使中立派居民能与不同主体交流，进行自我学习；使盲从派居民能清楚知晓自然教育活动，对新事物抱有希望和热情。

参考文献

《国务院关于印发"十四五"旅游业发展规划的通知》，https：//www. mct. gov. cn/preview/whhlyqyzcxxfw/zhgl/202201/t20220126_ 930708. html，2022 年 1 月 20 日。

李海荣、赵芬、杨特、程希平：《自然教育的认知及发展路径探析》，《西南林业大学学报》（社会科学）2019 年第 3 期。

张亚琼、曹盼、黄燕、周晨：《自然教育研究进展》，《林业调查规划》2020 年第45 期。

徐艳芳、孙琪、刘丽媛、郝彦哲：《自然教育理论与实践研究进展》，《安徽林业科技》2020 年第 46 期。

封积文、肖湘、周瑾、邬小红：《自然教育行业调查报告》，全国自然教育网络，2018。

《四川省印发〈关于推进全民自然教育发展的指导意见〉》，国家林业和草原局网站，2020 年 11 月 11 日。

宋菲：《生态旅游目的地居民旅游感知与态度研究》，华中师范大学硕士学位论文，2017。

江东芳：《河南省农业生态旅游产业可持续发展评价研究》，《中国农业资源与区划》2018 年第 7 期。

胡慧文：《居民对乡村旅游影响的感知研究》，华中师范大学硕士学位论文，2020。

B.7

四川省全民自然教育促进大熊猫国家公园生态产品价值实现路径与机制研究

陈美利　李晟之*

摘　要： 四川省作为大熊猫国家公园体制试点区域之一，担当着践行"两山"理论的重要使命，但是在探索生态产品价值实现过程中，也面临参与主体单一、缺乏多元化补偿机制、缺乏统一的核算体系等问题。四川省积极试点生态产品价值实现机制，以生态文明建设为统领，在全国率先提出"全民自然教育"，为生态产品价值实现路径提供了新思路。四川省千佛山国家级自然保护区的生态科普廊道模式、龙溪—虹口国家级自然保护区的品牌建设模式、四川省唐家河国家级自然保护区的多元补偿模式为破解生态产品价值实现面临的问题以及将资源优势转化为发展优势提供了参考，对促进大熊猫国家公园建设和生态产品价值实现双赢与大熊猫国家公园社区的可持续发展具有重要意义。

关键词： 大熊猫国家公园　全民自然教育　生态产品价值实现

一　全民自然教育促进生态产品价值实现

（一）各地积极探索生态产品价值实现

1.生态产品价值实现相关政策

全国各地均将生态文明建设作为经济发展的第一要则，把生态产品价值

---

* 陈美利，四川省社会科学院硕士研究生，主要研究方向为农村发展；李晟之，四川省社会科学院农村发展研究所研究员，主要研究方向为农村生态。

实现作为各级政府部门生态建设的重要目标，积极探索处理好经济发展与生态环境保护之间关系的途径。《关于建立健全生态产品价值实现机制的意见》提出通过建立生态产品的调查监测机制、价值评价机制、经营开发机制、保护补偿机制、保障机制、推进机制来建立健全生态产品价值实现机制，对推进生态产业化和产业生态化、经济社会发展全面绿色转型具有重要意义。

四川省积极试点生态产品价值实现机制，破解过去生态产品难交易、难变现等问题，探索生态产品价值实现路径和模式。2021年四川省发展改革委正式印发通知，明确全省首批14个生态产品价值实现机制试点地区名单；同时，提出试点区生态产品价值核算、生态产品供需精准对接、生态产品可持续经营开发、生态产品保护补偿、生态产品价值考核、绿色金融支持六大试点任务。[1] 作为首批成立的国家公园之一，大熊猫国家公园涉及四川、陕西和甘肃三个省份，总面积为27134平方公里，四川省片区占总面积的74.36%，涉及7个市（州）和20个县（市、区）。四川省肩负着维护国家生态安全、维护生物多样性和践行"两山"理论的重要使命。

2. 生态产品价值实现路径

2010年国务院印发的《全国主体功能区规划》中首次提出"生态产品"概念，指出"生态产品是指维系生态安全、保障生态调节功能、提供良好人居环境的自然要素，包括清新的空气、清洁的水源和宜人的气候等"。随后学者们纷纷围绕生态产品展开研究，欧阳志云等提出生态系统生产总值（GEP）为生态系统为人类福祉和经济社会可持续发展提供的产品与服务价值的总和，包括生产系统产品价值、生态调节服务价值和生态文化服务价值。[2] 魏辅文将生态系统服务价值分为供给服务价值、调节与维护服务价值和文化服务价值三大类。将三大功能进行细化，并选择中值作为每项

---

① 王成栋：《试点生态产品价值实现机制对四川意味着什么？》，《四川日报》2021年11月17日。

② 欧阳志云、朱春全、杨广斌、徐卫华、郑华、张琰、肖燚：《生态系统生产总值核算：概念、核算方法与案例研究》，《生态学报》2013年第33期。

具体服务功能年均每公顷可能产生的单位价值，进而得出大熊猫 67 个保护区的总体生态系统服务价值。[①] 该观点的提出为生态产品价值的测算以及生态产品价值实现提供了强有力的理论与方法支撑，同时也为生态产品价值实现路径提供了参考。本文也将围绕着生态产品价值的三大部分：物质产品供给、生态调节服务和生态文化服务，展开对全民自然教育促进生态产品价值实现路径的讨论。

3. 生态产品价值实现面临的问题

四川省乃至全国围绕生态产品价值实现都在积极开展探索并取得了一定的成绩，但是促成生态产品价值实现还面临一些问题需要解决，需要多学科、多部门、多主体参与完成，进一步完善、总结多元化补偿方式并统一核算方式。

（1）参与主体单一、缺乏互动

2018 年习近平总书记在深入推动长江经济带发展座谈会上指出，"要积极探索推广绿水青山转化为金山银山的路径，选择具备条件的地区开展生态产品价值实现机制试点，探索政府主导、市场化运作、可持续的生态产品价值实现路径"。[②] 但从目前各地的实践来看，各地的生态产品价值实现往往都是以政府为主导，农民在生态产品价值实现中所起的作用至关重要，但又少见他们的身影。尽管农民十分了解当地资源，并且也最关心资源能否得以很好地利用，但是他们在利用资源方面也面临着许多问题，如生产规模小、市场规律客观存在、自然规律难以预测、生产主体间缺乏交流与合作等。因此，要破解上述问题需要通过政府引导、企业和社会各界多元主体参与，促成生态产品价值实现。

（2）缺乏多元化补偿机制

四川乃至全国一直在探索生态产品价值实现机制，但均未脱离财政补贴模式，导致生态产品价值实现渠道单一且不能反映其真正的价值。对于生态

---

① 《研究揭示大熊猫及其栖息地的生态系统服务价值远高于保护投入》，中国科学院网站，2018 年 7 月 3 日。

② 孙安然：《赋值绿水青山　实现价值转换——部自然资源所有者权益司有关负责人解读生态产品价值实现相关工作》，《资源导刊》2020 年第 5 期。

保护区的生态产品价值实现方式，常见的是生态调节服务中纵向生态补偿，物质产品供给、生态文化服务这两部分的生态价值并未或者较少实现。现在生态保护标准和成本越来越高，而各地对跨地区生态补偿的依据、标准及方式等尚未达成共识，对"为什么补""谁补谁""补多少""如何补"等问题尚未明确，对于承担重要生态保护任务的核心生态保护区、重点生态功能区等作出的贡献价值、应该得到的生态补偿没有统一的评估和标准。与此同时，补偿的方式单一、标准难以大幅上升，没有真正做到"谁受益、谁补偿"，保护区需要切实争取多样化补偿，开发并实现生态产品价值中的另外两部分。

（3）缺乏统一的核算体系

生态产品是我国独创的概念，是区域生态系统所提供的产品和服务的总称，主要包括物质产品供给、生态调节服务和生态文化服务。"绿水青山就是金山银山"的本质是将生态资源转化为生态资产，将生态价值体现为经济价值。[①] 那么如何才能转化和体现区域的生态资源与生态价值呢？2013年中国科学院生态环境研究中心欧阳志云研究员和原世界自然保护联盟（IUCN）中国代表处驻华代表朱春全博士在全球首次提出生态系统生产总值（GEP）的概念，并对其核算指标体系、技术方法做了说明。生态产品形态多样、价值构成复杂，虽然我国在生态产品价值核算方面已有一定探索，但标准不一致、方法不统一、可比性较差，每项产品与服务的经济价值缺乏科学的估值、标准化的定价，从生态资源向生态资产的转化变现缺少依据。[②]

（二）四川省率先提出全民自然教育

党的十九大阐述了新时代中国特色社会主义思想和基本方略，提出要坚持人与自然和谐共生。建设生态文明是中华民族永续发展的千年大计。必须树立和践行"绿水青山就是金山银山"的理念，建设美丽中国，为人民创

---

① 崔莉、厉新建、程哲：《自然资源资本化实现机制研究——以南平市"生态银行"为例》，《管理世界》2019年第9期。

② 欧阳志云、朱春全、杨广斌、徐卫华、郑华、张嬁、肖燚：《生态系统生产总值核算：概念、核算方法与案例研究》，《生态学报》2013年第33期。

造良好生产生活环境。四川发展全民自然教育的总体思路是深入贯彻落实习近平新时代中国特色社会主义思想和党的十九大精神，以生态文明建设为统领，培育和传承生态文化，推进自然教育全域、健康有序发展，为四川建设以国家公园为主体的自然保护地体系和长江、黄河上游生态屏障，构建人与自然和谐共生的生态文明格局作出新贡献。[①]

2020 年 11 月，四川省林业和草原局等八部门联合印发《关于推进全民自然教育发展的指导意见》，以生态文明建设为统领，在全国率先提出"全民自然教育"。全民自然教育，顾名思义是全体民众共同参与自然教育，而非单一的以学生为受众对象、浅层次的参与体验，而是多主体、多空间、深层次、科学持续地广泛参与和深入体会到顺应自然、认识自然、保护自然当中，形成政府主导、部门协作、社会参与的自然教育推进机制和全民自然教育发展格局。

全民自然教育是推动全民认知、全民参与、全民受益、全民全龄自然教育的行动。2020 年，四川省成为全国首个多部门共推的全民自然教育省，四川开展的全民自然教育意义重大。首先，推进全民自然教育"进家庭、进社区、进学校、进企业、进城市、进乡村"，提高自然保护和宣教单位推进自然教育公益服务建设和培育多元自然教育主体的能力；其次，大大提升全省自然教育公众参与水平，促使参与广泛、运行高效的全民自然教育发展格局基本形成；最后，大力推动四川省的自然资源优势转化为体验优势。

（三）全民自然教育丰富生态产品价值实现路径

全民自然教育为生态产品价值实现提供了新思路。生态产品价值服务包括物质产品供给、生态文化服务和生态调节服务三大部分。[②] 其中的物质产品供给部分较易测算生态产品价值，同时也相较于后两者更容易实现。但是，这两部分服务价值潜力巨大，不容忽视。

第一，通过全民自然教育，拓展除生态补偿为典型模式以外的生态调节

---

① 《关于推进全民自然教育发展的指导意见》。
② 李振红、邓新忠、范小虎、王敬元：《全民所有自然资源资产生态价值实现机制研究——以所有者权益管理为研究视角》，《国土资源情报》2020 年第 9 期。

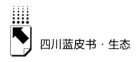

服务、生态文化服务两部分的生态产品价值实现路径。例如，具有兼业特征的生态护林员在参与全民自然教育的过程中，不仅担任讲解员，也是其自我学习和提升的过程。在这个过程中，兼业护林员通过学习与交流，更加明确当地经济发展方向，更好地完成当地特色农产品的价值变现，提高当地保护区的物质产品供给能力。

第二，全民自然教育鼓励孩子走进自然，自然教育带来的知识和价值将使孩子、家长、护林员、管理者等参与者受益。同时，全民自然教育需要借助一定的场景，自然资源丰富、交通便利、生态小径和康养步道纵横交错的自然教育场所必定让全民教育的参与者在走进自然的同时也乐在其中。"研学式"全民自然教育也将促进生态旅游与自然教育的结合，推动生态旅游发展，使保护区的文化服务价值得以体现与提升。

第三，通过在自然资源丰富、场所合适的区域开展自然教育，不仅把孩子带入自然，还使自然教育价值取向影响家长和社会，增强大众环境保护意识，实现了为护林员赋能，进而使保护区的生态调节服务和文化服务功能得以充分发挥。

二 四川省大熊猫国家公园生态产品价值情况

（一）大熊猫国家公园基本情况

1. 大熊猫国家公园简介

大熊猫国家公园是我国首批国家公园之一，由四川省岷山片区、四川省邛崃山—大相岭片区、陕西省秦岭片区、甘肃省白水江片区组成，总面积为27134平方公里，整合各类自然保护地80余个。其中四川片区面积达20177平方公里，占总面积的74.36%。

大熊猫国家公园涉及的自然保护地较多，主要有四川省卧龙国家级自然保护区、四川省千佛山国家级自然保护区、四川省王朗国家级自然保护区、陕西省太白山国家级自然保护区、陕西省佛坪国家级自然保护区、甘肃省白水江国家级自然保护区等。区内有野生大熊猫 1631 只，占全国野生大熊猫总量的 87.50%，大熊猫栖息地面积 18056 平方公里，占全国大熊猫栖息地面积的 70.08%，有国家重点保护野生动物 116 种、国家重点保护野生植物 35 种。

2. 大熊猫保护区生态系统服务值巨大

中国科学院动物研究所魏辅文院士领导的研究团队与国内外多家单位的专家合作对 67 个大熊猫保护区生态系统服务价值进行了定量评估，计算得到 2010 年大熊猫及其栖息地的供给与调节服务价值为 18.99 亿美元，外加服务于中国人口和经济合作与发展组织（OECD）成员方来中国旅游人群的文化服务价值为 7.09 亿美元，合计 26 亿美元；如果文化服务价值核算范围扩大到全球人口，则总的生态系统服务价值可达 69 亿美元。①

（二）四川省大熊猫保护区生态系统服务值——以平武县为例

全国共有 2750 个自然保护区，② 2844 个县级行政区，③ 平均一个县级行政区内不足一个自然保护区。而四川省平武县是我国拥有自然保护区最多的县，县域内有 5 个大熊猫自然保护区，大熊猫资源丰富，对于认识大熊猫国家公园具有的巨大生态产品价值有重要意义。

1. 平武县野生大熊猫情况

四川省绵阳市平武县位于岷山腹地，全县有野生植物 4100 多种，野生动物 1900 余种，野生大熊猫数量居全国之首，被誉为"熊猫故乡""天下大熊猫第一县"。有野生大熊猫 335 只，占全省总量的 1/4，为中国野生大熊猫数

---

① 《研究揭示大熊猫及其栖息地的生态系统服务价值远高于保护投入》，中国科学院网站，2018 年 7 月 3 日。

② 《环境保护效果持续显现生态文明建设日益加强——新中国成立 70 周年经济社会发展成就系列报告之五》，http：//www.gov.cn/xinwen/2019-07/18/content_ 5410785. htm，2019 年 7 月 18 日。

③ 《2020 年民政事业发展统计公报》，http：//www.mca.gov.cn/wap/article/sj/tjgb/，2021 年 9 月 10 日。

量最多的县，栖息地面积为28.83万公顷，占比超过全省的1/10，此外，平武大熊猫国家公园将县境内5个自然保护区及国有、集体林区纳入大熊猫国家公园体制试点范围，规划总面积达2700平方公里，占总面积的41.35%。

2. 平武县大熊猫保护区理论生态系统服务价值

徐强等根据魏辅文计算出的67个大熊猫保护区理论生态系统服务价值以及雪宝顶实际生态系统服务值，从供应服务、调节与维护服务和文化服务三个方面计算平武县5个保护区理论生态系统服务价值（见表1）与实际生态系统服务价值（见表2）。其中，平武县理论生态系统服务价值共计15997元/公顷，供给服务价值为1120元/公顷，调节与维护服务价值为3528元/公顷，文化服务价值为11349元/公顷。

表1 平武县5个保护区理论生态系统服务价值

单位：元/公顷

服务		价值
供应服务	放牧	241
	养蜂	56
	中草药利用	56
	水资源	767
调节和维护服务	对空气中有害气体的吸收	168
	碳封存	1055
	养分循环	726
	控制水道中的淤泥和沉积物	1434
	保水和防洪	70
	防治土壤侵蚀	66
	害虫和疾病	9
文化服务	旅游、气体收益	11312
	科研投入	37

资料来源：徐强、刘德、蒋钰滢：《自然保护区生态产品价值实现的计算与分析——基于平武县5个大熊猫保护区的调研数据》。

表 2　平武县 5 个保护区实际生态系统服务价值

单位：元/公顷

服务价值	王朗保护区	雪宝顶保护区	小河沟保护区	余家山保护区	老河沟保护区
供给服务价值	668	370	189	7462	160
调节与维护服务价值	72	72	72	72	72
文化服务价值	137	51	32	14	432
实际生态系统服务价值	877	493	293	7548	664

资料来源：徐强、刘德、蒋钰滢：《自然保护区生态产品价值实现的计算与分析——基于平武县 5 个大熊猫保护区的调研数据》。

平武县各个保护区生态产品实现状况不理想。平武县 5 个保护区的单位面积生态产品价值实现为 15997 元/公顷，王朗保护区的单位面积生态产品价值实现为 877 元/公顷，雪宝顶保护区的单位面积生态产品价值实现为 493 元/公顷，小河沟保护区的单位面积生态产品价值实现为 293 元/公顷，余家山保护区的单位面积生态产品价值实现为 7548 元/公顷，老河沟保护区的单位面积生态产品价值实现为 664 元/公顷。

5 个保护区实际单位面积的生态产品价值实现最高的还不足平武理论价值的 47%，最低的不足 2%。在 5 个保护区的单位面积实际价值中，王朗、雪宝顶及余家山等保护区供给服务价值占比最大，老河沟保护区文化服务价值占比最大。文化服务价值、调节与维护服务价值和供给服务价值之间的巨大差额，反映出大熊猫栖息地生态产品更多地为栖息地以外乃至全球人口服务，而大熊猫栖息地内的社区受益相对较少，生态产品的开发潜力巨大。

三　四川省全民自然教育促进大熊猫国家公园生态产品价值实现路径探索

四川省作为全国首个多部门共推的全民自然教育省，同时也是大熊猫国家公园涉及的自然保护地较多的省份之一。各保护区积极响应全民自然教育的号召，探索四川省全民自然教育促进大熊猫国家公园生态产品价值实现路

径，四川省千佛山国家级自然保护区、龙溪—虹口国家级自然保护区、四川省唐家河国家级自然保护区尝试将全民自然教育作为生态产品价值实现的桥梁，因地制宜打造各自的发展模式，对于探索生态产品价值实现新路径具有借鉴意义。因此，本文将以这3个保护区为例，探讨这3个保护区在生态产品价值实现中面临的问题、如何通过自然教育发挥保护区资源优势来促进大熊猫国家公园生态产品价值实现。

（一）生态科普廊道模式——以四川千佛山国家级自然保护区绵阳市安州区管理处为例

1. 千佛山国家级自然保护区基本情况

千佛山国家级自然保护区（以下简称"千佛山保护区"）位于四川盆地西北边缘的绵阳市安县境内，地处青藏高原东南缘岷山南端、龙门山中南段的西侧安县茶坪、高川乡，茂县光明、富顺、土门、东兴乡及北川县的墩上乡。保护区内沟谷纵横，坡陡谷深，海拔在1340~4047米，气候垂直分布明显，具有典型的山地植物垂直带谱特征。10万亩的箭竹海是大熊猫常年的活动地，有39种国家一、二级重点野生动物。园内大小溪沟甚多，是涪江的主要源头之一。

猫儿沟位于四川省绵阳市安州区千佛镇千佛村。猫儿沟在"5·12"地震前曾监测有野生大熊猫活动，但地震后截至目前，仍没有监测到该区域野生大熊猫的身影。该区域海拔1400~2045米，景色优美异常，物种丰富多样。全长约5公里，曾是20世纪的伐木林道路，步行约需1小时。沿猫儿沟两侧大多是周边社区集体林地，沿途金丝猴、野猪、豪猪、果子狸等多种野生动物的遇见率较高，沟内设有护林员巡护哨卡、一座土庙。廊道从山上蜿蜒向下，最后与侧方河道齐平，河床上遍布着来自古冰川时代的海底化石。

2. 千佛山保护区生态产品价值实现存在的问题

千佛山国家级自然保护区设立后，当地老百姓的生产用地被划入大熊猫国家公园的一般控制区。尽管当地自然资源丰富、拥有红色旅游资源等优势，但村民生产生活受到一定影响，收入减少，农副产品等供给不足。

一方面，生产组织规模小。保护区内村民小组村民生产用地被划入大熊猫国家公园的一般控制区后，可使用生产用地减少，可种植农产品种类较少，当地村民以养殖蜜蜂、种植药材为主要收入来源。当地生产方式较为传统，依靠祖祖辈辈传授下来的经验生产，生产规模小，生产效率低。尽管生态环境俱佳，但由于生产规模小，生产方式落后，当地可提供的生态产品并不多，当地村民收入也偏低。另一方面，生态产品价值实现形式单一。从生态系统服务价值来看，生态系统可提供的服务分为物质产品供给、生态调节服务和生态文化服务。千佛山国家级自然保护区的生态产品价值实现方式以生态调节服务中的纵向生态补偿为主，由于当地生产用地被划入一般控制区，已开发的物质产品供给极少，整个保护区内的生态产品价值实现形式单一，生态产品供给能力不足。

3. 千佛山保护区生态产品价值实现主要举措

保护区内的生产经营活动，除了要受到自然规律、市场规律这两个普遍规律的约束外，基于主体功能的特殊性，更要受到经营规模、政策法规的限制。因此保护区的生态产品价值实现，必须要有效破除自然规律、市场规律、经营规模、政策法规"四规"的约束。保护区通过成立生态护林员协会实现规模化经营，同时建设自然教育生态科普廊道来破除"四规"问题。

（1）登记注册护林员协会

为进一步解决生态产品价值实现中面临的问题，保护区应将当地村民的积极性充分调动起来，成功登记注册全国首家生态护林员协会，是大熊猫国家公园区域范围内第一家以生态护林员为参与主体的社会团体。

千佛山生态护林员既是"民"又是"兵"，既是从事生态护林的护林员，更是掌握着当地丰富的生产经验的传统农民，具有兼业化农民的身份特征。生态护林员比任何人都了解当地有哪些生态产品、比任何人都渴望生态产品价值实现。生态护林员协会中的护林员有两大天然优势：一是熟悉当地风土人情和资源状况的"天然"优势，二是拥有丰富的传统知识经验的优势。通过正确引导护林员积极参与生态科普廊道建设，充分发挥护林员的优势，激发护林员在生态科普廊道建设中的主人翁意识。让生态科普廊道更具合理性、真实性的同时激发护林员参与千佛山猫儿沟生态科普廊道建设的内生动力，以实现规模化经营。

（2）打造近自然的生态科普廊道

近自然的自然教育生态科普廊道（以下简称"廊道"）选址在资源丰富的猫儿沟，廊道建设将充分展现科学性与民主性。首先，联合多个科研团队充分探讨廊道建设区域的自然和社会状况，为廊道建设贡献"集体大脑"、出谋划策提供科学支撑；其次，通过探究式学习和团队协作让生态护林员参与廊道建设，让生态护林员带领当地青少年了解千佛山保护区，共同探索千佛山生态产品价值实现路径，培育和提高生态护林员持续学习和自然教育解说能力以及提高开展自然教育和实现生态产品价值能力。

保护区将依托原生态大熊猫栖息环境打造廊道，帮助刚刚建立的生态护林员协会加强自我管理和持续经营的能力。为此，主要通过四种途径来实现以生态护林员协会为主体的社区长期经营和管理：一是沿生态科普廊道探索种植大熊猫友好型农林产品；二是通过"做中学"方式培育自然教育中护林员的解说能力；三是以协会集体经营模式来种植中药材（绞股蓝）和养殖中华蜜蜂，探索生态产品价值实现新路径；四是面向农村和城镇儿童开展自然教育，加快自然教育基础设施建设，积极探索生态产品价值实现新模式，为国家公园自然教育开展树立典范。

4. 小结

千佛山保护区科普廊道模式是以生态护林员为参与主体的生态产品价值实现路径的探索，对打破生态产品价值实现中面临的"四规"制约具有积极意义。千佛山生态护林员协会成员来自当地周边社区的同时，又处于保护地管理机构的管理序列下，护林员"双重性"的身份延伸，促成具有"民兵"性质的特点。千佛山保护区依托协会为具有"民兵"性质的生态护林员提供自我管理、自我教育、自我服务的载体和平台以期实现以下目标：第一，提高生态护林员的组织化程度、集体凝聚力和荣誉感；第二，保护区以协会为组织载体将生态护林员队伍打造为保护区和当地社区之间的天然沟通媒介和纽带，提高社区群众参与生态环境保护的积极性和参与度；第三，带动和影响当地社区居民参与生态保护和建设，创新保护地和社区共管共建工作的新模式。

（二）品牌建设模式——以龙溪—虹口国家级自然保护区大熊猫国家公园都江堰管护总站为例

1. 龙溪—虹口国家级自然保护区资源禀赋

（1）优越的地理位置

龙溪—虹口国家级自然保护区（以下简称"龙溪—虹口保护区"）位于都江堰市北部，西北与阿坝藏族自治州汶川县相接，东与彭州市为邻，南部与都江堰市龙池镇接壤，距四川省省会成都市仅 60 公里，是西南地区距中心城市最近、外部条件最好的国家级自然保护区。龙溪—虹口保护区是岷山山系大熊猫 B 种群重要的栖息地，位于大熊猫现代自然分布区狭长条状弧形带的中段，直接联系着岷山山系和邛崃山系两大大熊猫野生种群，是大熊猫生存和繁衍的关键区域和"天然走廊"。龙溪—虹口保护区于 2018 年放养了两只饲养的大熊猫"琴心"与"小核桃"。根据全国第四次大熊猫调查，都江堰市内现有 16 只野生大熊猫。

（2）悠久的人文历史

龙溪—虹口国家级自然保护区所属的都江堰市，具有 2000 多年建城史，是拥有自然遗产、文化遗产、灌溉工程遗产的"三遗城市"，有着"灌城水色半城山"的布局特色和"拜水都江堰、问道青城山"的美誉。

（3）丰富的生物多样性

保护区位于青藏高原东缘，横断山北段，属著名的生物多样性富集区，区内已记录的高等植物有 225 科 970 属 2537 种；动物种类已知约 11000 种，其中脊椎动物 5 纲 31 目 95 科 419 种。龙溪—虹口保护区 1994 年被中国科学院列为全国生物多样性"五大基地"之一，是保存最为完好的天然状态森林系统以及大熊猫等珍稀濒危动植物的集中分布地，有国家重点保护动物

45 种，有国家 I 级重点保护动物 10 种，包括大熊猫、川金丝猴、林麝、扭角羚等，有国家 II 级保护动物 40 种，如小熊猫、藏酋猴、斑羚等。

2. 龙溪—虹口保护区生态产品价值实现的困境

龙溪—虹口保护区具有丰富的生物多样性，全民自然教育的资源条件极佳，为生态系统服务价值中丰富的物质产品供给提供了可能。从生态系统服务价值的角度来看，龙溪—虹口国家级自然保护区物质产品供给固然较充足，但是生态文化服务、生态调节服务价值还未得到很好的变现。保护区位于都江堰市，原有的自然教育活动、课程授课对象群体单一，更多的是当地小学生群体，未开发出适合成年人、外地人等多元群体的课程。此外，都江堰市是拥有自然遗产、文化遗产、灌溉工程遗产的"三遗城市"，原有的自然教育课程也并未给这个川西风景名胜区吸引到显著的客流量。

3. 龙溪—虹口保护区生态产品价值实现主要举措

龙溪—虹口保护区充分利用区域资源优势，打造自然教育场所和自然教育品牌，主动融入全市各类大旅游产业生态圈建设。

（1）积极打造自然教育场所

龙溪—虹口国家级自然保护区现有自然教育场所三处：龙溪—虹口自然保护区瓦子坪宣教中心、贾家沟百合谷自然教育社区基地、保护区森林党校基地。三个自然教育场所各具特色，生态小径、康养步道纵横交错，吸引体验者亲临森林，在艰苦环境下体验大山守护者对自然保护的执着和追求，激发主动践行"绿水青山就是金山银山"理念的热情。

（2）完善"熊猫课堂""森林萌主"两大自然教育品牌

一是扩大品牌影响力。立足"熊猫课堂"与"森林萌主"两个品牌，进一步加大品牌文化宣传力度。加强自然教育导师、熊猫志愿者培训，推进自然教育导师团队、熊猫志愿者团队建设。推进大熊猫家园课程的试点开展，推进大熊猫相关地域课程的开发，完善课程开发后续工作。二是开拓"自然教育+"新模式。发展"自然教育+社区""自然教育+学校""自然教育+党建"模式，开拓"自然教育+公益"新模式。建立数字化平台，推进宣传教育，探索"自然云教育"等新型教育方式，扩大保护区自然教育影响力。三是主动融入全市各类旅游产业生态圈建设。依托保护区的区位优势，接轨成渝双城经济圈建设，打造国家公园保护区自然教育基地示范区。

4. 小结

龙溪—虹口国家级自然保护区品牌建设结合自然保护工作和保护区内优质资源探索，主动融入都江堰市各类旅游产业生态圈建设，是探索大熊猫国家公园生态产品价值实现的又一路径。保护区通过打造"熊猫课堂""森林萌主"两个自然教育品牌、建立自然教育场所、开发自然教育课程，自然教育的发展成效显著，不仅使孩子们了解自然、尊重自然、保护自然，还使广大群众保护大熊猫、保护大自然的意识提高。

（三）多元补偿模式——以四川省唐家河国家级自然保护区管理处为例

1. 唐家河国家级自然保护区基本情况

唐家河国家级自然保护区（以下简称"唐家河保护区"）位于四川省广元市青川县境内，是以保护大熊猫、金丝猴、扭角羚等珍稀动物及其栖息地为主的森林类型保护区。保护区处于岷山山系龙门山脉西北侧，摩天岭南麓，北与甘肃文县境内的白水江国家级自然保护区相连，东接青川东阳沟省级自然保护区，西与绵阳市的平武县毗邻。

唐家河保护区地势略呈三菱形，西北高，东南低，大草坪最高海拔3864米，白果坪保护站最低海拔1110米，山势陡峭，河谷深切，属侵蚀构成的中高山地貌。保护区气候类型属亚热带季风气候，差异较大，垂直变化明显，雨量充沛，夏凉冬长。海拔和气候的差异造成了唐家河丰富的动植物种类，也成为全球生物多样性保护的热点地区之一，是全国同类型自然保护区野生动物遇见率极高的地区之一。在第四次全国大熊猫调查中，唐家河保护区共有野生大熊猫39只，与甘肃白水江和四川王朗、东阳沟、小河沟等自然保护区共同构成岷山北部大熊猫栖息地，是连接岷山山系北部大熊猫种群的重要走廊地带和大熊猫重要的避难所，被中外专家誉为"大熊猫的乐土"、"生命家园"、"天然基因库"和"岷山山系的绿色明珠"。

2. 保护区内突出的人兽冲突问题

落衣沟村位于唐家河保护区的南部缓冲区和试验区内，隶属青川县青溪镇，东邻东阳沟省级自然保护区，南接阴平村、石玉村，西北连唐家河自然保护区核心区，近年来人兽冲突频繁。

（1）落衣沟村基本情况

落衣沟村总面积为 62 平方公里，由原来的工农村、联盟村、三龙村合并而成，是唐家河保护区内唯一的行政村，也是唐家河自然保护区最重要的入口社区。整个地势为两山夹一河，西北高，东南低，最低海拔 1100 米，最高海拔 2900 米。全村共有 441 户 1086 人，常住人口 840 人，现设 4 个村民小组，其中 1 组、3 组沿着公路沿线主干道狭长分布，主要产业为开办农家乐，常住人口分布集中；2 组、4 组则主要散落分布在距离主干道较为偏远的山区，村通公路较狭窄，主要依靠种植农产品，常住人口极少。

（2）落衣沟村人兽冲突问题

一是农作物、家禽等遭到毁坏。得益于唐家河国家级自然保护区对生态环境和野生动物的大力保护，其成效逐年显现，野生动物的种群数量不断增多、活动范围逐渐扩张，这也是生态环境与生物多样性状况极大改善的体现。落衣沟村作为与保护区毗邻的社区，承担了因野生动物数量增加而带来的成本，野生动物不同程度地毁坏了当地村民的农作物、家畜家禽、房屋等，如野猪、豪猪、扭角羚、毛冠鹿、小鹿等损坏庄稼，豹猫、果子狸、野猪、黄鼠狼杀害家畜家禽，黑熊、黄喉貂、短尾猴等毁坏蜂箱等。二是社区共建工作受到冲击。长期、频繁的人兽冲突造成当地村民对毁坏庄稼的野生动物产生厌恶情绪，直接影响了当地村民对生态保护工作的认可，破坏了村民之间的邻里和谐关系，降低了村民对保护区的信任，冲击了唐家河保护区长期的社区共建工作成效。

3. 落衣沟村生态产品价值实现主要举措

落衣沟村 2 组、4 组面临的人兽冲突更为严重，为此保护区积极尝试多元化补偿方式来化解落衣沟村的人兽冲突矛盾，促进保护区与落衣沟村社区共建。

（1）设立人兽冲突补偿基金

在唐家河保护区和山水自然保护中心的支持下，2017~2018年讨论制定了《四川唐家河国家级自然保护区落衣沟村野生动物肇事补偿管理办法（试行）》，2019年落衣沟村成立野生动物肇事补偿基金，并以2.5万元的种子资金，由社区自主定损与补偿标准。

（2）建立野猪哨棚

唐家河保护区有着丰富的生态旅游资源和客源市场，为实现社区的均衡发展，缓解近年来野生动物肇事频繁引发的人兽冲突，唐家河保护区管理处和落衣沟村在野生动物严重危害庄稼的区域建立哨棚。哨棚经旅游公司开发经营后，所获的收入分三部分使用：一部分给哨棚所在地的农户；另一部分作为野生动物防治工作的补偿基金（收入的5%）；还有一部分归旅游公司。这样，让哨棚成为化解矛盾、增加农民收入、保护野生动物的"使者"。大众能更近距离地观察野生动物，这在无形中又增强了其保护动物、保护环境的意识，不仅使得农户与野生动物的冲突得以化解，还保障了农户的切身利益。

4. 小结

唐家河保护区多元补偿模式是基于丰富的生态旅游资源和客源市场以及当地野生动物肇事造成的人兽冲突的事实，唐家河保护区管理处和落衣沟村在野生动物严重危害庄稼的区域建立哨棚，哨棚为游客提供了一个观测野生动物区域，让游客深度参与、近距离观察野生动物活动，从而将"野生动物肇事"的"不利"转化为吸引游客的"有利"，是促进农民增收、生态产品价值实现的有益探索。这一举措将生态系统服务价值中以农作物、家禽为代表的物质产品供给服务价值拓展至以生态旅游为代表的文化服务价值和增强保护自然、保护野生动物意识的调节服务价值，成功地将落衣沟村的人兽冲突转化为生态旅游发展新机遇。

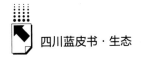

（四）全民自然教育丰富生态产品价值实现方式

全民自然教育是探索生态产品价值实现的有效途径，打破了传统自然教育的空间、主体、内容局限。首先，在空间范围上提倡"进家庭、进社区、进学校、进企业、进城市、进乡村"；其次，在主体上让接受自然教育的不只是传统认知里的学生、小孩，而是小孩、学生、农民、成年人等多元主体；最后，在内容上不仅是传统的自然知识，而且是学习思维、能力、归属感等，从而使得全民自然教育促进社区可持续发展，具体体现在以下四个方面。

一是对社区居民的影响。各保护区依托大熊猫国家公园内的资源本底开展全民自然教育，既增强了社区居民传播大熊猫文化和保护自然意识，又动员了更多人参与大熊猫国家公园建设。同时，促使居民关注社区发展，逐渐开发新的生态产品，推动社区居民收入提高。

二是对生态护林员的影响。具有"农民"与"工作人员"双重身份的生态护林员在开展自然教育的过程中不仅成为带领青少年共同探索生态产品价值实现的导师，还激发了其作为农民在生态产品价值实现方面的兴趣，提升他们的学习能力、自然教育解说能力，帮助他们更好地利用大熊猫栖息地资源禀赋，并在这个过程中形成不断学习的意识，增强荣誉感、成就感。

三是对青少年的影响。让农村青少年享受到优质的自然教育资源。通过参加全民自然教育，能够更好地认识家乡、热爱家乡、保护大熊猫、保护环境，提高青少年的代际共同学习、集体学习、探究式学习的能力。

四是对保护区的影响。保护区基于资源优势，因地制宜地通过全民自然教育将大熊猫国家公园、大熊猫、生态护林员、社区、社区居民、外来人群有效联结在一起，让外来人群更加了解大熊猫与大自然，让社区居民更加热爱、关注自己的家乡，让生态护林员更加热爱自己的工作，使得多元主体都为生态产品价值实现、社区与大熊猫国家公园建设贡献自己的力量，真正做到多元主体参与生态产品价值实现。

四 促进大熊猫国家公园生态产品价值实现的建议

（一）提升生态产品价值认知水平

增进人们对生态产品的认知，在关注森林等自然生态系统提供的物质产品的同时重视水源涵养等具有外部性和公共性的调节服务。大熊猫国家公园生态产品价值包括以蜂蜜、药材、水资源为代表的物质产品价值，以旅游、康养为代表的文化服务价值，以及保水防洪、调节气候等为代表的调节服务价值。大熊猫国家公园内资源丰富，是地区得到发展的有利条件。首先，从观念上引导人们认同"绿水青山就是金山银山，保护环境就是保护生产力"，促进保护当地环境与资源优势转化协同开展。其次，应该充分认识到生态产品使用价值具有多层次性，挖掘多元化的生态产品以满足消费者的多样化和个性化需求。

（二）鼓励地方积极探索新路径

主管部门要鼓励地方政府开展"两山"理论实践并配套相应的奖励机制，充分调动地方政府的积极性。此外，要积极打造地方"两山"理论实践样板，总结推广"两山"理论实践的典型案例和经验模式。地方政府要敢于尝试、发现生态产品价值实现新路径。一方面，地方政府要摸清区域资源情况，识别区域优势资源；另一方面，地方政府要动态监测环境变化，保护、提升区域生态环境质量。寻找处理好经济发展与生态环境保护之间关系的途径，切实将地区生态资源禀赋转化为经济优势，真正让"绿水青山"成为"金山银山"。

（三）因地制宜发展特色产业

探索生态产品价值实现路径，要立足本地生态资源优势，将资源优势切实转化为经济优势，将生态产品的内在价值转化为经济效益、社会效益及生态效益。创新性探索生态产品价值实现路径，一是要依托当地固有资源禀赋，因地制宜地选择发展模式。立足自然生态区位特点，杜绝生搬硬套。二是要着力促进一二三产业融合发展，依托当地资源，通过充分挖掘当地风俗民情、历史等乡村资源，创新性开展具有当地特色的活动，并通过开展当地传统技艺体验项目、特有的农事体验活动等来拓展活动文化内涵，使得乡土文化、民间故事、古法手艺得以传承。三是要充分发挥当地居民的主人翁精神，调动当地居民积极性，提升居民学习能力、综合素质和自豪感，激发当地人的内驱力以实现长期可持续发展。

（四）调动参与者主观能动性

在生态产品价值实现过程中，要充分调动群众、企业、合作社等多元主体的积极性，打破以政府为主导的单一主体局面。在生态产品价值实现过程中考虑并重视原住居民参与情况，使其由"被动"转变为"主动"。在挖掘、开发生态产品和制定发展规划时，要兼顾民主性与科学性。调动原住居民主观能动性，引导当地人正确认识家乡资源的重要性和价值，在思想上认可"绿水青山就是金山银山"，在行动上积极参与生态产品价值实现的探索。此外，要调动社会组织、企业的参与积极性。激发社会各界参与生态产品价值实现的内生动力，为生态产品价值实现提供新思维，丰富生态产品价值实现路径。

参考文献

欧阳志云、朱春全、杨广斌、徐卫华、郑华、张琰、肖燚：《生态系统生产总值核算：概念、核算方法与案例研究》，《生态学报》2013年第33期。

崔莉、厉新建、程哲：《自然资源资本化实现机制研究——以南平市"生态银行"为例》，《管理世界》2019年第9期。

李振红、邓新忠、范小虎、王敬元：《全民所有自然资源资产生态价值实现机制研究——以所有者权益管理为研究视角》，《国土资源情报》2020年第9期。

生态环境治理篇

Ecological Environment Governance

B.8

四川省水电工程开发区生态环境现状
与生态友好型水电工程建设关键技术研究[*]

巨 莉　罗茂盛　郭 进　卢喜平　姜国新[**]

摘　要:　四川省是我国重要的水电基地,在促进经济社会发展、节能减
排、优化能源结构、应对气候变化等方面发挥了重要的作用。
本文针对四川省水电工程开发造成流域水土流失、形成减水或
脱水河段、产生大规模工程弃渣、形成水库消落带等生态环境
问题,集成研发河流生态流量保障、弃渣综合利用和工程扰动
区生态修复等生态友好型水电工程建设关键技术,对今后四川

[*] 本文为四川省科技计划项目(重点研发项目:2020YFS0032)阶段性研究成果。

[**] 巨莉,理学博士,四川省水利科学研究院高级工程师,主要研究方向为水土保持与生态环
境、水文水资源;罗茂盛,工学博士,四川省水利科学研究院副院长,教授级高级工程师,
主要研究方向为水土保持、生态环境建设;郭进,农学博士,四川水利职业技术学院高级工
程师,主要研究方向为土壤侵蚀与水土保持;卢喜平,农学硕士,四川省水利科学研究院科
技情报中心副主任,高级工程师,主要研究方向为水土保持与生态环境;姜国新,工学学
士,四川省水利科学研究院材料与结构研究所副所长,高级工程师,主要研究方向为水工混
凝土材料。

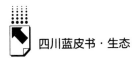

水电工程开发的规划、科研、监管和智慧水利建设提出相关
建议。

关键词： 水电工程　生态环境影响　生态友好

一　水能资源开发的战略意义及现状

（一）水能资源开发的战略意义

水能资源（Hydropower Resources）是指水体的动能、势能和压力能等
能量资源。《中华人民共和国可再生能源法释义》中这样定义水能资源：风
和太阳的热引起水的蒸发，水蒸气形成了雨和雪，雨和雪的降落形成了河流
和小溪，水的流动产生了能量，称为水能。广义的水能资源包括河流的水
能、潮汐水能、波浪能、海流能等，狭义的水能资源是指河流的水能资源，
是自由流动的天然河流的出力和能量。我们通常所说的水能资源是指狭义的
水能资源。水能资源在生产运行中不消耗燃料，不产生有害物质，是一种绿
色清洁可再生能源，在促进经济社会发展、增加地方税收收入等方面发挥了
至关重要的作用，并且在节能减排、优化能源结构、应对气候变化等方面有
很大的价值。

2020 年 9 月，习近平总书记在第七十五届联合国大会上郑重向世界宣
布，中国将提高国家自主贡献力度，采取更加有力的政策和措施，二氧化碳
排放力争于 2030 年前达到峰值，努力争取 2060 年前实现碳中和，为应对全
球气候变化问题贡献中国力量和中国方案。① 而水电作为公认的绿色清洁的
可再生能源，开发利用技术成熟、供应稳定、运行灵活，可减少化石能源消
耗，降低二氧化碳、二氧化硫和氮氧化物的排放，有利于我国能源结构调

---

① 《习近平在第七十五届联合国大会一般性辩论上的讲话》，《人民日报》2020 年 9 月 23 日。

整、应对气候变化和生态环境保护，将在我国实现碳达峰、碳中和目标中起到重要作用。同时，水电工程作为一项综合性工程，可以调控洪水、提供作物灌溉用水、改善河道航运，相关工程还可以改善基础设施、拉动就业、促进旅游和水产养殖等产业发展，巩固脱贫攻坚成果，实现水资源的综合利用。

2020年，我国水电发电量 $1.3552×10^{12}$ kWh，其在可再生能源发电量中的占比为61.19%，约占全球水力发电量的30%以上。可见，当前水电在清洁能源中处于主导地位。根据《抽水蓄能中长期发展规划（2021—2035年）》，到2025年，我国抽水蓄能投产总规模6200万kW以上；到2030年，投产总规模1.2亿kW左右；到2035年，形成满足新能源高比例大规模发展需求的，技术先进、管理优质、国际竞争力强的抽水蓄能现代化产业，培育形成一批抽水蓄能大型骨干企业。[①] 因此，在未来较长时期内，水电将继续作为清洁能源革命的压舱石。

（二）我国水能资源现状

我国是世界上能源比较丰富的国家之一，水能资源量居世界首位。根据2005年国家发展和改革委员会发布的第三次全国水能资源复查结果《中华人民共和国水力资源复查成果（2003年）》，全国大陆水能蕴藏量在1万kW及以上的河流共3886条，水能资源理论蕴藏量共计6.94亿kW，理论年发电量为60800亿kWh；技术可开发水能资源装机容量5.42万kW，年发电量为24700亿kWh；经济可开发水能资源装机容量4.02万kW，年发电量为17500亿kWh。

我国水能资源丰富，但各省区市之间水能资源情况差异很大。西南地区为我国水能资源主要的分布区域，理论蕴藏量为46030.96万kW，占全国总量的70.6%；技术可开发量为36127.98万kW，占全国总量的66.7%；经济可开发量为23674.81万kW，占全国总量的58.9%。西南地区中，西藏的

---

① 高斌：《双碳目标下江苏抽水蓄能发展机遇与挑战》，《产业创新研究》2021年第24期。

水能资源理论蕴藏量居第一位，占全国的 29.0%，其次为四川、云南，占比分别为 20.7%、15.0%。四川的水能技术可开发量居全国首位，占比为 22.2%，其次为西藏、云南，占比分别为 20.3%、18.8%。

截至 2020 年底，全国全口径水电装机容量达 37016 万 kW（含抽水蓄能 3149 万 kW），同比增长 3.4%。分省区市看，全国十大水电装机省区市分别是四川（7892 万 kW）、云南（7556 万 kW）、湖北（3757 万 kW）、贵州（2281 万 kW）、广西（1756 万 kW）、湖南（1581 万 kW）、广东（1576 万 kW）、福建（1331 万 kW）、青海（1193 万 kW）、浙江（1171 万 kW）。[①]

二 四川水能资源现状与水电工程开发布局

四川享有"千河之省"的美誉，是全国极其重要的能源大省和水电基地，水能资源理论蕴藏量占全国的 20.7%，仅次于西藏；技术可开发量和经济可开发量均居全国首位，是中国最大的水电开发和西电东送基地。[②] 全省共 781 条河流的水能资源蕴藏量超过 10 万 kW，且来水量比较稳定，水能资源相对比较集中，具有稳定开发利用的优势。根据 2015 年四川省水力资源复查统计数据，全省水能资源理论蕴藏量年发电量为 12879 亿 kWh，相应平均功率为 1.47 亿 kW；技术可开发量为 1.48 亿 kW，年发电量为 6764 亿 kWh；经济可开发量为 1.45 亿 kW，年发电量为 6594 亿 kWh。

四川省水能资源集中分布在川西南山地的雅砻江、金沙江、大渡河三大水系，约占全省水能资源蕴藏量的 2/3，是全国最大的水电"富矿区"，三大流域的水电基地的能源战略地位非常重要，在全国范围内分列"十三大水电基地"的第二、第三、第五位。"十三五"期间，四川省严格控制中型水电项目的核准，全面停止小型水电项目开发，依然重点推进金沙江、雅砻江、大渡河"三江"水电基地建设，除满足自身需要外，还用于全国一次

① 《2020 年全国电力装机版图》，中国电力知库，http：//115.28.165.28/。
② 车静：《绿色发展优势突出短板明显》，《四川省情》2018 年第 5 期。

能源平衡，以满足"西电东送"和"藏电外送"的能源发展战略需求，对促进长江上游生态保护具有重要作用。

以金沙江为例，根据《金沙江上游水电规划报告》，金沙江上游，自上而下规划了西绒、晒拉、果通、岗托、岩比、波罗、叶巴滩、拉哇、巴塘、苏洼龙、昌波、旭龙、奔子栏 13 级梯级电站，规划总装机容量 1392 万 kW，年发电量 642.3 亿 kWh。规划梯级中，岗托为"龙头"水库，具有年调节能力，叶巴滩、拉哇、奔子栏具有季调节能力，其余均为日调节电站。开发成功后将成为"西电东送"的重要能源基地。

截至 2020 年，四川水电装机容量 7892 万 kW，水能资源开发量已超过技术可开发量的 50%，水电装机规模稳居全国首位，但很多大型水电站仍处于未建或筹建状态。"十四五"期间，流域防洪控制性水库建设和水资源的高效利用依然是水能资源开发的重点工作。

三 水电工程开发的生态环境影响分析

水电工程开发虽然具有多种效益和功能，但必将对周围的生态环境产生影响，并引发诸多争议。水电工程开发对生态环境的影响主要体现在以下几个方面。

（一）移民占地对生态环境影响

水电工程开发会淹没大量的土地、村庄和基础设施，同时会产生移民安置及移民生产恢复问题，破坏人类居住环境和原生动植物的生存环境。以巴塘水电站为例，巴塘水电站水库淹没面积 294.43hm^2，其中耕地面积 11.16hm^2，林地 178.30hm^2。规划水平年搬迁安置人口为 447 人，其中枢纽工程区 337 人，水库淹没影响区 110 人。移民安置区的建设和移民的生活生产，也会对环境产生影响。

（二）对河流生态环境影响

水电工程开发会对河流生态环境产生影响，按照影响因素来划分，大体可以分为生境和生物两大类。其中，生境因素主要包括水文情势、水环境、泥沙等；生物因素主要包括鱼类、浮游动物和底栖动物、高等水生植物和浮游植物等。对水文情势的影响主要是大坝修建会在坝后形成减水或脱水河段，改变天然河道河水的流量流速以及年际年内分配。对水环境影响主要是水电工程开发形成水库，水体的交换周期变长，对库区水体的水温、水质产生影响，甚至可能引起水体富营养化。对泥沙的影响主要表现在河水流速减小，泥沙在水电工程大坝前淤积，坝后则会形成冲刷，影响河道的地貌。对生物的影响主要是大坝等拦挡建筑物，阻断了鱼类的洄游通道，改变原生水生生物的生存环境，从而影响水生生物的多样性。

（三）水库消落带生态环境问题

水电工程开发会造成天然河流湖库化，由于水库水体季节性涨落使水陆衔接地带的土地被周期性地淹没和出露而形成干湿交替地带——消落带。消落带是生态系统脆弱的敏感带和易感染地带，一些大型水库的建成运行会形成落差高达数十米的消落带，而消落带的不合理利用会导致水土流失、环境地质灾害、水体污染等生态环境问题。

（四）工程扰动区生态环境问题

水电工程开发不可避免地要进行开挖，对项目区生态环境产生强烈扰动，容易造成水土流失和泥石流、崩塌滑坡等地质灾害。反过来，强烈的地质灾害活动对重大水电工程的安全运行、公共安全、区域生态安全和可持续发展也会构成严重的威胁，包括直接冲毁主要工程设施和辅助设施，输送大量泥沙进入河道或水库库区，导致河道淤积与洪水危害，阻碍河道航运，同时淤积水库，影响水电工程使用寿命和功能的正常发挥。特大规模泥石流、滑坡堵断河道形成的堰塞体溃决后，溃决洪水对大坝安全构成威胁，造成沿江区域大范围洪水灾害。

（五）水电工程的下泄生态流量问题

生态流量是为保障河流环境生态功能、维持水资源可持续开发利用，用以维持或恢复河流生态系统基本结构与功能需要的最小流量。因河流所处的自然条件及社会背景不同，有关生态流量概念，国内外尚未形成统一的定义，不同国家的不同学者针对研究区域的实际情况，从生态系统的各个角度进行界定，并赋予其不同的内涵。综观国内外对河流生态流量的研究，关于生态流量的计算方法超过 200 种，大致可以分为四大类：水文学法、水力学法、物理栖息地模拟法、整体分析法。通过对四川省部分水电站的生态流量泄放工程的现场调研，目前，四川省大部分水利水电工程最小生态流量基本为固定值，没有体现出河流水生生物适应水文情势丰枯自然变化节律的需求。部分水利水电工程下泄生态流量基本情况如表 1 所示。2000 年以前建设的大多数水利水电工程，由于历史原因，在建坝时直接拦断河流，甚至没有考虑最小生态流量泄放，由此在坝下形成较大范围的脱水断流或减水河段，严重影响了河流生物的栖息环境。[①] 并且，保障生态流量的泄放工程及运行机制尚不完善，缺乏必要的生态流量泄放过程在线监控设备。

表 1　部分水利水电工程下泄生态流量调研统计

序号	工程名称	坝型	装机（kW）	库容（万立方米）	生态流量泄放方式	下泄生态流量	监测方案
1	核桃坪水电站	溢流坝	2000	—	利用泄洪闸门小开度运行下泄	多年平均流量的 10%，$0.15m^3/s$	视频离线监测
2	铁泉水电站	溢流坝	1300	—	利用泄洪闸门小开度运行下泄	多年平均流量的 10%，$1.15m^3/s$	已安装在线监测设备并接通州级监控平台

---

① 杜强、谭红武、张士杰等：《生态流量保障与小机组泄放方式的现状与问题》，《中国水能及电气化》2012 年第 12 期。

序号	工程名称	坝型	装机（kW）	库容（万立方米）	生态流量泄放方式	下泄生态流量	监测方案
3	唐岗水电站	低闸坝	7500	—	利用泄洪闸门小开度运行下泄	多年平均流量的10%，1.16m³/s	已安装在线监测设备并接通州级监控平台
4	五马水库	粘土心墙坝	—	374	生态引水支管，内径100mm	根据下游生态环境需水确定，0.012m³/s	无
5	金鸡沟水库	胶凝砂砾石坝	—	1002	生态流量管，钢管直径为20cm	根据下游生态环境需水确定，0.034 m³/s	无
6	白桥水库	均质土坝	—	1130	无	无	无
7	水打坝水电站	—	8000	—	在沉砂池冲砂闸下安装限位块进行生态流量泄放	环保部门要求的最小下泄流量为七日沟主沟坝址0.162m³/s，支沟0.1m³/s	在取水口底格栏栅坝旁安装视频监控设施，数据实时传输至甘孜州水务局流量监测系统
8	龙溪沟二级水电站	—	18000	—	在取水口采用底格栏栅下泄生态流量	通过水文计算，主沟为0.25m³/s，支沟为0.1m³/s	安装在线监测系统，并能与县、州级主管部门生态流量监测系统联网

（六）工程弃渣对生态环境的影响

水电工程弃渣主要由明挖工程和洞室开挖工程的土石方形成，其中绝大部分洞室开挖出来的土石方质地坚硬、含泥沙量很少；明挖工程开挖出来的土石方风化程度较高、含泥沙量多。水电工程较为粗放地把工程土石方开挖料作为弃料废弃，形成了大量的水电站弃渣场。弃渣的集中堆放影响了地表的原始地貌并破坏地表原有植被，形成新的水土流失源和不稳定的坡面。若这些弃渣不经论证和工程处理，随意堆放在河边滩地、河流岸坡或流域的小支沟内，遭遇大雨或特大暴雨时，这些不稳地弃渣将随径流流入或直接滑入河道，造成河道淤积，影响河道的行洪能力，对工程区及其下游城镇的防洪和人民的生命财产构成严重威胁。

四　四川省水电工程分布现状及生态环境分区

（一）四川省水电工程分布现状

根据收集到的省内 166 座中型以上的水电站资料（经纬度、装机容量、坝高、年发电量等，小型水电站因资料不全，暂未统计），中型水电站 121 座，大型水电站［包括大（1）型和大（2）型］共计 45 座。其中大渡河流域有大坝 42 座，其次为雅砻江 38 座，金沙江流域 27 座，岷江流域 21 座，涪江和青衣江流域均有 14 座，嘉陵江流域 8 座，安宁河流域 2座，而汉江、黄河流域、沱江流域和渠江流域未统计到已建中型以上的水电站。从装机容量来看，大型水电站主要分布在大渡河、雅砻江和金沙江流域。

（二）四川省水电工程开发区生态环境条件

四川省由于复杂的地形地貌和气候条件形成了多样的生态环境，但生态系统较为脆弱，中度以上生态脆弱区域面积占全省面积的 83.2%。由于自然因素和人为活动等原因，尤其是部分地区粗放式开发，生态环境问题日益突出。全省水土流失面积 15.65 万平方公里（不含冻融侵蚀面积 6.47 万平方公里），金沙江、嘉陵江和岷江多年平均输沙量约占长江上游的 85%。

在长江上游规划和建设的二滩、白鹤滩、锦屏、溪洛渡、向家坝、乌东德等巨型和大型水电工程多位于干旱河谷地区。干旱河谷的自然环境条件非常独特，具有特殊的水热条件组合，发育了独特的生物区系、植被类型和生态系统，且水土流失普遍而严重、滑坡和泥石流等山地灾害频繁、植被稀疏、土层浅薄和贫瘠、降水量少、蒸发量大、生物生产量低，生态环境脆弱。自然植被一旦遭到破坏，恢复极为困难，而且随时间的推移，恢复的难度更大，完全恢复的可能性更小。在这种生态系统十分脆弱的环境中开展水电工程建设，会对本来就十分稀疏的植被和脆弱的生态系统带来十分严重的影响。根据收集到的数据，金沙江水电开发基地的干流两侧就有泥石流沟553条、滑坡640处，雅砻江水电开发基地的干流两侧有泥石流沟750条、滑坡189处。大规模的水电工程开发建设不可避免地对项目区生态环境产生强烈扰动，使原本脆弱的生态环境进一步恶化，造成泥石流、滑坡等地质灾害更加频繁。

（三）四川省水电工程开发区生态环境分区

本研究根据水电工程对生态环境的影响，结合水生态分区原则，构建了分区指标体系，对水电工程开发区的常见生态环境问题进行生态功能分区。一级分区指标主要反映水文过程和气候条件对生态系统的影响。二级分区指标反映生态系统的空间差异以及土壤、植被和人类活动等对生态系统功能的影响。三级分区反映水电工程对生态系统的干扰强度。

按照三级流域划分标准，四川省有金沙江（直门达到石鼓）、雅砻江流域、大渡河流域、青衣江和岷江流域、沱江流域、长江干流（石鼓以下）、嘉陵江流域、涪江和汉江流域、渠江和黄河流域。结合三级流域，进一步划分子流域，共计160个子流域，其中面积最大为19000平方公里，面积最小为418平方公里。在流域划分基础上，结合生态环境分区指标，最终将四川省划分为17个生态功能一级区、27个生态功能二级区和53个生态功能三级区。

四川省部分一级、二级、三级生态功能区的名称、编码等主要指标特征如表2、表3、表4所示。

表2　四川省部分一级生态功能分区指标特征

编码	一级生态功能区名称	平均海拔（m）	地形	湿润度指数	湿润等级	平均径流深（mm）	面积（km²）
1	安宁河中山区	2332	中起伏中山	41	过湿润	193	11065
4	涪江丘陵区	1089	低海拔丘陵	22	湿润	296	31826
5	黄河区	3966	中海拔平原、小起伏高山、高海拔丘陵	65	过湿润	9	18669
6	嘉陵江干流中山区	1993	中起伏中山	18	湿润	109	7298
7	嘉陵江干流高山区	3523	中起伏高山	15	湿润	14	3415
8	嘉陵江干流低山区	577	小起伏低山	67	过湿润	316	20050
9	岷江高山区	2528	大起伏高山	27	湿润	281	34039
10	岷江丘陵区	789	低海拔丘陵	40	湿润	298	11230
11	青衣江中山区	1866	中起伏中山	29	湿润	166	12953
12	渠江低山区	679	小起伏低山	80	过湿润	381	35126
13	沱江丘陵区	551	低海拔丘陵	43	过湿润	724	25912

表3　四川省部分二级生态功能分区指标特征

编号	二级分区名称	植被覆盖度	主要土地利用类型	占单元比例（%）	建设用地比例（%）	农业用地比例（%）
1-1	安宁河中山森林农业区	0.892	林地	61.0	1.7	24.2
4-1	涪江丘陵农业区	0.863	耕地	54.0	1.8	54.0
5-1	黄河草地区	0.887	草地	74.1	0.2	0.1
6-1	嘉陵江干流中山农业区	0.959	林地	38.9	0.9	30.1
6-2	嘉陵江干流中山草地区	0.892	草地	60.2	0.1	2.5
6-3	嘉陵江干流中山农业区	0.908	耕地	40.4	1.8	40.4
7-1	嘉陵江干流高山草地区	0.922	草地	57.4	0.2	1.9
8-1	嘉陵江干流低山农业区	0.867	耕地	73.8	2.4	73.8
9-1	岷江高山森林城市区	0.806	林地	39.2	4.0	16.4
10-1	岷江丘陵城市农业区	0.902	耕地	66.6	3.9	66.6
11-1	青衣江中山森林区	0.943	林地	60.0	0.3	11.6
11-2	青衣江中山森林农业区	0.906	林地	41.0	1.1	23.6
12-1	渠江低山农业区	0.925	耕地	55.9	0.9	55.9
13-1	沱江丘陵城市农业区	0.801	耕地	83.1	4.5	83.1

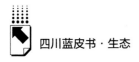

表4 四川省部分三级分区命名和指标特征

编号	二级分区名称	三级分区	电站数量(座)	总装机容量(万 kW)
1-1	安宁河中山森林农业区	无影响区	0	0
		建设区	2	10.7
4-1	涪江丘陵农业区	无影响区	0	0
		建设区	1	6
		中型水电影响区	0	0
		中型水电核心影响区	16	147.5
5-1	黄河草地区	无影响区	0	0
6-1	嘉陵江干流中山农业区	中型水电核心影响区	0	0
6-2	嘉陵江干流中山草地区	中型水电核心影响区	1	10.2
6-3	嘉陵江干流中山农业区	无影响区	2	12.6
7-1	嘉陵江干流高山草地区	无影响区	0	0
		中型水电核心影响区	2	12.6
8-1	嘉陵江干流低山农业区	无影响区	0	0
		建设区	5	109.4
9-1	岷江高山森林城市区	无影响区	0	0
		建设区	4	30.3
		中型水电核心影响区	4	109.35
		中型水电影响区	0	0
		中型水电核心影响区	7	68.51
10-1	岷江丘陵城市农业区	无影响区	0	0
		建设区	6	156.1
11-1	青衣江中山森林区	大型水电影响区	14	163.2
11-2	青衣江中山森林农业区	中型水电核心影响区	0	0
		综合水电核心影响区	1	24
12-1	渠江低山农业区	无影响区	0	0
13-1	沱江丘陵城市农业区	无影响区	0	0

五 生态友好型水电工程建设关键技术

(一)生态流量保障措施与泄放工程设计

1. 生态流量计算

本文选取龙溪沟二级水电站作为生态流量计算和泄放工程设计分析案

例。因龙溪沟无径流资料，设计中用乌拉溪站年径流、安顺场站年径流推算面积比乘雨量修正值和用径流深估算三种方法分析推算其年径流。通过分析计算和比较，最终龙溪沟年径流采用第一法成果，即龙溪沟主坝址集水面积 82.3km²，计算年流量为 2.52m³/s，两岔河坝址集水面积 22.5km²，计算年流量为 0.689m³/s。

项目以乌拉溪水文站天然流量过程（2004~2020 年逐日流量）为基础，采用 RVA 法、年内展布法和数理统计方法建立龙溪沟适宜生态流量过程。研究获得龙溪沟 1~12 月生态流量阈值，以及高、低流量脉冲年均发生时间、历时、鱼类敏感期适宜流量变化速率波动范围；研究发现龙溪沟流量大部分时间位于适宜生态流量阈值范围内，1~2 月流量接近生态流量下限，需要龙溪沟二级水电站水量按月调度。根据九龙县水利局、九龙县发展和改革局、甘孜州九龙生态环境局、九龙县林业和草原局、九龙县农牧农村和科技局以及九龙县经济信息和商务合作局等的相关要求，结合九龙县龙溪沟河道实际生态环境状况，计算确定九龙县龙溪沟二级水电站最小下泄生态流量主沟为 0.31m³/s（龙溪沟）、支沟为 0.1m³/s（两岔河），为龙溪沟河道天然同期多年平均流量的 12.3%。

2. 生态流量泄放工程设计

通过实地勘察龙溪沟的实地沟道地下条件以及电站的坝型坝址条件，设计了该电站坝址处的生态流量泄放工程。龙溪沟二级水电站龙溪沟坝址及两岔河坝址均采用在底格栏栅坝端部开槽并在格栅段加装矩形钢板槽方式下泄，具体方案为在底格栏栅坝端部顺河向破除底格栏栅上、下游砼开槽；同时拆除相应尺寸的栏栅，安装钢板并焊上角钢，形成矩形型槽，钢板两端外侧加强处理。钢板矩形槽与底格栏栅上、下游混凝土面采用锚固连接，两侧与格栅焊接加固。另外，在栏栅坝上游侧设一横向集水槽，保证枯期能有水流通过集水槽进入钢槽并下泄至下游河道。汛期推移质、落石等杂物淤堵了集水槽、钢槽后，应派人及时清理，保证枯期水流正常进入钢槽下泄。

（二）生态筑坝材料新技术

本研究通过土石方开挖料岩性的物理力学性能，筛选出可以用于工程的

建筑材料，结合工程建设内容与使用部位结构和功能要求，选择合适的设计方案、结构类型和形式，将土石方开挖料"变废为宝"，合理用于工程建设，实现"挖、用"平衡。

1. 弃渣的合理分配利用

对水电站工程中洞室或边坡开挖料的物理力学性能等指标进行测试和论证，再采用机械筛选、加工生产出适用于工程建设所需要的不同粒径大小的建筑材料，其重点是依据开挖弃料的抗压强度和含泥量进行合理分配利用。优质开挖弃料可作为粗、细集料生产混凝土，建造性能要求高的建筑物；普通性能开挖弃料可用于生产胶凝砂砾石，建造一般性或强度较低建筑物；性能较差开挖弃料可掺入一定比例的优质材料改良后再生产胶凝砂砾石。

2. 案例分析

金鸡沟水库位于四川省南充市营山县玲珑、木顶、龙伏、老林乡（镇）境内，系渠江水系石膏桥河上的骨干水利工程。金鸡沟水库枢纽工程用优质卵石集料改良抗压强度低的砂岩集料生产红层软岩胶凝砂砾石，建造水库大坝，实现就地取材和因材适构。通过试验和应用，红层软岩胶凝砂砾石综合性能指标较好，其抗压强度、抗渗性均满足设计和规范要求。该工程采用工程本身的红层软岩弃渣作为生态筑坝新材料生产红层软岩胶凝砂砾石，共浇筑坝体近 2 万方，利用边坡开挖料和河床坝基开挖料近 1 万方，突破传统筑坝技术的局限，真正实现绿色环保的筑坝技术，在不占用有限的自然资源的情况下，既不降低工程的质量，又减少弃渣的排放和堆放，有效减少了水土保持方案和水土保持措施的费用。

（三）水电工程扰动区生态修复技术

本文通过野外十多个水利水电工程的实地调研，结合国内外生态修复技术的优缺点，选取了营山县金鸡沟水库渠道工程左干渠 13#弃渣场的生态修复作为案例分析。

1. 弃渣场设计

弃渣前首先应将地表层熟土进行剥离保护，并统一堆放在弃渣场附近，待弃渣结束后回覆利用，表土临时堆放前应先布设编织土袋挡墙；表土剥离后再修建挡渣墙及排水沟，渣场坡脚采用 C20 挡渣墙护脚，排水沟采用矩形断面 C20 砼排水沟；弃渣结束后应对渣场进行综合整治，先对渣场顶部进行土地平整，然后回覆剥离的表层熟土以进行土地绿化。弃渣场渣体坡面按设计坡比修整后采取三维排水柔性生态护坡。弃渣场上方渠道开挖已成边坡采用厚层基材 TBS 修复。

2. 三维排水柔性生态护坡材料的选取

生态袋以聚丙烯为主要原材料，要求具有抗紫外线、抗老化、抗酸碱盐、抗微生物侵蚀、透水不透土等功能。采用无纺针刺工艺经单面烧结制成，袋体材料不含对环境有危害性影响的联苯胺等 23 种禁用的可分解芳香胺成分；其力学参数和等效孔径指标满足国标要求；对植物无伤害，植物根茎能自由穿透袋体快速生长；其缝袋线必须是黑色且具有抗紫外线性能。生态袋扎口带要求是具有同样抗紫外线破坏的单向自锁结构功能的自锁式黑色带。草种选用黑麦草、狗牙根；树种选用小灌木，选用爬山虎、火棘等。袋内装土为中粗砂和粉质粘土混合料，砂土比例为 3∶7，为保证绿化的效果以及袋内种植土的长期肥效作用，在种植土中拌和鸡粪等农家肥。

3. 厚层基材 TBS 修复技术指标

绿化基材由有机质、土壤机构改良剂、肥料、保水剂、消毒剂、植壤土和水等按一定比例混合组成。喷播植物的最基本步骤：①把坡面处理干净，②按设计挂好钢筋网、将锚杆进行牢牢固定，③喷有机质的基材，④表面喷种植物，⑤铺上无纺布，⑥进行养护。喷播草种选用黑麦草、狗牙根。

六 四川省生态友好型水电工程建设的对策建议

（一）加强规划指导作用

四川省应该严格河流规划的审批，同时加强水利水电发展规划与能源规划、国土空间规划和国民经济发展规划等的衔接，并将水电工程建设的生态与环境保护综合规划纳入其中。同时，针对水电开发项目建设可能产生的生态环境问题，制定相应的预防或治理措施。四川省能源主管部门落实中长期规划要求，组织实施本省（区、市、州）水电工程项目建设，落实区域"三区三线"生态环境分区管控要求，优化工程设计，在工程开发的同时最大限度的保护生态环境，科学有序的保障规划落实。

（二）加强水电工程科研设计

四川省三大水电基地都位于深高山峡谷区，工程和厂房建设均会面临诸多科学难题，需鼓励高等院校、科研院所、设计单位、建设和运维单位共同深入开展水电工程技术的相关研究工作，以研究复杂自然地理环境条件下的水电工程建设技术及其运维、生态保护相关问题为重点。一是加强西部高海拔、高地震区、超厚覆盖层筑坝防渗技术、筑坝材料技术及超大型地下洞室群建设技术研究；二是加强水电工程建设的环境保护与生态修复技术，水电建设运维数字化、智能化技术，梯级水电站群多目标调度与运维技术的研发；三是坚持技术创新与工程应用相结合，研发智能化、机械化的施工技术，并鼓励和推广筑坝新材料、新工艺、新技术的应用。

（三）加强下泄生态流量监管

根据水利部已批复的重点河湖生态流量保障目标，四川省应加快制定相关河湖生态流量保障实施方案，明确河湖生态流量保障工作的组织实施、水资源调度、用水总量控制、生态流量监测预警、监督考核等要求，并组织市、县人民政府和水行政主管部门落实好跨省重点河湖保障工作，落实河湖生态流量保障各项措施。一是对已确定生态流量保障目标的重点河湖，要同步建设控制断面水文监测设施，完善监测网络；二是加强流域内水库、水电站、闸坝等水利工程水量下泄监控设施运行情况的监管，组织相关管理单位将工程断面水量下泄监测信息接入水行政主管部门有关信息管理平台，实行实时监控；三是建立完善的生态流量监测预警机制，及时发布预警信息，并编制相应应急预案。

（四）积极推进小水电绿色可持续发展

四川省公布的小型水电站约5025座，其中1091座将被清退，3683座属整改序列。[①] 过去，这些小水电为四川的经济发展、能源结构转型等做出了重要贡献。如今，在乡村振兴、高质量发展和环境保护的背景下，四川省需要加强对小水电的监管，有效破解小水电引发的生态环境问题，科学合理有序的开发利用小水电，为实现双碳目标，充分开发四川省小水电的潜能。一是新建、改建小水电必须依法依规，并以绿色发展理念为指导，与河流生态环境保护要求相适应；二是完善四川小水电相关监督管理政策，鼓励打造绿色可持续电站，研究制定利用小水电可持续发展的合理电价政策；三是各地方政府应多方凑集资金用于小水电清理整改、增效扩容和日常监督管理工作；四是继续加强绿色小水电创建指导支持工作，加强政策宣传和示范引领作用。

（五）加强推进水电工程开发区智慧水利建设

智慧水利建设作为推动新阶段水利高质量发展的六大实施路径之一，以及新阶段水利高质量发展最显著的标志之一，是优化水利业务流程的重要抓手。四川省水电工程开发区智慧水利建设工作应按照智慧水利顶层设计要求，以"需求牵引、应用至上、数字赋能、提升能力"为总要求，以数字化场景、智慧化模拟、精准化决策为实现路径，感知手段从传统的以人工观测、传感器监测为主的方式，转变为传感、定位、视频、遥感等技术综合、天空地一体化的监测模式，按需实行包括基础常规监测、体检扫描式监测和重点核查式监测的多模式融合监测机制；充分利用水利一张图，创建巡查、详查、核查、复查"四查"监管模式，实行水利工程建设期生态扰动突出问题的发现上报、复核抽查、跟踪问责、问题销号等全过程闭环管理，满足建立健全四川水利工程开发区生态保护长效机制的需要。

[①] http：//www.sc.gov.cn/10462/10464/10465/10574/2020/11/19/468472b6d9f440659433c6074635a022.shtml.

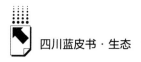
参考文献

钱玉杰：《我国水电的地理分布及开发利用研究》，兰州大学硕士学位论文，2013。

周建平、杜效鹄、周兴波：《"十四五"水电开发形势分析、预测与对策措施》，《水电与抽水蓄能》2021年第1期。

中国可再生能源发展战略研究项目组：《中国可再生能源发展战略研究丛书·水能卷》，中国电力出版社，2008。

邹执寰：《四川省重点流域水电开发的区域经济发展综合影响分析》，四川省社会科学院硕士论文，2015。

李少丽、丰瞻、王宇：《恢复生态学理论在西南重大水电工程区生态修复中的应用探讨》，《灾害与防治工程》2007年第2期。

贾建辉、陈建耀、龙晓君：《水电开发对河流生态环境影响及对策的研究进展》，《华北水利水电大学学报》（自然科学版）2019年第2期。

柳金峰、游勇、陈晓清：《泥石流对重大水电工程的影响评估——以金沙江下游白鹤滩电站库区黑水河泥石流为例》，《水土保持通报》2012年第3期。

陈敏、李绍才、孙海龙等：《雅砻江干热河谷区水电站弃渣场植被恢复研究》，世界河湖大会，2009。

侯昕玥：《生境模拟法在河道生态流量估算中的应用——以小清河济南段为例》，大连海洋大学硕士论文，2019。

曾天唢：《三维柔性生态护坡技术在邯济线路基边坡防护工程应用的剖析》，《甘肃科技》2015年第12期。

姜红丽、刘羽茜、冯一铭等：《碳达峰、碳中和背景下"十四五"时期发电技术趋势分析》，《发电技术》2022年第1期。

纪平：《水利企业助跑高质量发展》，《中国水利》2021年第20期。

蔡阳、成建国、曾焱等：《大力推进智慧水利建设》，《水利发展研究》2021年第9期。

B.9
成都市典型湿地生物多样性调查研究[*]

罗艳　刘皿　王强　罗晓波[**]

摘　要： 开展城市湿地生物多样性研究，对于保护城市湿地、促进湿地资源的可持续发展具有重要意义。有鉴于此，本文在成都市范围内选择典型的湿地开展了生物多样性调查研究，结果发现：典型湿地中有湿地植物 61 科 147 属 200 种，鸟类 28 目 64 科 243 种，小型兽类 3 目 5 科 15 种。典型湿地植物以湿生植物为主，占湿地植物总数的 91.50%；典型湿地鸟类（游禽和涉禽类）占湿地鸟类总数的 30.04%；小型兽类以啮齿目为主，占湿地小型兽类种数的 60.00%。典型湿地以本地湿地植物为主（174 种），外来物种 26 种。总体上，典型湿地具有较高的植物物种多样性和鸟类物种多样性，并具有一定的小型兽类物种多样性，表明典型湿地总体具有良好的生态环境，可以为成都市的生物多样性保护提供栖息地和食物资源，但对珍稀物种的保护力度与有害物种的管理力度仍需加强。

关键词： 典型湿地　生物多样性　成都市

　　湿地是指天然或人工、长久或暂时之沼泽地、湿原、泥炭地或水域地

　* 本文为成都市湿地保护中心项目"公园城市湿地生态系统监测与生态服务功能研究"阶段性研究成果。

** 罗艳，四川省自然资源科学研究院副研究员，主要研究方向为生态系统；刘皿，成都市自然保护地和野生动植物保护中心高级工程师，主要研究方向为生物多样性保护及林业工程技术；王强，甘洛县龙门沟国有林保护处工程师，主要研究方向为林业生态建设工程技术；罗晓波，四川省自然资源科学研究院研究员，主要研究方向为生物多样保护。

带，带有或静止或流动，或为淡水、半咸水或咸水水体者，包括低潮时水深不超过 6 米的水域。① 城市湿地是指符合以上湿地定义，且分布在城市规划区范围内的，属于城市生态系统组成部分的自然、半自然或人工水陆过渡生态系统。② 城市湿地是城市生态系统的主要组成之一，具有重要的生态环境和社会服务功能，对城市经济的可持续发展有着重要的意义。然而，很长一段时间内湿地的生态和社会效益处于被忽视状态，在经济利益的驱动下，在缺乏统一的、严格的监督和管理状态下，填湖造田、改湖围塘、占湖开发、过度取水、盲目引种以及不规范的旅游开发等恶性的湿地生态服务功能开发模式直接造成湿地面积严重萎缩、分布不均匀，湿地内部生境的破碎化较为严重，并面临环境污染、生物入侵、自然生物多样性衰减等多方面的问题。湿地生物多样性是湿地中各种生物资源的总和，具有十分重要的价值，可以实际支持或潜在支持和保护自然生态系统与生态过程、支持和保护人类活动和生命财产，③ 开展城市湿地生物多样性研究，对于保护城市湿地、促进湿地资源的可持续发展具有重要意义。有鉴于此，本文在成都市范围内选择典型的湿地开展了生物多样性调查研究，以期为成都市的湿地保护和城市生态安全等提供科学支撑。

一 研究方法

（一）典型湿地选择

成都因水而生，因水而兴，因水而荣，被岷江、沱江两大水系环抱着的成都平原河网纵横、水系密布；众多湿地星罗棋布地点缀其间，成就了成都平原"天府之国"的美誉，而湿地生态系统本身对成都的城市生态系统服务功能的提升具有重要意义。根据四川省第二次湿地资源调查结果，

① 《关于特别是作为水禽栖息地的国际重要湿地公约》（即《湿地公约》，1982 年 3 月 12 日修订）。
② 《城市湿地公园管理办法》（建城〔2017〕222 号）。
③ 严承高、张明祥、王建春：《湿地生物多样性价值评价指标及方法研究》，《林业资源管理》2000 年第 1 期。

成都市湿地资源总面积为 28716.32 公顷（含简阳市，不包括农田），包括永久性河流、洪泛平原湿地、沼泽湿地、库塘、运河/输水河等湿地类型。目前已成功申报国家湿地公园 1 处——新津白鹤滩国家湿地公园、国家城市湿地公园 1 处——白鹭湾湿地、省级湿地公园 1 处——崇州桤木河湿地，以及省级重要湿地 1 处和市级重要湿地 4 处。

根据以上资料分析，结合研究区域实际情况，初步确定对成都市内主要湿地（如浣花溪公园、升仙湖、沙河源公园、天府公园、云桥湿地等）进行实地踏勘；再结合各湿地类型、代表性、区位特征、公众关注度等因素，最终确定 10 个典型湿地为本文调查研究对象（见表 1）。

表 1　成都市典型湿地基本情况

序号	区域	名称	地址	方位
1	城内	东湖公园	锦江区二环路东五段外侧 299 号	东南
2		白鹭湾湿地	锦江区湿地路（锦江环城生态区）	东南
3		青龙湖湿地公园	龙泉驿区十陵风景区内	东
4		北湖生态公园	成华区蜀龙路与龙青路交会处	北
5		浣花溪公园	青羊区青华路 9 号	西
6		锦城湖	高新区锦城大道 1333 号	南
7	城外	鹿溪河生态区	天府新区蜀州路	南
8		白鹤滩国家湿地公园	新津区花桥街道黄角社区	西南
9		桤木河湿地	崇州市隆兴镇五星村成温邛高速以南	西
10		云桥湿地	郫都区新民场镇王家河心	西北

（二）调查与评估方法

本文主要开展了湿地维管植物、鸟类和小型兽类的调查，具体调查和评估方法阐述如下。

1. 调查方法

（1）植物

采用野外实地调查与资料收集相结合的方法。其中，野外实地调查采用样线法和样方法，即组织多人次沿设定路线开展植物调查和标本采集活动，记录调查、采集植物的种类、小地名、分布海拔、生境、物候期、长势等信息；现场不能确定的物种，采集标本，根据《中国植物志》《四川植物志》《中国高等植物图鉴》等进行鉴定。最终将样地内出现的物种与样地外沿途记录的物种汇总，得到不同区域的植物名录。资料收集方面，充分收集成都市历年来的各类相关科学调查报告及植物名录，经分析、考证后汇总。①

（2）鸟类

主要以近年已有资料数据，再结合直接计数法和样方法，在同一个湿地区中同步调查，调查结果以实际调查和研究同期其他方式获得的同地区数据为准。其中直接计数法记录对象以记录鸟类实体为主，在繁殖季节还可记录鸟巢数。样方法主要在群体繁殖密度很高的或难于进行直接计数的地区采用，通过随机取样来估计水鸟种群的数量；样方大小一般不小于50×50米，同一调查区域的样方数量应不低于8个，调查强度不低于1%。

（3）小型兽类

以物种调查为主，先采用资料收集和分析，再结合野外调查发现动物实体或痕迹、走访当地居民等方法记录种级。其中，野外调查采用样带调查法和样方调查法，样带（方）布设依据典型布样，样带（方）情况能够反映该区域兽类分布基本情况，然后通过数量级分析来推算种群数量状况；样带长度不少于2000米，单侧宽度不低于100米，样方大小一般不小于50×50米。

2.统计方法

在种类级计算时，是把各湿地区调查过程的每个科、属级物种总和除以工作区域对应级总数，求出该类群所占百分数。当百分数大于50%为极多种，用"++++"表示；百分数为10%~50%，为优势种，用"+++"表示；当百分数为1%~10%，为常见种，用"++"表示；当百分数小于1%，为

---

① 具体的文献资料主要有：《中国植物志》（http：//www.iplant.cn/）、《四川植物志》、《成都市城市野生草本植物名录》以及相关的文献等；珍稀濒危保护植物根据国家林业和草原局农业农村部发布的《国家重点保护野生植物名录》（2021年）。

稀有种，用"+"表示。

3. 评估方法

单项物种指数可作为衡量城市物种多样性的标准。[1] 因此，本文综合采用珍稀濒危物种（包括国家Ⅰ、Ⅱ级和省级）数量、外来入侵物种数量、特有种（中国和四川）数量结合单项物种指数开展了城市湿地生物多样性评价。其中单项物种指数计算公式如下：

$$P_i = \frac{N_{bi}}{N_i} \tag{1}$$

其中，P_i 为单项物种指数，N_{bi} 为某个分区单元内的该类物种数，N_i 为市域范围（成都市行政区）内该类物种总数。

单项物种指数中，本研究选择了本地湿地植物指数和外来湿地植物指数评价典型湿地植物物种组成的基本特点，即分别统计典型湿地中的湿地植物种数（N_i）以及本地湿地植物和外来湿地植物种数（N_{bi}），根据公式（1）分别计算出本地湿地植物指数和外来湿地植物指数。

4. 调查时间段

调查时期为 2021 年 1 月至 2021 年 8 月。

二　典型湿地生物多样性

（一）植物多样性

1. 植物物种组成

据野外调查和文献资料结果统计（非完全统计），典型湿地共有湿地植物 61 科 147 属 200 种。其中，蕨类植物 5 科 5 属 7 种，裸子植物 1 科 2 属 3 种，被子植物 55 科 140 属 190 种（见表 2）。

---

[1] 《国家生态园林城市标准（暂行）》。

表2　湿地植物分类统计

类群	科数	属数	种数
蕨类植物	5	5	7
裸子植物	1	2	3
被子植物	55	140	190
合计	61	147	200

典型湿地植物优势科属为菊科和禾本科，分别为21属和20属。其后依次为唇形科（Lamiaceae，8属）、伞形科（Apiaceae，7属）。含2~6属的科有杉科（Taxodiaceae）、蓼科（Polygonaceae）、蔷薇科（Rosaceae）、大戟科（Euphorbiaceae）等19科，占总科数的31.15%。仅有1属的科有灯心草科（Juncaceae）、马桑科（Coriariaceae）、杨柳科（Salicaceae）等38科38属，占总科数的62.30%。典型湿地植物科组成以单属科和少属科为主。

含9种及以上的科有5科，依次为菊科（Asteraceae，30种）、禾本科（Poaceae，25种）、唇形科（10种）、蓼科（9种）和伞形科（9种），分别占科、种总数的8.20%和41.50%；含5种及以下的科有56科117种，分别占科、种总数的91.80%和58.50%。

含种数最多的属为蓼属（5种），其次为鸢尾属（4种）、眼子菜属（4种）、婆婆纳属（4种）。含3种的属有7属。含1~2种的属有136属（162种），分别占属、种总数的92.52%和81.00%。典型湿地植物属组成以单种属和寡种属为主，且存在优势科集中、属的密集度较小等特征。

2. 生态型分析

典型湿地植物的生态型组成包括湿生植物和水生植物两大类型，其中，水生植物包含挺水植物、沉水植物、浮叶植物和漂浮植物。

（1）湿生植物

典型湿地植物中湿生植物183种，占湿地植物总种数的91.50%。其中，蕨类植物 6 种，包括井栏边草（Pteris multifida）、问荆（Equisetum arvense）、毛蕨（Cyclosorus interruptus）等；裸子植物 3 种，包括池杉（Taxodium distichum var. imbricatum）、落羽杉（Taxodium distichum）和水杉（Metasequoia glyptostroboides）；被子植物 174 种，包括喜旱莲子草（Alternanthera philoxeroides）、糯米团（Gonostegia hirta）、蓖麻（Ricinus communis）、杠板归（Polygonum perfoliatum）、美人蕉（Canna indica）、水芹（Oenanthe javanica）、柳叶菜（Epilobium hirsutum）、灯心草（Juncus effusus）、水葱（Schoenoplectus tabernaemontani）、台湾水龙（Ludwigia × taiwanensis）（见表3）。

表3　典型湿生植物分类统计

类群	科数	属数	种数
蕨类植物	4	4	6
裸子植物	1	2	3
被子植物	46	128	174
合计	51	134	183

（2）水生植物

典型湿地植物中的水生植物17种，占湿地植物总种数的8.50%。其中，挺水植物3种：梭鱼草（Pontederia cordata）、再力花（Thalia dealbata）、香蒲（Typha orientalis）；漂浮植物3种：浮萍（Lemma minor）、满江红（Azolla imbricata）和大漂（Pistia stratiotes）；浮叶植物4种：莲（Nelumbo nucifera）、睡莲（Nymphaea tetragona）、欧菱（Trapa natans）、粉绿狐尾藻（Myriophyllum aquaticum）；沉水植物7种：如微齿眼子菜（Potamogeton maackianus）、穗状狐尾藻（Myriophyllum spicatum）、菹草（Potamogeton crispus）和苦草（Vallisneria natans）等（见表4）。

表4　典型水生植物分类统计

类群	科数	属数	种数
挺水植物	3	3	3
漂浮植物	3	3	3
浮叶植物	3	4	4
沉水植物	3	4	7
合计	12	14	17

3.本地湿地植物

本地湿地植物是指原有天然分布或长期生长于本地湿地生态系统、适应本地自然条件并融入本地自然生态系统的湿地植物，包括：原生种（在本地自然生长的野生湿生和水生植物种及其衍生品种）、归化种（非本地原生，但已逸生而不形成侵害及其衍生品种）以及驯化种（非本地原生，但在本地正常生长，并且完成其生活史的植物种类及其衍生品种，不包括标本园、种质资源圃、科研引种试验的木本植物种类）。本地湿地植物指数是衡量一个区域受人为干扰强度或物种引进情况的良好指标。

根据《中国植物志》（http：//www.iplant.cn）及中国湿地植物数据库（http：//zgsdzw.com）的物种分布信息，以及《中国外来入侵植物名录》①，初步统计出典型本地湿地植物为57科136属174种；其中，原生种160种、归化种14种。

典型本地湿地植物中水生植物14种，占本地湿地植物总种数的8.05%。其中，挺水植物1种：香蒲；漂浮植物3种：浮萍、满江红和大藻；浮叶植物3种：莲、睡莲和欧菱；沉水植物7种：微齿眼子菜、眼子菜、菹草、苦草等。

典型本地湿地植物中湿生植物160种，占原生植物总种数的91.95%。其中，蕨类植物6种，包括井栏边草、木贼、毛蕨等；裸子植物1种为水杉；被子植物153种，包括冷水花（Pilea notata）、地果、接骨草

---

① 马金双、李惠茹主编《中国外来入侵植物名录》，高等教育出版社，2018。

（Sambucus javanica）、蓼（Polygonum persicaria）、扯根菜（Polygonum persicaria）、千屈菜（Lythrum salicaria）和野芋（Colocasia antiquorum）。

4. 外来湿地植物

外来湿地植物指数是考量一个区域或某个湿地的生物安全性指标。根据《中国外来入侵植物名录》和闫小玲等[①]撰写的中国外来入侵植物的等级划分与地理分布格局分析等资料，初步统计典型湿地共发现外来物种13科21属26种。

典型湿地中外来湿地植物中水生植物3种，占外来植物总种数的11.54%。其中，挺水植物2种：梭鱼草（Pontederia cordata）和再力花（Thalia dealbata）；浮叶植物1种：粉绿狐尾藻（Myriophyllum aquaticum）。

粉绿狐尾藻在各湿地均有分布，且在人工湿地分布最多，表现出单一优势明显、蔓延迅速、繁殖快等特征。梭鱼草、再力花等为常见人工湿地栽培植物。

典型湿地外来湿地植物中湿生植物23种，占外来植物总种数的88.46%。其中，裸子植物2种：池杉和落羽杉；被子植物21种：苋（Amaranthus tricolor）、草木犀（Melilotus officinalis）、钻叶紫菀、蒲苇（Cortaderia selloana）、美人蕉、花叶芦竹（Arundo donax var. versicolor）、黄菖蒲（Iris pseudacorus）、裸冠菊（Gymnocoronis spilanthoides）等。蒲苇、小蓬草（Erigeron canadensis）、白车轴草（Trifolium repens）、钻叶紫菀（Aster subulatus）等在各湿地均有分布，且在人为干扰强的区域中分布最多，表现为单一优势明显、蔓延迅速、繁殖快等特征。苋、黄菖蒲等为常见人工栽培植物。粗毛牛膝菊（Galinsoga quadriradiata）、苦苣菜、双穗雀稗（Paspalum distichum）等已成为当地常见杂草，与本地物种伴生共存，常见于受人为干扰的生境，如道路两旁、荒地和湿地周边湿润处等区域。

---

① 闫小玲、刘全儒、寿海洋、曾宪锋、张勇、陈丽、刘演、马海英、齐淑艳：《中国外来入侵植物的等级划分与地理分布格局分析》，《生物多样性》2014年第5期。

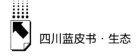

5. 各湿地植物物种多样性

（1）浣花溪公园

据野外调查和文献资料结果统计（非完全统计），浣花溪公园共有湿地植物 34 科 50 种。其中，蕨类植物 2 科 2 种，被子植物 32 科 48 种。其中，本地湿地植物 38 种，包括 35 种原生种和 3 种归化种，隶属于 27 科；其中湿生植物 36 种，包括异叶黄鹌菜、蛇莓、蜈蚣草、棒头草、芦苇等，水生植物 2 种，包括浮叶植物——睡莲和挺水植物——香蒲。外来湿地植物 12 种，隶属于 9 科；其中湿生植物 9 种，包括白车轴草、南美天胡荽、小蓬草、黑麦草（Lolium perenne）等，水生植物 3 种，包括挺水植物——再力花和梭鱼草、浮叶植物——粉绿狐尾藻。

（2）青龙湖湿地公园

据野外调查和文献资料结果统计（非完全统计），青龙湖湿地公园共有湿地植物 39 科 88 种。其中，蕨类植物 1 科 1 种，裸子植物 1 科 3 种，被子植物 37 科 84 种。本地湿地植物 74 种，包括 69 种原生种和 5 种归化种，隶属于 33 科。其中，湿生植物 63 种，包括鼠麴草、二形鳞薹草（Carex dimorpholepis）、狗牙根、鬼针草、乌桕、圆叶节节菜（Rotala rotundifolia）等；水生植物 6 种，包括沉水植物——穗状狐尾藻和菹草、浮叶植物——欧菱等。外来湿地植物 14 种，隶属于 11 科。其中，湿生植物 11 种，包括风车草、池杉、落羽杉、苣荬菜（Sonchus arvensis）等；水生植物 3 种，包括挺水植物——再力花和梭鱼草、浮叶植物——粉绿狐尾藻。

（3）新津白鹤滩国家湿地公园

据野外调查和文献资料结果统计（非完全统计），新津白鹤滩国家湿地公园共有湿地植物 34 科 76 种。其中，蕨类植物 1 科 2 种，裸子植物 1 科 2 种，被子植物 32 科 72 种。本地湿地植物 57 种，包括 52 种原生种和 5 种归化种，隶属于 33 科。其中，湿生植物 53 种，包括秋华柳（Salix variegata）、菱叶凤仙花、蒲儿根（Sinosenecio oldhamianus）、扯根菜、蒌蒿（Artemisia selengensis）、月见草、香附子等；水生植物 4 种，包括漂浮植物——浮萍和大藻、沉水植物——菹草、挺水植物——香蒲。外来湿地植物 19 种，隶属于

11 科。其中，湿生植物 16 种，包括草木犀、蒲苇、裸冠菊、象草等，水生植物 3 种，包括浮叶植物——粉绿狐尾藻、挺水植物——梭鱼草和再力花。

（4）云桥湿地

据野外调查和文献资料结果统计（非完全统计），云桥湿地共有湿地植物 33 科 69 种。其中，蕨类植物 3 科 3 种，被子植物 30 科 66 种。本地湿地植物 59 种，包括 57 种原生种和 2 种归化种，隶属于 28 科。其中，湿生植物 56 种，包括野大豆、金荞麦、菱叶凤仙花（Impatiens rhombifolia）、过路黄、龙葵、喜树等；水生植物 3 种，包括浮叶植物——睡莲和莲（Nelumbo nucifera）、挺水植物——香蒲。外来湿地植物 10 种，隶属于 6 科。其中，湿生植物 9 种，包括白车轴草、钻叶紫菀、黄菖蒲、双穗雀稗（Paspalum distichum）、花叶芦竹等；水生植物 1 种，即浮叶植物——粉绿狐尾藻。

（5）东湖公园

据野外调查和文献资料结果统计（非完全统计），东湖公园共有湿地植物 33 科 67 种。其中，蕨类植物 2 科 2 种，被子植物 31 科 65 种。本地湿地植物 59 种，包括 54 种原生种和 5 种归化种，隶属于 29 科。其中，湿生植物 58 种，包括枫杨（Pterocarya stenoptera）、水芹、藨草、玉蝉花等；水生植物 1 种，即浮叶植物——睡莲。外来湿地植物 8 种，隶属于 6 科。其中，湿生植物 6 种，包括白车轴草、钻叶紫菀、南美天胡荽、杠板归（Polygonum perfoliatum）等；水生植物 2 种，包括挺水植物——再力花和浮叶植物——粉绿狐尾藻。

（6）北湖生态公园

据野外调查和文献资料结果统计（非完全统计），北湖生态公园共有湿地植物 29 科 53 种。其中，蕨类植物 1 科 1 种，被子植物 28 科 52 种。本地湿地植物 45 种，包括 41 种原生种和 4 种归化种，隶属于 26 科。其中，湿生植物 35 种，包括菵草（Beckmannia syzigachne）、雀稗、车前、狼杷草、鸭儿芹（Cryptotaenia japonica）等；水生植物 10 种，包括沉水植物——竹叶眼子菜和穗状狐尾藻、浮叶植物——欧菱等。外来湿地植物 8 种，隶属于 7 科。其中，湿生植物 7 种，包括风车草、白车轴草、双穗雀稗等；水生植

物1种，即浮叶植物——粉绿狐尾藻。

（7）鹿溪河生态区

据野外调查和文献资料结果统计（非完全统计），鹿溪河生态区共有湿地植物26科49种。其中，蕨类植物3科4种，被子植物23科45种。本地湿地植物37种，包括34种原生种和3种归化种，隶属于19科。其中，湿生植物33种，包括泽珍珠菜（Lysimachia candida）、枫杨、早熟禾、井栏边草、碎米荠、柳叶菜、水蓼、喜旱莲子草、芦苇等。外来湿地植物12种，隶属于9科。其中，湿生植物10种，包括喀西茄（Solanum myriacanthum）、粉美人蕉、风车草、蒲苇等；水生植物2种，包括挺水植物——再力花和梭鱼草。

（8）锦城湖

据野外调查和文献资料结果统计（非完全统计），锦城湖共有湿地植物35科62种。其中，蕨类植物2科2种，裸子植物1科2种，被子植物32科57种。本地湿地植物47种，包括44种原生种和3种归化种，隶属于30科。其中，湿生植物38种，包括禹毛茛（Ranunculus cantoiensis）、水葱、细叶旱芹（Cyclospermum leptophyllum）、玉蝉花、过江藤（Phyla nodiflora）、繁缕、菖蒲等；水生植物6种，包括沉水植物——微齿眼子菜（Potamogeton maackianus）和菹草、浮叶植物——睡莲、漂浮植物——浮萍等。外来湿地植物14种，隶属于10科。其中，湿生植物11种，包括花叶芦竹、落羽杉、池杉、西伯利亚鸢尾（Iris sibirica）等；水生植物3种，包括挺水植物——梭鱼草和再力花、浮叶植物——粉绿狐尾藻。

（9）桤木河湿地

据野外调查和文献资料结果统计（非完全统计），桤木河湿地共有湿地植物33科59种。其中，蕨类植物3科3种，裸子植物1科1种，被子植物29科55种。本地湿地植物44种，包括41种原生种和3种归化种，隶属于33科。其中，湿生植物39种，水生植物5种。外来湿地植物15种，隶属于12科。其中，湿生植物12种，水生植物3种。

（10）白鹭湾湿地

据野外调查和文献资料结果统计（非完全统计），白鹭湾湿地共有湿地植物 37 科 68 种。其中，蕨类植物 1 科 1 种，裸子植物 1 科 1 种，被子植物 35 科 66 种。本地湿地植物 54 种，包括 49 种原生种和 5 种归化种，隶属于 30 科。其中，湿生植物 45 种，包括红花酢浆草、羊蹄、葎草、齿果酸模 （Rumax dentatus）等；水生植物 9 种，包括浮叶植物——欧菱和睡莲、沉水植物——篦齿眼子菜（Stuckenia pectinata）和苦草等。外来湿地植物 14 种，隶属于 11 科。其中，湿生植物 11 种，包括池杉、白花紫露草、一年蓬、黑麦草等；水生植物 3 种，包括挺水植物——梭鱼草和再力花、浮叶植物——粉绿狐尾藻。

（二）鸟类多样性

根据研究期内实地调查，以及同期其他可靠数据收集整理，典型湿地区域内分布鸟类总计 28 目 64 科 243 种。其中，湿地鸟类的主要代表有游禽和涉禽类，记录有鸭科（Anatidae）、䴙䴘科（Podicipedidae）、秧鸡科（Rallidae）、鹭科（Ardeidae）、鸬鹚科（Phalacrocoracidae）、鹮嘴鹬科（Ibidorhynchidae）、反嘴鹬科（Recurvirostridae）、鸻科（Charadriidae）、彩鹬科（Rostratulidae）、水雉科（Jacanidae）、鹬科（Scolopacidae）、燕鸻科（Glareolidae）、鸥科（Laridae），共计 13 科 73 种，占本研究期湿地鸟类调查总数的 30.04%；超过 10 种以上的有鸭科 21 种、鹬科 13 种和鹭科 11 种，这三个科为典型湿地主要湿地鸟类，占鸟种总数的 18.52%，占湿地鸟类总数的 61.64%。其他生态类群的鸟类中，数量超过 10 种的有鹟科（Muscicapidae）24 种、柳莺科（Phylloscopidae）13 种、鹰科（Accipitridae）10 种、鹡鸰科（Motacillidae）10 种。其中鹰科的鹗（Pandion haliaetus）系单科单属单种、国家二级重点保护野生动物，为成都市过境鸟，在成都市的历年记录不超过 15 只，几乎完全依赖湿地生存繁衍，本次调查在白鹤滩国家湿地公园记录到；鹟科的红尾水鸲（Rhyacornis fuliginosa）能很好地适应成都湿地中的各种滨水环境，尤其是开阔河道和湖泊驳岸，白冠燕尾（Enicurus leschenaulti）偏好植被郁闭度高的小型河道，而小燕尾（Enicurus scouleri）更喜欢栖息在开阔的、多卵石的急流河道；鹡鸰科的水鹨（Anthus spinoletta）、黄头鹡鸰（Motacilla citreola）等对湿地环境依赖性很强，其他鸟种亦多为迁徙过境。

从表5可以看出，研究期内调查鸟类64个科中，无极多种和优势种的科，有常见种29科，稀有种35科。需要指出的是，本调查所指稀有种，为调查中发现较少，或该科发现种数较少的情况。

表5 典型湿地鸟类物种组成

单位：种，%

目科名	种数	占比	极多种	优势种	常见种	稀有种
鸡形目雉科	2	0.80				+
雁形目鸭科	21	8.60			++	
红鹳目鹳鹱科	3	1.20			++	
鸽形目鸠鸽科	4	1.60			++	
夜鹰目夜鹰科	1	0.40				+
夜鹰目雨燕科	3	1.20			++	
鹃形目杜鹃科	8	3.20			++	
鹤形目秧鸡科	6	2.40			++	
鹈形目鹭科	11	4.40			++	
鲣鸟目鸬鹚科	1	0.40				+
鸻形目鹮嘴鹬科	1	0.40				+
鸻形目反嘴鹬科	2	0.80				+
鸻形目鸻科	7	2.80			++	
鸻形目彩鹬科	1	0.40				+
鸻形目水雉科	1	0.40				+
鸻形目鹬科	13	5.20			++	
鸻形目燕鸻科	1	0.40				+
鸻形目鸥科	5	2.00			++	
鹰形目鹗科	1	0.40				+
鹰形目鹰科	10	4.00			++	
鸮形目草鸮科	1	0.40				+
鸮形目鸱鸮科	5	2.00			++	
犀鸟目戴胜科	1	0.40				+
䴕形目啄木鸟科	4	1.60			++	
䴕形目巨嘴鸟科	1	0.40				+
佛法僧目翠鸟科	3	1.20			++	

续表

目科名	种数	占比	极多种	优势种	常见种	稀有种
隼形目隼科	3	1.20			++	
雀形目鹃鹛科	2	0.80				+
雀形目伯劳科	3	1.20			++	
雀形目莺雀科	1	0.40				+
雀形目黄鹂科	1	0.40				+
雀形目卷尾科	3	1.20			++	
雀形目王鹟科	1	0.40				+
雀形目鸦科	3	1.20			++	
雀形目仙莺科	1	0.40				+
雀形目山雀科	4	1.60			++	
雀形目百灵科	1	0.40				+
雀形目鹎科	5	2.00			++	
雀形目燕科	5	2.00			++	
雀形目鹪鹛科	1	0.40				+
雀形目鹪莺科	3	1.20			++	
雀形目长尾山雀科	1	0.40				+
雀形目柳莺科	13	5.20			++	
雀形目苇莺科	2	0.80				+
雀形目蝗莺科	1	0.40				+
雀形目扇尾莺科	2	0.80				+
雀形目鹛科	2	0.80				+
雀形目幽鹛科	1	0.40				+
雀形目噪鹛科	2	0.80				+
雀形目莺鹛科	2	0.80				+
雀形目绣眼鸟科	1	0.40				+
雀形目旋壁雀科	1	0.40				+
雀形目旋木雀科	2	0.80				+
雀形目椋鸟科	4	1.60			++	
雀形目鸫科	4	1.60			++	
雀形目鹟科	24	9.80			++	
雀形目河乌科	1	0.40				+
雀形目啄花鸟科	1	0.40				+
雀形目花蜜鸟科	2	0.80				+

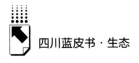
续表

目科名	种数	占比	极多种	优势种	常见种	稀有种
雀形目雀科	2	0.80				+
雀形目梅花雀科	2	0.80				+
雀形目鹡鸰科	10	4.00			++	
雀形目燕雀科	6	2.40			++	
雀形目鸫科	4	1.60			++	

（三）小型兽类多样性

通过采用样线法和样方法、访问调查以及查阅相关文献得到，典型湿地共计分布小型兽类3目5科15种。以啮齿目为主，共计9种，占典型湿地小型兽类总数的60%；其次是翼手目，为3种，占典型湿地小型兽类总数的20%（见表8）。其中，部分物种对湿地环境更加偏好，如巨鼹（Euroscaptor grandis），喜欢在靠近湿地的土壤内打洞。在水域附近的灌草丛中，则有黑腹绒鼠（Eothenomys melanogaster）、四川短尾鼩（Anourosorex squamipes）、大足鼠（Rattus nitidus）等种类。巢鼠（Micromys minutus）栖息于海拔1000米以下平原地带的比较潮湿地段，典型生境为芦苇地、沙地、沼泽绿洲等。

表6　典型湿地调查小型兽类目别组成

单位：种，%

目	物种数	占比	极多种	优势种	常见种	稀有种
鼩型目（Eulipotyphla）	3	20		+++		
翼手目（Chiroptera）	3	20		+++		
啮齿目（Rodentia）	9	60	++++			
合计	15	100				

成都湿地垂直海拔跨度不大，小型兽类活动范围也较为宽泛，因此，本研究仅将小型兽类的分布区域予以介绍。根据查阅资料和访问调查，巨鼹主要分布在菜地和土壤肥沃松软的地方；四川短尾鼩主要分布在菜地、绿化带、灌丛；灰麝鼩栖息于山树丛、耕地、荒草丛；黑腹绒鼠主要分布于弃耕

地、土质松软的灌草丛；褐家鼠在调查区分布最广，栖息地非常广泛，在河边草地、灌丛、庄稼地、荒草地及林缘池边都有分布，但大多数在居民区，主要栖居于人的住房和各类建筑物中；黄胸鼠昼夜活动，以夜间活动为主，在住宅区和农田可见；大足鼠栖息于山地、丘陵地带作物地及灌木丛、菜园、稻田环境中，偶尔亦进家屋；社鼠主要栖息于丘陵树林、竹林、茅草丛、荆棘丛生的灌木丛或近田园、杂草间等地方；黑线姬鼠主要栖息于农田、草丛、土埂、田埂；高山姬鼠多栖于丘陵的阔叶林、灌丛、林区人房，喜欢选择阴暗潮湿的环境作为栖息位点；小家鼠栖息活动主要在人工建筑和人造景观的环境，百姓家里也常见；巢鼠栖息于海拔1000米以下平原地带的比较潮湿地段，典型生境为芦苇地、沙地、沼泽绿洲等；斑蝠栖息于洞穴的陡壁高处或挂于高树枝上，傍晚可见于居民点附近捕食昆虫；蝠翼常见于丘陵、树林，以及废弃房屋的地方；山蝠栖息于旧建筑物的屋檐上。

根据调查访问，湿地附近的居民区常见的物种主要有黄胸鼠、小家鼠、大足鼠、褐家鼠、四川短尾鼩等；绿化地中，可见四川短尾鼩、大足鼠、巨鼹、褐家鼠等种类，成片农田菜地中四川短尾鼩也较为常见，大足鼠、灰麝鼩、巨鼹、黑腹绒鼠、黑线姬鼠、小家鼠等种类也有所发现。在水域附近的灌草丛中，则常见黑腹绒鼠、四川短尾鼩、大足鼠等种类。植被覆盖率较高的环境中，常见社鼠、高山姬鼠。对于翼手类的分布，斑蝠栖息于高树枝上，傍晚可见于居民点附近捕食昆虫；蝠翼常见于丘陵、树林，以及废弃房屋的地方；山蝠栖息于旧建筑物的屋檐上。

三　物种多样性评价

（一）湿地植物多样性

1.湿地植物物种多样性

通过统计分析，典型湿地植物种类丰富：本地湿地植物174种，包括160种原生种和14种归化种，隶属于57科；其中湿生植物160种，水生植物 14 种。外来湿地植物 27 种，隶属于 13 科；其中湿生植物 24 种，水生植物 3 种。

不同类型湿地生活着不同的湿地植物。浣花溪公园共有湿地植物 34 科 50 种；其中，蕨类植物 2 科 2 种，被子植物 32 科 48 种。青龙湖湿地公园共有湿地植物 39 科 88 种；其中，蕨类植物 1 科 1 种，裸子植物 1 科 3 种，被子植物 37 科 84 种。新津白鹤滩国家湿地公园共有湿地植物 34 科 76 种；其中，蕨类植物 1 科 2 种，裸子植物 1 科 2 种，被子植物 32 科 72 种。云桥湿地共有湿地植物 33 科 69 种；其中，蕨类植物 3 科 3 种，被子植物 30 科 66 种。东湖公园共有湿地植物 33 科 67 种；其中，蕨类植物 2 科 2 种，被子植物 31 科 65 种。北湖生态公园共有湿地植物 29 科 53 种；其中，蕨类植物 1 科 1 种，被子植物 28 科 52 种。鹿溪河生态区共有湿地植物 26 科 49 种；其中，蕨类植物 3 科 4 种，被子植物 23 科 45 种。锦城湖共有湿地植物 35 科 61 种；其中，蕨类植物 2 科 2 种，裸子植物 1 科 2 种，被子植物 32 科 57 种。桤木河湿地共有湿地植物 33 科 59 种；其中，蕨类植物 3 科 3 种，裸子植物 1 科 1 种，被子植物 29 科 55 种。白鹭湾湿地共有湿地植物 37 科 68 种；其中，蕨类植物 1 科 1 种，裸子植物 1 科 1 种，被子植物 35 科 66 种（见表 7）。

表 7　各湿地植物分类

单位：种

名称	蕨类植物	裸子植物	被子植物	合计
浣花溪公园	2	0	48	50
青龙湖湿地公园	1	3	84	88
新津白鹤滩国家湿地公园	2	2	72	76
云桥湿地	3	0	66	69
东湖公园	2	0	65	67
北湖生态公园	1	0	52	53
鹿溪河生态区	4	0	45	49
锦城湖	2	2	57	61
桤木河湿地	3	1	55	59
白鹭湾湿地	1	1	66	68

由表 7 可知，各湿地蕨类植物和裸子植物差别不太明显；其中，由于成都本土未发现野生湿生裸子植物，故上述湿地公园中的裸子植物均为人工栽培，包括中国特有种——水杉、外来种——落羽杉和池杉。湿地公园中有无裸子植物由公园建设管理单位决定，故上述部分湿地公园无裸子植物存在。蕨类植物全为乡土植物，生长种类由湿地自身环境条件决定，但蜈蚣草分布于所有湿地。

被子植物种类与人为干扰密切相关。人为干扰较为强的湿地，如浣花溪公园、鹿溪河生态区被子植物种类较少，因人工维护绿化频率较高，故野生植物存活空间有限。人为干扰较弱的湿地，如青龙湖湿地公园、东湖公园、新津白鹤滩国家湿地公园被子植物种类较多，由于人为干预有限，整个公园呈现出原生态、本土化的生态景观；更多原生植物有了合适的生存环境，生物多样性得以增加。同时，部分湿地中大面积栽种再力花、粉美人蕉、蒲苇、粉绿狐尾藻等外来物种的行为同样影响着湿地植物物种多样性，部分外来物种的肆意扩散挤压乡土物种的生存空间，侵占其栖境。

2. 有害物种的危害性

根据《中国外来入侵植物名录》中的入侵种名录和野外调查中所观察的实际情况，发现某些外来物种的进入或原生种的疯狂蔓延会使当地植物群落结构受到破坏，有害物种成为当地优势种甚至是建群种，极大地占用了原有植物的生存环境，导致当地物种多样性降低、原有的生态系统发生改变。

以下是部分有害物种对当地环境造成的不同程度危害。

喜旱莲子草：遍布于成都市各类型湿地，表型可塑性和入侵性极强，繁殖迅速难以控制，对入侵地的生物多样性、生态系统和社会经济价值有极大的影响，是分布最广、对归化地生态环境影响最大的物种之一。

土荆芥：生长于各类型湿地，对生长环境要求不严，极易扩散，在逆境条件下，会改变自身的形态和生理特征来顺应环境的变化，从而对归化地生态系统形成侵占，对当地生物多样性产生不利影响。同时土荆芥可通过化感作用在不同程度上抑制其他植物的生长。

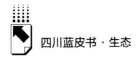

粉绿狐尾藻：在适宜的水域生境中繁殖迅速，种群优势突出，严重情况下将改变水域生态环境，降低水域物种多样性。

南美天胡荽：有超强的适应能力和繁殖能力，但侵占能力也很强，其地上部分可以形成高密度的植株丛，地下部分呈密集网状分布，从而使其他植物无法在其生境中成活，降低了群落多样性。

钻叶紫菀：其生长会耗费大量土壤营养，使其他植物难以生存，易形成单优群落；同时分布范围极广，适应性极强。

小蓬草：繁殖性极强，可产生大量种子，蔓延速度快，通过分泌化感物质抑制邻近其他植物的生长，易形成优势群落，降低当地物种多样性。

裸冠菊：严重影响其他植物的正常生长，使生物多样性大幅度降低；容易引起河道阻塞；影响湿地生态景观。

白花紫露草：在适宜的生长环境中，生长旺盛，繁殖迅速，形成单一群落，降低当地物种多样性。

葎草：其匍匐茎生长蔓延迅速，常缠绕在其他生物上，严重影响其他植物的生长。另因其倒刺对人皮肤易造成伤害，也会妨碍人类生产活动。

双穗雀稗：在适宜的生长环境中生长迅速，其匍匐茎大量繁殖，严重影响其他植物的生存。

针对这些会使当地植物群落结构受到破坏的物种，可从其有无价值入手，采取一定的管理措施来维持本地物种不受侵害。

（1）对于某些有特殊价值但在一定条件下繁殖速度快、侵占性强的物种应限制性利用。比如，对水体有较强净化能力的大薸，应根据植物本身的生活习性有针对性地使用。在水流较缓而污染严重的水域可"网养"大薸，且需要专人进行定期管理，保证其种群的生长对当地生产生活不会造成影响。又如，水芹、双穗雀稗等易在与其他物种的竞争中取得优势，侵占其他物种的生存环境，形成"单优群落"，从而使其他物种生长受到抑制。这样的物种虽有利用价值，但其生长的范围和速度必须受到严格的限制。

（2）对于再力花、黄菖蒲、白花紫露草、风车草、粉美人蕉、南美天胡荽、象草、蒲苇、花叶芦竹、粉绿狐尾藻等有一定观赏价值的外来物种，可通过种子成熟前收割（避免成熟种子扩散），以及限制根系扩散范围（盆栽或限制框栽）来限制种群的快速扩展。

（3）对于那些既无观赏价值和其他使用价值，又对当地其他物种生境造成侵占、危害当地生态系统、破坏其原有生物多样性和打破当地生态平衡的物种，不能加以利用，且需大力清除，如喜旱莲子草、钻叶紫菀、葎草、苍耳、裸冠菊等。

（二）鸟类多样性

通过统计分析，典型湿地鸟类种类丰富，总计 28 目 64 科 243 种。其中，湿地鸟类的主要代表有游禽和涉禽类，记录有鸭科、鸊鷉科、秧鸡科等 73 种。典型湿地鸟类种数约占全市鸟类历年来记录总数的一半。不同的鸟种对生境的选择有所偏好。成都平原水网纵横，有大小多个湖泊，也有季节性沼泽湿地，为两百多种鸟类提供了理想的栖息场所。在未来的湿地保护和管理工作中，还应注意保持、恢复和营造更多样的湿地环境，尤其是水位控制、植被管理，以及与鸟类取食密切相关的昆虫群落恢复等。

本调查工作持续多个季节，鸟类在各个调查区的季节变化比较明显，基本属于正常自然现象。但是，部分湿地鸟类的变化尤其明显，而且受到园区日常管理或维护工作的影响较大。鸟类繁殖季节，依赖水体生存的鸟类主要为小鸊鷉、白鹭、苍鹭和夜鹭等少数几种。但是，在秋冬季，成都平原是多种越冬水鸟，尤其是鸥类和雁鸭类越冬的场所。成都湿地良好的水体容量和优美的湿地设计，本应吸引大量的水鸟栖息。实地调查发现，秋冬季，雁鸭类可能因水面清洁维护工作或其他人为干扰而不敢降落，少量的红嘴鸥和骨顶鸡等水鸟停息水面后，也被惊起，直至离开。这些现象表明，应进一步发挥湿地的生态效应，人工科学管理水平有待提高。除了满足人文景观设计、建造和观赏的社会需求，仍需更好地体现出人与自然和谐共处的内在含义和需求。建议秋冬季候鸟越冬季节，适当减少湖面清洁工作，或者划分作业区域，给候鸟留出移动和回避干扰的空间。进一步制定措施，加大野生动物保

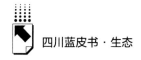
护政策宣传及保护救助力度，提升群众保护意识，持续修复和改善生态环境，为鸟类提供良好的栖息环境，提高湿地保护的成效。

（三）小型兽类多样性

典型湿地环境尚有 15 种小型兽类生存，说明其具有一定的栖息地多样性和食物资源，应予以保护和加大宣传力度。小型兽类是理想的环境指示物种，同时其与植物群落、昆虫群落等有密切关系，应从生态系统保护的角度，给予充分的重视，加大公众教育力度。

小型兽类往往是猛禽的重要捕猎对象，为猛禽提供迁徙途中必要的蛋白质来源和能量补给。同时，小型兽类和兽类幼体，尤其是啮齿目，为黑眉锦蛇等蛇类的重要食物来源。典型湿地的野生兽类在人类改造城市环境的强大压力下仍然顽强地生存繁衍至今，非常难能可贵，同时相应的调查研究工作非常欠缺，甚至不知道是否有适应成都平原特别环境而演化的兽类新物种。保护好野生兽类，不恶意灭绝性扑杀，对当地生态系统健康、可持续发展有着至关重要的作用；对于褐家鼠等可能存在疫源疫病风险的动物，需要尽量避免其与人接触，并予以科学控制，同时做好城市垃圾管理和生活区环境治理工作；做好科学普及工作，推动民众认知身边的兽类，除了啮齿类以外，成都湿地区域仍有巨鼩等其他有保护和研究价值的兽类生存，且分布区与人类聚居区重叠，不可视而不见。

四　结论

本次调查共记录维管束植物 61 科 147 属 200 种、鸟类 28 目 64 科 243 种、小型兽类 3 目 5 科 15 种。其中，维管束植物以本地湿地植物为主，鸟类以迁徙型为主，兽类以啮齿类为主。本地湿地植物是典型湿地环境重要的高等植物代表类群，鸟类和兽类是湿地环境重要的脊椎动物代表类群，对湿地生态系统起着举足轻重的作用。

典型湿地植物占成都市湿地植物（339 种）的 59%，充分说明典型湿地具有较高的植物物种多样性，菱叶凤仙花、金荞麦、野大豆等珍稀植物的存在有力证明了典型湿地良好的生态环境。但对珍稀物种的保护力度与有害物种的管理力度仍需加强。

成都地区处于全球八个鸟类迁徙线路的其中两条线路交汇区，即东亚—澳大利亚和中亚鸟类迁徙线路交汇区，水网纵横的成都湿地为南北迁徙鸟类提供了理想的过境和越冬环境。本次调查结果显示，其仍能凸显迁徙鸟类占比之大，栖息地季节性管理的科学价值尤其需要重视。

小型兽类在经历了人工改造的环境变迁过程后，仍有一定种类的留存，适应着湿地环境。大多数种类为夜间活动，为猛禽和黄鼬、鼬獾等捕食者提供了重要的食物来源。成都湿地小型兽类物种多样性的存在，也佐证了成都地区古老的地质构造和这里曾经是物种演化的热土。

参考文献

马金双、李惠茹：《中国外来入侵植物名录》，高等教育出版社，2018。

闫小玲、刘全儒、寿海洋、曾宪锋、张勇、陈丽、刘演、马海英、齐淑艳：《中国外来入侵植物的等级划分与地理分布格局分析》，《生物多样性》2014年第5期。

严承高、张明祥、王建春：《湿地生物多样性价值评价指标及方法研究》，《林业资源管理》2000年第1期。

B.10
新形势下四川省固体废物
污染防治立法研究

胡 越 刘新民*

摘 要: 为进一步落实《中华人民共和国固体废物污染环境防治法》有
关要求,深入推进固体废物污染防治工作,解决四川省在固体废
物污染防治方面面临的迫切问题,本文针对四川省固体废物污染
防治进行立法调研,总结四川省固体废物污染防治的典型模式和
经验、存在的问题并提出立法建议。四川省近年来虽然多渠道加
强法律宣传、不断完善制度体系、积极推进生活垃圾分类等多方
面的工作,取得了明显成效,探索出了很多典型模式和经验,但
离完全满足新修订的《中华人民共和国固体废物污染环境防治
法》等国家法律政策要求、人民群众对优美生态环境的需求仍
有差距。四川省固体废物污染防治立法应重点关注固体废物综合
利用整体水平不高、固体废物无害化处置仍面临诸多难点、固体
废物监管体系仍待健全、固体废物信息化监管能力薄弱等问题,
突出四川特色,提升法条的针对性和可操作性。

关键词: 四川省 固体废物污染防治 环境立法 环境治理

固体废物污染防治是生态环境保护的重要工作内容。2020年9月1日,

---

* 胡越,四川省生态环境科学研究院助理工程师,主要研究方向为环境社会治理;刘新民,四
川省生态环境科学研究院副所长、高级工程师,主要研究方向为环境经济、生态补偿等环境
政策。

新修订的《中华人民共和国固体废物污染环境防治法》（以下简称《固废法》）正式施行，为地方加强固体废物污染环境防治、健全污染防治长效机制提供了重要契机。四川省固体废物产生量大，污染防治形势严峻，存在固体废物污染防治基础设施建设薄弱、历史欠账较多、部门职责不清、保障措施不足等问题。现结合对四川省固体废物污染防治的相关调研和观察，将四川省固体废物污染防治的典型模式和经验及存在的问题进行客观呈现并提出立法建议。

一　四川省固体废物污染防治立法已开展的相关工作

为进一步落实《中华人民共和国固体废物污染环境防治法》有关要求，深入推进固体废物污染防治工作，解决四川省在固体废物污染防治方面面临的迫切问题，四川省近年来多渠道加强法律宣传、不断完善制度体系、积极推进生活垃圾分类等多方面的工作。

（一）多渠道加强法律宣传

一是联合省人大城环资委、司法厅印发《四川省深入宣传贯彻〈中华人民共和国固体废物污染环境防治法〉工作方案》，以"法律七进"为抓手，开展《固废法》宣传进机关、进学校、进企业等活动。二是组织专题宣传培训。通过线上线下、座谈交流与专题讲座相结合等方式，开展《固废法》宣传培训100余场，举办知识问答、讲座等活动10余场，印发各类宣传手册1万余份。三是组织开展《固废法》宣传短视频评选活动。通过专家评审选出2批次共8部优秀作品，在生态环境厅官网、官微滚动播出。

（二）不断完善制度体系

一是完善政策法规。修订《四川省固体废物污染环境防治条例》，进一步夯实部门职责。省政府办公厅印发《关于加强危险废物环境管理的指导意见》，全面提升危险废物"三个能力"建设。二是制定地方标准。四川省出台《天然气开采含油污泥综合利用后剩余固相利用处置标准》（DB51/T2850-2021），进一步规范页岩气开采含油污泥环境管理，助力行业健康可持续发展。三是开展区域协作。与重庆、云南、贵州等周边省份建立危废联防联控和跨省转移"白名单"合作机制，深入推进成渝地区双城经济圈"无废城市"建设。

（三）积极推进生活垃圾分类

一是及时出台配套政策。先后出台《四川省生活垃圾分类制度实施方案》《四川省生活垃圾分类和处置工作方案》《关于进一步推进生活垃圾分类工作的实施意见》，健全工作机制，明确考核办法，将垃圾分类情况纳入省政府有关目标考核。二是积极开展地方试点。全面启动地级及以上城市生活垃圾强制分类，地级以上城市生活垃圾回收利用率达33%、城市垃圾分类小区覆盖率达63%。三是因地制宜地推动地方立法。修订《四川省城乡环境综合治理条例》，增加生活垃圾专章。成都、德阳、雅安等市已制修订了生活垃圾管理地方法规、规章，自贡、内江、泸州、绵阳等市已纳入立法计划。

（四）全面实施塑料污染治理

一是细化工作部署。印发《四川省进一步加强塑料污染治理实施办法》，提出全链条和全生命周期管控要求，从推进源头减量、规范回收利用、提升处置水平等方面明确了全省"十四五"塑料污染治理工作。二是落实责任机制。印发《关于建立四川省塑料污染治理专项工作机制的通知》，明确19个成员单位工作职责，细化形成95条责任清单，建立了协调联动、定期总结和及时报告等工作机制。三是统筹协调推进。聚焦塑料制品禁产、禁售、回收、处置等工作，通过限制商贸流通领域塑料使用、推进邮政快递包装绿色治理、强化塑料替代品研发和推广使用等措施，全面推动禁限政策落地落实。

（五）全力提升工业固体废物综合利用率

一是强化规划引领。紧扣碳达峰、碳中和目标，启动编制《"十四五"固体废物分类处置及资源化利用规划》，提出固体废物分类处置和资源化利用规划布局的总体思路和要求。二是加快资源综合利用基地建设。印发《关于组织开展四川省工业资源综合利用示范基地（园区）企业创建的通知》，把工业固体废物资源综合利用项目纳入省级工业发展资金支持范围，"十三五"期间，累计安排财政资金 6300 万元。三是多措并举推动磷石膏综合利用。执行"以消定产"原则，2020 年全省磷石膏利用率达到100.2%，重点管控的沱江流域已连续 3 年实现"产消平衡"。四是推进动力蓄电池回收利用试点。成立四川省新能源汽车动力蓄电池回收利用产业联盟，培育龙头企业和示范工程，拓展应用前景。

（六）持续提升危险废物利用处置能力

一是利用处置能力持续提升。印发《四川省危险废物集中处置设施建设规划（2017—2022 年）中期调整方案》，通过优化处置设施布局、淘汰落后产能、强弱项补短板等措施，不断提升危险废物处置利用能力。全省现有危废利用处置能力 380.26 万吨/年，医废处置能力 13.17 万吨/年，较2017 年分别增长 307% 和 162%。二是完善收运处体系。全省建成 30 个集中转运点、216 个收集网点，收集规模 69.2 万吨/年的废铅蓄电池收集体系，基本实现重点县（市、区）全覆盖。开展危险废物集中收集试点工作，全省同步推进 58 个试点项目建设，全力破解中小微企业和社会源危险废物收集不及时、转运不通畅、处置成本高问题，打通收集的"最后一公里"。

（七）积极推动农业固废处理处置

一是持续推进畜禽粪污资源化利用。在全省 63 个畜牧大县和 22 个非畜牧大县，整县推进畜禽粪污资源化利用，覆盖全省 70% 的农区县，养殖量占全省的近80%。大力推进种养循环，全省新建生猪规模养殖场粪污处理设施装备配套率达100%。二是持续推进秸秆农膜回收利用。2020年，全省农膜使用量9.6万吨，回收量8.1万吨，回收率达84.4%，超目标任务4.3个百分点。三是着力推进农药包装废弃物回收处置。出台《关于加强农药包装废弃物回收处置工作的意见》，按照"属地管理、分级负责、部门协同"原则，探索构建"市场主体回收、专业机构处置、公共财政扶持"的回收和集中处置机制。

二 四川省固体废物污染防治典型模式经验

近年来，四川省各地坚持新发展理念，积极探索，大力推进固体废物污染环境防治工作，并不断提升固体废物的综合利用水平，探索出了许多典型模型和经验，为固体废物污染防治立法提供可行的推进方向。

（一）德阳市采取"1+2+3+N"模式，稳步提高磷石膏综合利用水平

德阳市筹备组建了磷石膏综合利用产业促进会，联合开展磷石膏综合利用技术研发和应用，从磷石膏综合利用产品的研发端和应用端同时发力，一方面促成企业与科研院校建立紧密合作关系，提高研发能力和技术源头供给水平，另一方面积极帮助企业开拓磷石膏制品应用市场，促进磷石膏在建材等领域的广泛应用，并建立了加快推进磷石膏综合利用的鼓励机制、管控机制、指导机制三项机制；在此基础上，推动磷石膏综合利用产品呈现多元化，涵盖水泥、建筑、农业、新材料等多个领域，探索出了"一个平台、两端发力、三项机制、N种产品"的磷石膏综合利用模式，全面提升了磷石膏综合利用水平，实现了磷石膏的产用平衡，并逐步消纳部分历史存量。

（二）多地采取种养结合等方式，持续推进畜禽粪污资源化利用

眉山市丹棱县围绕"适度规模、种养结合、低碳循环"的工作思路，采

取"源头减量、储存扩量、利用增量"的办法，不断探索、提升、完善，全域推行了畜禽污染"三二一一"治理模式——建好"三个池子"（沼气池、干粪池、沼液储存池）；做好"二次减量"，实行雨污分离、干湿分离；每个乡镇成立一个沼肥运输专业合作社；在周边种植用地内建设田间池用于沼液"淡储旺用"。畜禽粪污经过一系列处理变成沼气、有机肥，使粪污达到无害化处理和资源化利用目标，实现种植业和养殖业有机结合、循环发展。

南充市仪陇县按照"政府引导、企业主体、市场运作"的原则，依托陕西海升集团和广东温氏集团等龙头企业，推行畜禽粪污综合利用和无害化处置，温氏生猪托养场及全县其他养殖场的畜禽粪污经干湿分离后的沼液，通过沼液运输车、滴灌系统运送到柑橘等种植基地作有机肥；干粪进入海越农业废弃物处理中心作有机肥原料，海越公司生产的有机肥替代化肥，又回到柑橘、粮油、蚕桑等种植基地，种植业的玉米青贮、柑橘果品精深加工后的残留废渣等又作为养殖业饲料。全县农户和种植业基地产生的秸秆、桑枝、柑橘枝条、食用菌废渣等进入海越农业废弃物处理中心作有机肥原料，海越公司生产的有机肥替代化肥，又回到柑橘、粮油、蚕桑等种植基地。通过"建成一个中心、推动两大循环、实现三方获益"（即海越农业废弃物处理中心，种养循环、种植内部循环，种植户、养殖户、养殖企业受益），探索出了"海温"循环农业发展模式，促进农业转型升级，形成经济社会生态效益多赢格局。

（三）泸州市利用押金回收模式，推行农药包装废弃物回收

泸州市泸县通过与再生资源回收第三方公司合作，建立适应当地实际的农药包装押金回收系统。农民在农药销售网店购买农药时，按包装数量支付押金，使用完将清洗干净的农药包装退回到该销售网点押金退还，实现"一瓶一码"现场核销和高效回退。该系统充分利用信息化资源，完善政府监管平台，对现有"农资进销存管理系统"补充"回收管理"，实现"进、销、存、回"全流程可追溯的信息闭环，实现农药包装物押金回收的标准性、可溯源、规范性。这一模式利用经济手段，发挥生产者、经营者、消费者的自主回收积极性，推动了农药包装废弃物的安全和高效回收。

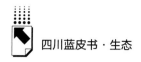

（四）成都市独创中国式垃圾分类入户模式，推动厨余垃圾资源化利用

成都市高新区依托第三方公司，构建了"一袋一桶一系统"生活垃圾入户分类模式，基于"智能+"技术，采用分享经济算法模型，通过交易市场化、货币化、分享经济激励居民积极参与垃圾分类。"一袋"是指用于存放可回收垃圾的袋子，居民装满可回收垃圾后扫描袋上二维码，后台即通知工作人员上门收取，最后通过在线系统直接返现。"一桶"用于存放厨余垃圾，桶里放置了发酵厨余垃圾的添加剂，实现除臭。桶装满后扫码下单，工作人员上门收取，同时提供新桶。"一系统"是指城市生活垃圾分类收集处置交易平台，该平台采用云计算、边缘计算模型，将家庭生活垃圾分类收集处置完毕，真正做到家庭生活垃圾分类，形成了中国式垃圾分类入户新模式。在此基础上，该公司还依托厨余垃圾入户采集信息化、厨余垃圾发酵醇化、厨余垃圾浇灌量化、垃圾分类系统数字化四大核心技术，使醇化后的厨余垃圾变为有机质，用于土壤改良生态环境治理。此外，成都市还以社区为基点，推行餐厨垃圾就地"收集—处理—回收"模式，提升居民垃圾分类意识，从源头上实现垃圾分类。

（五）构建省级医疗废物联防联控机制，推动疫情医疗废物全过程管理

新冠肺炎疫情防控期间，生态环境厅、省卫健委、住建厅、交通运输等部门积极协作，初步形成了医疗废物联防联控机制。一是在全国率先制定印发省级《新型冠状病毒感染的肺炎疫情医疗废物应急处置污染防治技术指南（试行）》，明确疫情防控期间废弃口罩、医疗废物的规范化管理技术要求。二是印发《关于加强新型冠状病毒肺炎医疗废物应急处置工作的紧急通知》《关于加强新型冠状肺炎疫情医疗废物全过程监管的补充通知》等文件，规范和指导医疗废物产生、收集、贮存、运输、处置全过程管理。

（六）川渝两地建立"白名单"合作机制，强化跨省危险废物联动管理

2020 年 4 月，四川省生态环境厅、重庆市生态环境局签订协议，率先在全国建立了危险废物跨省市转移"白名单"合作机制，将废铅蓄电池、废线路板、废荧光灯管纳入"白名单"管控范围。通过该项制度，进一步加强成渝两地固体废物联动管理，简化危险废物跨省市转移审批程序，缩短审批时间，提高审批效率，提升危险废物利用处置能力和环境监管水平，防范危险废物环境风险，共同推进区域生态环境质量改善，助推双城经济圈高质量发展。

（七）成都市运用大数据平台，实现建筑垃圾的智能化监管

成都市温江区依托环保大数据开发企业建立的扬尘治理及建筑垃圾监管大数据平台，利用"大数据+物联网+互联网"技术，本着"问题发现智能化、部门职能清单化、监管执法协同化、考核评价自动化"的思路，构建了"防范砂石私挖盗采""落实工地扬尘治理""保障渣土车安全文明运输""构建建筑垃圾资源化利用一本账"四大应用场景，全力保障全区扬尘治理及建筑垃圾资源化利用的在线监管、靶向施治、高效协同，打通了从现场管理到执法监管信息共享的通道，保证了建筑垃圾处置过程完整闭环、可数据共享、在线考评。

三 四川省固体废物污染防治存在的问题

虽然四川省固体废物污染防治取得了明显成效，探索出了很多典型模式和经验，但离完全满足新修订的《固废法》等国家法律政策新要求、人民群众对优美生态环境的需求仍有差距。许多亟待解决的问题，是下阶段固体废物污染防治立法需要重点关注的内容。

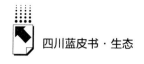

（一）部分固体废物收集体系尚不完善

农业固体废物收集体系不完善。农作物秸秆量大面广，收集成本高，收储点建设困难；废弃农药包装物和农膜生产商对废弃农药包装物和农膜回收责任和义务认识不足，没有回收积极性和主动性，加之废弃农膜和农药包装废弃物规格种类多、分类难，导致分类收集难。

农村生活垃圾收运体系不完善。农村生活垃圾产生量小，可回收物少，转运成本高，收集运输不及时，未能做到日产日清（农村垃圾收集设施、清运配套车辆配置不平衡），部分农村地区"垃圾乱扔"现象依旧存在。此外，大件垃圾存在收集难、处置消纳场所不足、管理不到位等问题。

偏远地区医疗废物收集难。偏远乡镇医疗机构医疗废物产生量小，收运距离远，运输成本高，加上部分医疗废物集中处置企业转运能力有限，难以在规定时间内完成收集转运，导致偏远地区医疗废物处置成本逐年提高。

（二）固体废物综合利用整体水平不高

一般工业固体废物产生量大，利用率仍然较低。全省三次产业结构中工业占比仍然偏大，企业清洁生产积极性不高，一般工业固废产生量居高不下，2018年和2019年全省一般工业固体废物产生量分别为1.43亿吨和1.3亿吨。现有综合利用装备和产品研发的技术支撑能力建设不足，消纳成本高，部分经济可行的技术推广力度不足，配套政策不健全，社会资金投入少等，导致全省工业固体废物综合利用处置水平低，全省一般工业固体废物处置利用率仅75%，低于全国水平。

农业固体废物综合利用产业发展缓慢。农业固体废物经济属性较差，综合利用成本高，利用后的产品附加值低，政策扶持力度不够，社会资本投资秸秆开发利用的积极性不高，加上科技支撑力量不足，导致利用方式较为传统，资源化利用产业发展缓慢。

建筑垃圾综合利用方式单一。建筑垃圾分类处置企业的规范化处置意识淡薄，装备水平普遍较低，工艺单一，设备简陋，常以回填等方式简单处置，造成资源浪费。

（三）固体废物无害化处置仍面临诸多难点

矿山矿企污染防治工作推进困难，"僵尸库"环境整治难。部分尾矿库和矿山矿企，因年代久远、设计不规范，长期停用，加之无人管理、无人值守，成为"僵尸库"，相关污染防治设施建设投入不足，雨污分流和拦渣坝、监测井等污染防治设施破损严重，风险隐患突出。地方政府缺乏专项资金、生态环境监管部门缺乏技术支撑、治理企业缺乏专业人才，导致治理难度大。

低使用价值固废处置能力薄弱。全省尚无固体废弃物分类处置专项规划，工业固体废物，特别是一些低使用价值或者基本无使用价值的废弃物去向不确定；部分地区污泥利用处置设施建设滞后，污泥利用处置不及时，极大地增加了固体废物非法倾倒、填埋和处置等带来的环境风险。

废铅蓄电池非法收集现象依然突出。随着铅蓄电池在汽车、电动自行车和储能等领域的广泛应用，我国铅蓄电池和再生铅行业快速发展，废铅蓄电池的社会源属性充分显现，具有来源广、分布散、产生量大等特点。同时废铅蓄电池具有再生资源回收利用价值，部分非正规企业和个人为谋取非法利益，非法收集处理废铅蓄电池而带来的环境污染问题屡见不鲜。

废塑料污染防治工作尚处于起步阶段。为贯彻落实国家工作部署，2021年9月四川省印发《四川省进一步加强塑料污染治理实施办法》，建立工作机制，明确部门职责，加强淘汰类塑料制品企业产能摸排、淘汰类塑料产品执法、不可降解塑料袋监督等工作合力，但相关工作尚处于起步阶段，亟须建立"管长远"机制。

（四）固体废物监管体系仍待健全

建筑垃圾环境监管方面，现有建筑垃圾分类、回收和消纳管理体系不健全，建筑垃圾产、贮底数不清，部分地区建筑垃圾污染防治监管职能涉及多个市级部门，加之机构改革的原因，导致建筑垃圾污染防治职能边界不清、责任不明。同时，工作法制性还有待加强，缺乏技术监控手段，无法对企业工地车辆进行全方位全时段的监控，时有施工单位不及时清运、处置建筑施工过程中产生的垃圾，以及运输过程中沿途丢弃、遗撒固体废物等情况出现，城管执法人员无相应强制权，违法行为人现场强行逃离的现象时常发生，相关证据无法收集、固定，造成案件查处困难。

矿山矿企、尾矿库环境监管方面，自然资源、应急管理、生态环境等部门存在职责交叉，监管标准和要求也不一致，"各扫门前雪"的现象突出。废弃危险化学品环境安全监管方面，生态环境部门和应急管理部门存在职能职责交叉，尚未形成监管合力，部门之间推诿扯皮现象时有发生。生活垃圾分类监管机制方面，尚未形成政府、企业、公众共同参与、齐抓共管的治理格局，市住建局负责农村生活垃圾处理设施建设，但对于设施运维没有专门的部门负责管理，职责不明，生活垃圾分类工作推进难。

危险废物监管方面，一是对危险废物单位贮存时限要求不明确，大量易燃易爆等危险废物贮存期间存在的环境风险高。二是中小企业危险废物收集难。中小企业危险废物产生量小、分布散，受多种因素影响，收集难。三是危险废物鉴别难。由于种类繁多、化学性质多样、属性鉴别机构少且鉴别费用昂贵，危险废物属性鉴别难度大。四是危险废物利用处置市场有待规范。2011年出台的《四川省危险废物处置价格指导意见》与当前的危险废物利用处置市场不适应。对于药物性、化学性医疗废物和医疗污泥及化工污泥等的处理存在费用高、处置难等问题。五是危险废物监管能力弱。生态环境部门缺乏强制手段，对危险废物违法行为的调查取证难，各监管和责任部门间的沟通联动不足，未能形成有效的监管合力。

（五）固体废物信息化监管能力薄弱

近年来，按照国家要求，生态环境、卫生健康、住建、交通运输等部门先后建立了涉及固体废物管理、医疗废弃物、生活垃圾、建筑垃圾、危险废物运输等的信息化监管平台，但是对于信息化管理的认识还停留在"建一个网，搭一个平台，收集一些数据"层面，没有深刻领会"用数据获取新知、用数据支撑决策、用数据提升管理、用数据驱动创新"理念。且各系统间尚未完成互联互通，数据共享。资金投入较少，以生态环境厅建立的省级固体废物信息系统为例，目前系统功能难以满足新《固废法》要求，且2016年至今未进行大规模升级改造，远不能达到通过信息系统降低行政部门管理成本、提升管理效能、服务好企业的目的。

（六）固体废物保障政策措施不足

医疗废物处置收费方面，委托处置收费标准仍停留在8年前的水平，未作调整；现行收费体系不再涵盖某些特定类医疗机构的产废现状，如近年来兴起的健康体检企业，这些企业没有编制床位，产生的医废量却远大于小诊所，无法套用按床位收费的标准；部分精神专科医院医疗废物年产生量少，但收费标准是按照核对床位；部分市（州）医疗处置单位较少，经常高负荷甚至超负荷运行。

生活垃圾分类体系保障方面，主要依靠政府投入推动垃圾分类，财政压力较大，缺少吸引社会资本进入的相关政策措施，对社会资本的参与缺乏有效引导；垃圾分类处理方面的新技术得不到推广应用，部分地区生活垃圾分类配套设施建设缓慢，设备设施落后；在处理方式上，仍然以填埋和焚烧为主，部分县区、乡镇偏远的生活垃圾产量不足，转运成本高，垃圾收费困难，资金保障困难。生活垃圾分类能力不配套，生活垃圾分类效果不佳，可回收垃圾实际回收利用率低，餐厨垃圾处理能力不足，对于有害垃圾的收集、转运、处理体系尚未建立。

四　四川省固体废物污染防治立法建议

（一）立法思路上，强化"管、控、治、执"四方面

强化环境管理，立法应以问题意识为导向，通过强化环境管理，回答

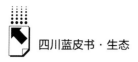

"谁来管、管什么、怎么管"的基层疑问。通过法律手段,消除职责空白地带,建立健全执法保障体系;强化监督指导,进一步压实政府、产生者和处理者等的责任;鼓励废物资源化利用和控制废物污染环境;提升固体废物规范化管理水平,促进经济与环境的可持续发展。

强化源头控制,固体废物的利用处置,要以源头减量为优先、以综合利用为主线,以无害化处置为辅助,实现产生量越少、利用水平越高。强化固废资源综合利用,鼓励和引导资源综合利用企业发展,大力培育节能环保产业,加大政策和资金扶持力度,进一步推动防污、治污能力现代化。

强化综合治理,要细化实化具体措施,完善经济、技术等配套政策体系,实现固定污染源排污许可全覆盖,推动防污、治污治理能力现代化。要凝聚环境治理合力,切实提高治理效能,构建具有四川特色的固体废物管理制度、技术和监管体系。

强化严格执法,坚持用最严制度、最严法治保护生态环境,突出依法治污。对固体废物产生、收集、贮存、利用、处置实行全过程监管,坚持有禁止必有罚则的立法原则,坚持危害程度与处罚程度相统一的立法原则,强化企业主体责任,不断提高违法成本,持续突出依法治污,全力打击违法违规行为。

(二)立法重点上,突出四川特色

四川省作为农业大省,农业固体废物产生量大,处置利用率不高,需在条例中重点突出防治农业固体废物污染环境方面的内容,强化农业固废资源综合利用。应基于四川农业固体废物分布广、收益低、能力弱等特点,加快建立健全农业固体废物公共收集、运输、利用和处置体系,加强对农业固体废物利用处置的经济补贴和激励,加大对秸秆综合利用、秸秆收运储体系建设、秸秆利用实用技术、秸秆综合利用率等的政策支持力度,建立农药包装废弃物、废旧农膜回收、利用及处置体系,支持以循环经济理念实现畜禽粪污的综合利用和无害化处置。

生活垃圾处置涉及千家万户,同时面临生活垃圾分类的新形势和新要求，《四川省固体废物污染环境防治条例》应关注生活垃圾板块。习近平总书记强调，实行垃圾分类，关系广大人民群众生活环境，关系节约使用资源，也是社会文明水平的一个重要体现。条例应充分贯彻落实习近平总书记的重要指示精神，明确生活垃圾分类的基本原则，对生活垃圾的类别作出清晰界定，并对生活垃圾分类的工作管理体制作出明确规定，对新改扩建住宅配套生活垃圾分类处置设施、生活垃圾分类投放容器、生活垃圾分类的社会参与等作出规定，并禁止生活垃圾的混装混运，加强对生活垃圾违法行为的处罚措施。

危险废物处置不当会破坏生态环境、影响人类健康以及制约可持续发展等，《四川省固体废物污染环境防治条例》应关注危险废物板块，从立法上对危险废物的定义予以明确，并明确危险废物的污染防治原则，建立危险废物鉴别技术体系，完善工业企业危险废物、医疗机构危险废物、废弃危险化学品、实验室危险废物、废铅蓄电池以及有害垃圾中危险废物的污染防治管理体系，突出联防联控联制机制，并加快危废利用处置能力建设，对重大传染病疫情等突发事件的医疗废物处置、机动车维修行业的废物处置等作出规定。

（三）立法条款上，提升针对性和可操作性

强化典型的经验和做法。工业固体废物方面，对加强磷石膏综合利用专门作出规定，鼓励资源化协同处理方式，推动有价金属类工业固废的综合利用。农业固体废物方面，支持采用农牧结合、种养循环等方式实现畜禽粪污资源化利用，并通过经济手段促进农药包装废弃物回收。生活垃圾方面，支持中国式垃圾分类入户等新模式的推广应用，探索餐厨垃圾就地"收集—处理—回收"模式。建筑垃圾方面，推动对建筑垃圾的智能化监管。危险废物方面，构建医疗废物联防联控机制，健全协同联动应急机制，通过"白名单"合作机制强化危险废物的跨省联动管理。

有针对性地解决存在的问题。工业固体废物方面，提升一般工业固体废物的监督管理水平和资源综合利用水平，健全体制机制，有力推动"僵尸

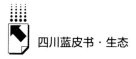
库"环境整治。农业固体废弃物方面，对农业固体废弃物的秸秆综合利用、农药废弃包装物的管理和处置、强化畜禽粪污监管等的具体条例进行细化，健全秸秆综合利用收储运体系，落实秸秆综合利用扶持政策，加快推进畜禽粪污种养结合利用规划的制定和实施，健全农药包装废弃物及废弃农膜回收体系，加强对农药包装废弃物和废弃农膜处置的政策支持力度。生活垃圾方面，强力推进生活垃圾分类，提升生活垃圾减量化、资源化处理能力，完善农村生活垃圾收运体系。建筑垃圾方面，健全建筑垃圾环境监管体系，明晰部门职责。危险废物方面，提升危险废物规范化管理水平，规范危险废物处置行业的发展，提升危险废物监管能力，建立危险废物鉴别体系，提升危险废物环境应急响应能力，推动废铅蓄电池规范收集、处置，改进医疗废物收费制度，完善疫情防控期间医疗废物协同处置、应急处置机制。

回应《固废法》的新内容。对固体废物的过程管控、信用评价作出规定，对建筑垃圾、塑料制品的污染防治作出规定，对危险废物的分级分类管理作出规定，增加重大疫情期间医疗废物协同、应急处置相关规定，对洪灾、地震等自然灾害固体废物污染应急措施进行细化，并专门规定固体废物环境污染防治的保障措施，适当增加处罚条款，进一步提高企业的违法成本。

B.11
成都外环铁路与沿线自然保护地
协同管理路径研究*

刘　德**

摘　要： 我国的国情和城市快速轨道交通的优势决定了快速轨道交通在可持续发展的城市交通运输中具有重要地位。交通建筑业的迅速发展，对沿线地区造成的影响日益严重，如何有效合理地促进周边地区与轨道交通协同发展成为人们逐渐关心的话题。本文以成都外环铁路为例，探讨成都外环铁路沿线自然保护地与成都外环铁路协同发展路径。本文首先描述了成都外环铁路沿线自然保护地的基本情况，基于此，构建外环铁路与沿线自然保护地相关性评价指标体系，并依据两者的相关性得分，将其划分为三类：强相关自然保护地、一般相关自然保护地及弱相关自然保护地。依据三类沿线自然保护地的不同区域特点，因地制宜地对沿线自然保护地提出了不同的协同管理路径。

关键词： 成都外环铁路　自然保护地　协同发展

　　新建成都外环铁路是国家发改委批复的《成渝地区城际铁路建设规划（2015—2020年）》中的重点项目，对加快推动成德眉资交通基础设施

---
*　本文为成都外环铁路建设重大问题研究阶段性成果，受蜀道投资集团有限责任公司资助。
**　刘德，四川横断山杜鹃花保护研究中心，主要研究方向为农村经济发展。

"同城同网"、深入实施省"一干多支、五区协同"发展战略具有十分重要的意义。成都外环铁路沿线分布有众多自然保护地，生态自然资源极其丰富，因此在成都外环铁路建设中，如何做到不破坏沿线自然保护地生态环境并对其发展起到一定的促进作用显得尤为重要。

本文从生态效益与经济效益、社会效益共促的角度出发，基于沿线自然保护地基本情况，将成都外环铁路沿线自然保护地划分为东段自然保护地、西段自然保护地、南段自然保护地、北段自然保护地四个区域。通过构建沿线自然保护地与外环铁路相关性评价指标体系，探讨成都外环铁路与沿线自然保护地如何实现协同管理，针对强相关自然保护地、一般相关自然保护地、弱相关自然保护地采取不同的管理措施，在发展城市交通运输的过程中做到因地制宜地承担起保护自然资源和生物多样性的重任。

一 沿线自然保护地基本情况

按照自然生态系统原真性、整体性等特点，自然保护地基于生态价值和保护强度分为三类：国家公园、自然保护区及自然公园。同时自然保护区又可分为自然生态系统类、野生生物类和自然遗产类等。不同等级的自然保护地受到的保护程度不同，为此我们对成都外环铁路沿线的各类自然保护地进行分类介绍。成都四个方位的周边环境也存在一定的差异，基于此，我们对成都外环铁路沿线的各类自然保护地以"东西南北"四个方位来展开具体描述。

（一）沿线自然保护地总体概况

自然保护地类型划分方面，通过对外环铁路沿线自然保护地进行全面深入的现场调查及相关资料收集，发现成都外环铁路沿线的自然保护地主要由世界自然遗产地、森林公园、自然保护区、风景名胜区、湿地公园、水源保护区六大类自然保护地构成，共计 79 处，具体分类为：世界自然遗产地有大熊猫栖息地世界自然遗产保护区 1 处；森林公园包括都江堰、天台山、鸡冠山等 11 处；自然保护区包括龙溪—虹口、龙泉湖等 4 处；风景名胜区包括青城山都江堰、朝阳湖等 7 处；湿地公园包括黑龙滩、东坡湖等 4 处；水源保护区包括什邡三水厂人民渠水源地、旌兴水务自来水厂保护区等 52 处（见图 1）。各类保护地生态环境脆弱，生态资源丰富，加强铁路沿线自然保护地建设，是在保护生态环境的同时，使生态资源得到可持续利用且价值提升的有效途径。

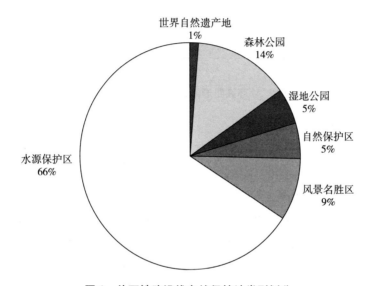

图 1　外环铁路沿线自然保护地类型划分

自然保护地按级别划分的情况如下，[①] 世界级自然保护地 1 处，占比 3.70%；国家级自然保护地 6 处，占比 22.22%；省级自然保护地 12 处，占比 44.44%；市级自然保护地 4 处，占比 14.81%；县级自然保护地 2 处，占比 7.41%；无级别的自然保护地 2 处，占比 7.41%（见图 2）。通过以上数据得出，省级及以上的自然保护地占全部外环铁路沿线自然保护地的 70.37%（19 处），因此将铁路沿线自然保护地生态建设纳入铁路生态建设规划中予以考虑，探讨两者的关系，对于铁路建设和保护地生态建设都具有十分重要的意义。

自然保护地分布地域划分方面，外环铁路沿线自然保护地按地域划分

---

① 因水源保护区评级标准有差异，所涉 52 处水源保护区，此处未纳入划分范围。

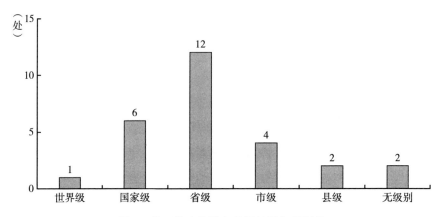

图2 外环铁路沿线自然保护地级别划分

的情况如下，37.97%（30处）的自然保护地位于成都市，其中，成都下辖市中，有5处自然保护地位于崇州市，4处位于都江堰市，2处位于彭州市，2处位于邛崃市，1处位于资阳市；46.84%（37处）的自然保护地位于德阳市；12.66%（10处）的自然保护地位于眉山；1.27%（1处）的自然保护地位于资阳市；1.27%（1处）的自然保护地（即大熊猫栖息地世界自然遗产保护区）属于跨区域范畴，范围涉及雅安市、成都市等12个县市。可以发现，外环铁路沿线自然保护地主要分布在德阳市和成都市。

（二）沿线自然保护地具体情况

生态扶贫以自然地理方位"东""西""南""北"为标准，本文也将成都外环铁路沿线自然保护地划分为东段自然保护地、西段自然保护地、南段自然保护地、北段自然保护地四个区域。

1.西段自然保护地具体情况

成都市西部生态资源以自然景观为主，兼有人文景观，资源价值高，分布密集，有世界遗产和国家级、省级、市县级风景名胜区等。西段自然保护地分布于都江堰市、崇州市、大邑县、邛崃市、浦江县，共涉及14处自然

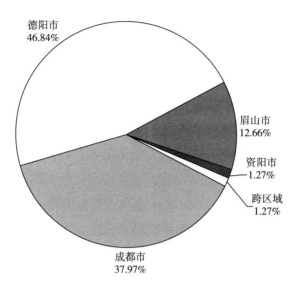

图3　外环铁路沿线自然保护地分布地域划分

保护地，包括：1处世界自然遗产地即大熊猫栖息地世界自然遗产保护区；
3处森林公园即都江堰国家森林公园、天台山国家森林公园、鸡冠山省级森
林公园；1处湿地公园即桤木河湿地公园；1处自然保护区即四川龙溪—虹
口国家级自然保护区；4处风景名胜区即青城山都江堰国家级风景名胜区、
天台山国家级风景名胜区、朝阳湖省级风景名胜区、鸡冠山—九龙沟省级风
景名胜区；4处水源保护地即浦江县西来镇饮用水水源保护区、崇州市兴隆
镇集中式饮用水水源保护区、崇州市城区棋盘村饮用水水源保护区、紫坪铺
水利枢纽工程。

2. 北段自然保护地基本情况

成都市北部自然保护地生态资源以水资源为主，分布于德阳市和彭州
市，共涉及39处自然保护地，包括：2处森林公园即崴螺山省级森林公园
和白鹿省级森林公园；1处自然保护区即飞来峰县级自然保护区；36处水源
保护区即什邡三水厂人民渠水源地、德阳市西郊水厂应急地下水水源地等。

3. 东段自然保护地基本情况

成都市东部为龙泉山系"两湖一山"资源区，兼有自然和人文景观，生

态资源相较于西部稍显一般，度假价值高。外环铁路东段自然保护地分布于简阳市、成都市成华区、成都市锦江区和成都市龙泉驿区，共涉及 13 处自然保护地，包括：3 处森林公园即北郊市级森林公园、三圣市级森林公园等；2 处自然保护区即龙泉湖省级自然保护区和黑水寺县级自然保护区；8 处水源保护区即明星水库饮用水水源地保护区、平窝乡狮子桥村饮用水水源保护区等。

4. 南段自然保护地基本情况

外环铁路南段自然保护地分布于眉山市、资阳市、成都市双流区和成都市天府新区，共涉及 14 处自然保护地，包括：3 处森林公园即毛家湾市级森林公园、黑龙滩森林公园等；3 处湿地公园即黑龙滩国家级湿地公园等；3 处风景名胜区即黑龙滩省级风景名胜区、龙泉花果山风景名胜区等；5 处水源保护区即黑龙潭水库集中式饮用水水源保护区等。

二 沿线自然保护地与外环铁路相关性评价指标体系构建

外环铁路工程对沿线自然保护地的影响有所差异，为了准确客观地反映外环铁路工程对沿线各自然保护地的影响差异，需要构建完整的科学指标评价体系。以《建设项目环境影响评价技术导则 总纲》（HJ2.1-2016）为基准，结合沿线各自然保护地的基本情况，筛选使用可行的指标用于构建外环铁路与沿线自然保护地相关性评价指标体系，从而甄别外环铁路对各自然保护地的影响，筛选受到工程施工正面影响和负面影响较大的区域，进行分类分析，一方面提出降低负面影响的消减举措，另一方面提出铁路建设促进生态敏感区生态建设的举措，强化正面影响。针对外环铁路沿线区域绿色发展实践提出对策建议，推动沿线自然保护地和外环铁路协同发展。

（一）指标设置原则

1. 科学性原则

外环铁路与沿线自然保护地相关性评价指标体系的构建必须以科学性为首要原则。指标体系要能科学、准确地反映研究对象的内涵。对于所包含的基础指标，应有明确的含义、准确的测算方法，如此才能达到科学评价的目的。指标的选取应结合外环铁路实际线路规划、沿线自然保护地的主要资源状况以及自然保护地的保护标准等，确保选取的指标能够真实全面地反映外环铁路与沿线自然保护地相关性等。

2. 层次性原则

外环铁路与沿线自然保护地相关性评价指标体系应具有层次性，以避免筛选指标的重复和冗余，并系统、全面地反映外环铁路与沿线自然保护地的相关性。层次划分的主要依据是外环铁路与沿线自然保护地的相关性的地理、生态、社会因素，而各要素又包含次一级的领域。只有坚持层次性原则，才能充分反映外环铁路与沿线自然保护地的相关性，以凸显评价研究的价值。

3. 可操作性原则

外环铁路与沿线自然保护地相关性评价指标体系除了要遵循科学性原则外，还必须具有可操作性，即需要确保评价在实践中的可操作性和实用性。具体而言，指标内容应明确、具体、可测量，定量指标应便于获取或者测算，主要来自调研和林业部门提供的资料，定性指标应尽量标准化，以使外环铁路与沿线自然保护地相关性评价易于操作。

4. 差异性原则

本文构建的外环铁路与沿线自然保护地相关性评价指标体系，不同于其他普适性评价指标体系，其应用的对象主要是重点生态功能区，具有明确的区域性和特殊性。特殊性主要体现为，所覆盖的区域往往处于山区，生态环境良好，社会经济发展相对滞后，在国家空间发展布局中多属于限制开发区或禁止开发区，其发展路径、方式和发展条件与其他区域具有显著差异，因此在指标体系选择时突出区域性和特殊性。针对自然保护地构建的外环铁路与沿线自然保护地相关性评价指标体系，需要突出外环铁路建设在生态发展中的作用，以促进"在保护中发展、在发展中保护，提高经济发展质量"。

（二）指标体系构成

自然保护地具有水源涵养、水土保持和生物多样性维护等重要生态功能，事关全国或较大范围区域的生态安全，在国土空间开发中其绝大部分属于限制开发区或禁止开发区，因此生态系统保护在其发展中始终处于重要位置，这也要求外环铁路生态建设必须走"在保护中发展、在发展中保护""经济绿色化、绿色效益化"的道路，必须改变传统的粗放式发展模式，引入现代技术，最大限度地减少铁路施工和运营对环境产生的负面影响；打通交流渠道，提升经济效率、效益。同时，在生态文明体制机制以及文化建设上要走在前列，以文化、文明为灵魂保障经济长期稳定发展。

基于上述认识，在评价指标体系构建中需要从生态保护、共建共享、文明建设等角度着手，对铁路工程与自然保护地的距离、自然保护地的重要性、自然保护地的保护范围和铁路沿线生态建设可能获得的社会关注度等指标进行梳理和筛选，构建易于操作的外环铁路与沿线自然保护地相关性评价指标体系。

指标体系包括四个领域：铁路工程与自然保护地的距离、自然保护地的重要性、自然保护地保护对象和社会可能参与度。将四大领域设置为一级指标，下设二级指标。外环铁路与沿线自然保护地相关性评价指标体系包括4个一级指标、11个二级指标。一级指标含义清楚，且由二级指标反映。二级指标打分标准是评价工作的核心，每个指标及其计算参数需要有明确清楚的定义和解释。

（三）指标含义与计算方法

指标体系由铁路工程与自然保护地的距离、自然保护地的重要性、自然保护地保护对象和社会可能参与度四个一级指标构成，并进一步细化为11个二级指标（见表1）。

1.铁路工程与自然保护地的距离（A）

铁路工程与自然保护地的距离是反映外环铁路与自然保护地关系的最基本和最直接的指标，具体由线路距离（A1）、自然保护地附近有站点（A2）组成。线路距离（A1）打分标准为：A1<0，5分；0≤A1<0.5，4分；0.5≤

A1<2.0，3分；2.0≤A1<5.0，2分；A1≥5.0，1分。自然保护地附近有站点（A2）打分标准为：有（若铁路站点附近10公里区域与自然保护地有重合），4分；反之，0分。

2. 自然保护地的重要性（B）

铁路沿线自然保护地的重要性反映了此项相关性研究的重要意义，凸显了自然保护地的重要价值，为铁路生态工程赋予了更高的生态价值和社会意义，具体由国家公园（B1）、自然保护区（B2）、自然公园（森林公园、湿地公园、风景名胜区）（B3）、水源地（B4）组成。遵循层次性原则，以各项二级指标的社会价值为标准进行区分，赋予不同的分值。国家公园（B1）打分标准为：国家级，5分；自然保护区（B2）打分标准为：国家级，4分；省级，3分；县级，2分。自然公园（森林公园、湿地公园、风景名胜区）（B3）打分标准为：国家级，3分；省级，2分；市、县级或无级别，1分。水源地（B4）由于只涉及准水源保护区，赋予相同的打分标准，3分。

3. 自然保护地保护对象（C）

自然保护地保护对象反映了自然保护地的社会价值和生态保护价值，将此项列入指标体系，有助于筛选外环铁路沿线具有特殊意义和重要保护价值的自然保护地，探索外环铁路建设中社会效益的有效发挥途径，具体由生态资源（C1）、水体资源（C2）、国家保护动物数量（C3）、国家保护植物数量（C4）组成。生态资源（C1）和水体资源（C2）由于缺乏规范的评价标准，此评价中只要存在生态资源和水体资源的自然保护地，3分。国家保护动物数量（C3）和国家保护植物数量（C4）采取同一套打分标准，C3/C4<0，0分；1≤C3/C4<20，1分；20≤C3/C4<40，2分；40≤C3/C4<60，3分；60≤C3/C4<80，4分；C3/C4≥80，5分。

4. 社会可能参与度（D）

社会可能参与度反映了外环铁路与沿线社区的紧密程度，考察了外环铁路生态建设中社会参与的可能性。二级指标为铁路与自然保护地所属的最近

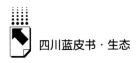

一个县/市的距离（单位：km）（D1），打分标准为：0≤D1<10，5分；10≤D1<20，4分；20≤D1<50，2分；50≤D1，1分。

表1　外环铁路与沿线自然保护地相关性评价指标与计算方法

一级指标	二级指标	打分标准
铁路工程与自然保护地的距离（A）	线路距离（A1）	<0:5分
		0~0.5:4分
		0.5~2.0:3分
		2.0~5.0:2分
		5≤:1分
	自然保护地附近有站点（A2）	有:4分
		否:0分
自然保护地的重要性（B）	国家公园（B1）	国家级:5分
	自然保护区（B2）	国家级:4分
		省级:3分
		县级:2分
	自然公园（森林公园、湿地公园、风景名胜区）（B3）	国家级:3分
		省级:2分
		市、县级或无级别:1分
	水源地（B4）	3分
自然保护地保护对象（C）	生态资源（C1）	有:3分
	水体资源（C2）	有:3分
	国家保护动物数量（C3）	<0:0分
		1~20:1分
		20~40:2分
		40~60:3分
		60~80:4分
		80≤:5分
	国家保护植物数量（C4）	<0:0分
		1~20:1分
		20~40:2分
		40~60:3分
		60~80:4分
		80≤:5分

一级指标	二级指标	打分标准
社会可能参与度（D）	铁路与自然保护地所属的最近一个县/市的距离（单位：km）（D1）	0~10：5分
		10~20：4分
		20~50：2分
		50≤：1分

三 沿线自然保护地与外环铁路相关性评价结果

根据外环铁路与沿线自然保护地相关性评价指标体系计算得出79处沿线自然保护地与外环铁路相关性的分值（见表2），满分为35，平均分为15.33，最高得分为35（大熊猫栖息地世界自然遗产保护区），最低得分为6（北郊市级森林公园、毛家湾市级森林公园）。根据最终得分，将79处自然保护地按分数高低划分为三大类：强相关自然保护地、一般相关自然保护地及弱相关自然保护地。

表2 外环铁路与沿线自然保护地相关性评价结果

排名	名称	得分	排名	名称	得分
1	大熊猫栖息地世界自然遗产保护区	35	8	黑龙潭水库集中式饮用水水源保护区	19
2	都江堰国家森林公园	28	8	天台山国家森林公园	19
2	青城山都江堰国家级风景名胜区	28	8	鸡冠山省级森林公园	19
4	黑龙滩省级风景名胜区	23	8	四川眉山东坡湖省级湿地公园	19
5	黑龙滩国家级湿地公园	22	8	龙泉湖省级自然保护区	19
6	四川龙溪—虹口国家级自然保护区	21	8	华强沟水源保护区	19
7	成都龙泉山城市森林公园	20	8	兴隆镇兴安水厂水源地	19
8	什邡三水厂人民渠水源地	19	16	朝阳湖省级风景名胜区	18

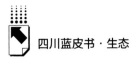

续表

排名	名称	得分	排名	名称	得分
16	老鹰水库饮用水水源保护区	18	33	南华镇自来水厂水源地	14
16	浦江县西来镇饮用水水源保护区	18	33	辑庆镇中兴水厂水源地	14
16	黑龙潭水库集中式饮用水水源保护区	18	44	砣子城省级森林公园	13
20	崴螺山省级森林公园	17	44	白鹿省级森林公园	13
20	飞来峰县级自然保护区	17	44	仁寿城市湿地公园	13
20	鸡冠山—九龙沟省级风景名胜区	17	44	彭祖山风景名胜区	13
20	兴隆镇五里坝水厂水源地	17	44	旌兴水务自来水厂保护区	13
24	天台山国家级风景名胜区	16	44	黄许镇自来水厂	13
24	德阳市西郊水厂应急地下水水源地	16	44	金堂湾水源地	13
26	黑龙滩森林公园	15	44	中兴场供水站	13
26	黑水寺县级自然保护区	15	44	新中镇新柳水源地	13
26	桂泉村水源地	15	44	箭台村水源地	13
26	三圣村水源地	15	44	玉马村水源地	13
26	孝感水源地	15	44	新中镇饮用水源保护区	13
26	玉兴镇水厂水源地	15	44	周家沟水源地	13
26	李善桥水库集中式饮用水水源地	15	44	德中供水厂	13
33	桤木河湿地公园	14	44	和新英雄岭玉皇庙水源地	13
33	平窝乡狮子桥村饮用水水源保护区	14	44	中江县集凤镇水厂集中式饮用水水源地	13
33	张家岩水库饮用水水源地	14	44	继光水厂水源地	13
33	江源镇饮用水水源保护区	14	44	南华镇南渡水厂水源地	13
33	亭江村水源地	14	44	清河乡自来水厂水源地	13
33	丰城水源地	14	44	明星水库饮用水水源地保护区	13
33	景福水源地	14	44	石盘水库饮用水水源地保护区	13
33	富兴镇会棚水厂水源地	14	44	武庙乡竹园场镇地下水饮用水水源保护区	13
33	中江县富兴镇水厂集中式饮用水水源保护区	14	44	草池镇金鸡村朱窝沱饮用水水源保护区	13

排名	名称	得分	排名	名称	得分
44	石板凳镇水源保护区	13	69	虎林村水源地	12
44	崇州市兴隆镇集中式饮用水水源保护区	13	69	兴隆水厂水源地	12
69	崇州市城区棋盘村饮用水水源保护区	13	76	紫坪铺水利枢纽工程	12
69	三圣市级森林公园	12	77	龙泉花果山风景名胜区	11
69	黄许镇海胜水库水源地	12	78	北郊市级森林公园	6
69	双龙镇龙洞水源地	12	78	毛家湾市级森林公园	6
69	和兴村水源地	12			

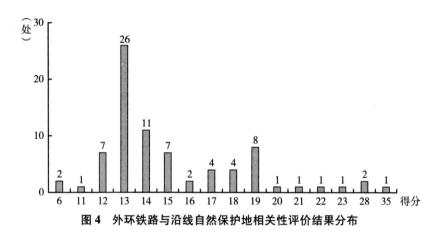

图4　外环铁路与沿线自然保护地相关性评价结果分布

（一）强相关自然保护地

以指标体系最终得分为标准，取得分排名前7的自然保护地为强相关自然保护地。强相关自然保护地有：大熊猫栖息地世界自然遗产保护区、都江堰国家森林公园、青城山都江堰国家级风景名胜区、黑龙滩省级风景名胜区、黑龙滩国家级湿地公园、四川龙溪—虹口国家级自然保护区、成都龙泉山城市森林公园。

（二）一般相关自然保护地

除强相关自然保护地和弱相关自然保护地外，其余地区均界定为一般相

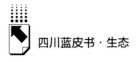

关自然保护地。一般相关自然保护地涵盖湿地公园、自然保护区、水源保护区、森林公园、风景名胜区五大类自然保护地,包括:龙泉湖省级自然保护区、黑龙潭水库集中式饮用水水源保护区、崴螺山省级森林公园、天台山国家级风景名胜区等,共 69 处自然保护地。

(三)弱相关自然保护地

以指标体系最终得分为标准,取得分排名倒数三位的自然保护地为弱相关自然保护地。弱相关自然保护地有:龙泉花果山风景名胜区、北郊市级森林公园、毛家湾市级森林公园。生态扶贫是在实现扶贫的同时保护自然资源,同时也可以在不破坏自然资源的前提下,适当利用当地自然资源优势来发展经济。两者之间通过相互配合来实现共同发展。

四 成都外环铁路与沿线自然保护地协同管理路径

外环铁路与沿线自然保护地的相关性关系可以分为三类:强相关自然保护地、一般相关自然保护地及弱相关自然保护地。依据三类沿线自然保护地的不同特点,下文分别提出不同的协同管理路径。

(一)强相关自然保护地:协同共建

外环铁路沿线强相关自然保护地在与铁路施工的距离、获得政府和社会的关注程度、生态资源、与社区的紧密度等方面相较于一般相关和弱相关自然保护地均具有极大的优势,决定了其与铁路工程存在较大的关联度,若能妥善处理铁路工程与强相关自然保护地的关系,必然能形成协同共建、双向促进的良好局面。外环铁路建设促进沿线强相关自然保护地建设的具体举措主要体现在铁路参与自然保护地的监测、宣传和保护工作,凸显轨道交通建设带来的社会效益。

1. 协同共建大熊猫世界自然遗产地保护区

外环铁路建设促进大熊猫栖息地世界自然遗产保护区建设的重点举措是

信息分享。一方面，外环铁路作为良好的宣传平台，有利于丰富遗产地的宣传方式；另一方面，遗产地基于独特的生态保护价值和社会价值，受到社会各界的广泛关注，轨道交通项目主体可以主动对接遗产地的管理人员，借助遗产地的优势来宣传铁路的生态价值和社会价值。另外，在强相关自然保护地基金的支持下，外环铁路和遗产地可以共同定期举办世界自然遗产保护相关研讨会，各个保护主体通过会议的形式实现信息共享。作为遗产地"移动的宣传栏"，外环铁路在宣传遗产地生态保护理念的同时，也是在宣传铁路建设的生态理念。

2. 协同共建龙溪—虹口国家级自然保护区

外环铁路建设促进四川龙溪—虹口国家级自然保护区建设的重点举措集中表现为保护大熊猫旗舰物种。该保护区的主要保护对象是大熊猫等珍稀野生动物及其栖息地。大熊猫是国家重点保护物种，也是我国特有物种，是令人瞩目的珍稀动物，是世界动物保护领域的旗帜，在全球生物多样性保护上具有世界性的代表意义。加之保护区位于全球生物多样性热点地区之一的喜马拉雅—横断山区。因此，保护区在全球范围内都有突出的代表意义。外环铁路通过与保护区共同保护旗舰物种，有望树立旗舰物种保护典范，创造社会效益。铁路部门与保护区协同保护，一方面加强交流与合作，共同开展监测、巡护和社区共管，在交流合作中促进自然保护地建设要素的流动；另一方面通过基金池为保护区提供监测的装备支持，并组织职工参与大熊猫巡逻等活动，共同保护大熊猫旗舰物种。

3. 协同共建龙泉山城市森林公园

外环铁路可以通过信息交流、共建监测系统和共同开展保护行动等促进龙泉山森林公园的建设。首先，外环铁路主导搭建"双龙论坛"（龙泉山+龙门山），每年定期举办会议，由外环铁路出资支持科研和宣传活动，促进龙泉山和龙门山地区各个自然保护地之间的信息交流，讨论有关自然保护地建设的前沿性问题，把外环铁路和"双龙论坛"变成动植物基因交汇的廊道。其次，龙泉山城市森林公园正在开展一系列恢复生态的工作，包括开展本地调查、完善监测系统、防汛防火设施建设等。铁路部门可以通过资助龙泉山城市森林公园进行本地调查、借助自身宣传优势倡导社会群体关注并参与生物多样性调查、优化监测系统以提高监测质量等，助力龙泉山城市森林公园"增绿增景、减人减防、基础设施"的系统性建设。最后，共同开展动植物保护行动。基于龙泉山城市森林公园植被恢复区域，合理拓展外环铁路的部分路段，建设有利于小型兽类、鸟类迁徙的廊道，实现以线性交通为引领的植物多样性向动物多样性的发展，这将是世界级线性交通领域的突破。同时，重点将整个龙泉山路段打造为先行示范区，开展区域尺度的景观保护行动。

4. 协同共建黑龙滩国家级湿地公园

外环铁路建设促进黑龙滩国家级湿地公园建设的重点举措主要为监测信息和保护信息的共享。一方面，黑龙滩国家级湿地公园内水鸟资源丰富，保护和监测该地区的生态资源需要投入大量的人力、物力、财力。因此，铁路部门与该保护地共享监测信息，可以在一定程度上减轻该保护地的监测和保护压力。另一方面，借助铁路部门，黑龙滩国家级湿地公园可与其他自然保护地建立联系，实现信息分享。

（二）一般相关自然保护地：引领社会力量共建

通过建立外环铁路与沿线一般相关自然保护地的联系，实现信息沟通和互相宣传；铁路投资公司推动建立"芙蓉花开生态保护基金"，用作沿线一般相关自然保护地保护项目的启动资金；吸引民间组织参与外环铁路沿线自然保护地建设；鼓励公众参与等。

1. 加强自然资源调查

加强自然资源调查，充分发挥自然保护地的资源优势。与强相关自然保护地相比，沿线一般相关自然保护地的生物多样性略显不足，对特有物种保护的宣传力度也存在一定差距。因此，在铁路部门的支持下，一般相关自然保护地可以开展资源调查，形成调查报告，向社会发布，并发现明星物种，予以保护，这有利于提升大型基础设施建设在国家重点生态功能区建设中的作用，同时成为宣传外环铁路公益形象的有效途径。

2.为铁路生态经济圈各利益主体搭建交流平台

一方面，外环铁路项目肩负发展成都及周边市（县、区）生态经济的重任，各地区的政府与社区，以及企业和游客，对项目也寄予了厚望。吸引NGO（非政府组织）参与外环铁路沿线生态建设，有利于提高外环铁路在生态经济圈的知名度。整合外环铁路沿线自然保护地相关部门和机构的资源，每年定期召开座谈会，互相交流，总结和宣传各机构积累的经验，实现信息共享，创造合作机会。另一方面，自然保护地具有得天独厚的生态资源优势，铁路部门和自然保护地应共同开展自然教育、自然体验等活动，这是自然保护地和外环铁路提高知名度、获得社会认同感的良好方式。

3.设立小额基金用作支持生态保护项目

设立小额基金用作支持沿线一般相关自然保护地的生态保护项目。首先，铁路投资公司每年出资100万元人民币，建立一般相关自然保护地的"芙蓉花开生态保护基金"，由铁路公司内部进行管理，促进铁路共建。该基金可分解为多项小额基金，每笔基金5万~10万元，自然保护地、社会组织、科研机构等主体均可每年申请获得小额基金资助，用于名木古树挂牌、自然保护地日常保护活动等。其次，邀请鸟类学家、森林植物学家、自然教育专家、水生保护专家等权威专家组成专家委员会，对每年申请的项目进行评审。同时，由专家委员会牵头编制公益投资指南，规定每年通过的项目应充分考虑自然保护地与外环铁路的关系、铁路部门职工的参与度、社会公众的参与意愿、物种的保护等。最后，汇集并发布在该基金支持下取得的自然保护成果，吸引更多资金注入，并鼓励更多的自然保护机构加入，扩大该基金的影响力。

（三）弱相关自然保护地：保持与定期沟通交流

弱相关自然保护地包含：龙泉花果山风景名胜区、北郊市级森林公园、毛家湾市级森林公园。森林公园是以森林自然环境为依托，具有优美的景色和科学教育、游览休息价值的一定规模的地域，经科学保护和适度建设，为人们提供旅游、观光、休闲和科学教育活动的特定场所。在外环铁路建设过程中，应充分结合森林公园原有的特点，发挥其优势，在保护生态的同时促进周边地区经济发展。

1. 加强对"绿色建造""生态环保"等主题的宣传

在铁路沿线设置标语，一方面围绕"绿色建造""低碳""生态环保"等主题，宣传铁路建设过程中不仅注重经济效益也注重绿色发展，另一方面可以在标语下方画出周边森林公园的美景，以便吸引游客。同时，还可以在外环铁路建成之后，在车上明显位置张贴森林公园宣传海报，以及发放印有森林公园景色的明信片或书签等，吸引游客前往森林公园参观。同时在森林旅游市场化发展中，更应加注重森林公园规划的科学性，做好长远规划，推进低碳旅游，促使森林旅游创造更高的经济效益和社会效益。

2. 增强游客环保意识

弱相关自然保护地与成都外环铁路联系较少，外环铁路建设过程中对自然保护地所造成的影响也是最小的，所以森林公园在发展过程中，应注重与所属的市、县主管部门加强联系，围绕森林公园形成协同共管模式。其中，最主要的是游客管理，这对维护森林公园的生态环境，发挥森林资源的经济价值、文化价值及生态价值都有极其重要的作用。首先，应该对游客开展素质教育，引导游客增强环境保护意识；其次，森林公园中的娱乐设施应该以人为本，让游客乐享其中。

参考文献

黄丽玲、朱强、陈田：《国外自然保护地分区模式比较及启示》，《旅游学刊》2007年第3期。

赵智聪、彭琳、杨锐：《国家公园体制建设背景下中国自然保护地体系的重构》，《中国园林》2016年第7期。

侯鹏、杨旻、翟俊：《论自然保护地与国家生态安全格局构建》，《地理研究》2017

年第 3 期。

王昌海、温亚利、杨丽菲：《秦岭大熊猫自然保护区周边社区对自然资源经济依赖度研究——以佛坪自然保护区周边社区为例》，《资源科学》2010 年第 7 期。

李纪宏、刘雪华：《自然保护区功能分区指标体系的构建研究——以陕西老县城大熊猫自然保护区为例》，《林业资源管理》2005 年第 4 期。

肖华堂、王军：《高质量发展阶段重大基础设施项目社会影响研究——以成都外环铁路项目为例》，《中国西部》2021 年第 5 期。

张妍、尚金城：《铁路工程的战略环境评价》，《安全与环境学报》2002 年第 2 期。

黄金川、方创琳：《城市化与生态环境交互耦合机制与规律性分析》，《地理研究》2003 年第 2 期。

刘耀彬、李仁东、宋学锋：《中国区域城市化与生态环境耦合的关联分析》，《地理学报》2005 年第 2 期。

杜栋：《协同、协同管理与协同管理系统》，《现代管理科学》2008 年第 2 期。

谭杰锋：《评价指标体系中的相关性分析》，《统计与决策》2005 年第 11 期。

中国人民银行洛阳市中心支行课题组：《区域金融生态环境评价指标体系研究》，《金融理论与实践》2006 年第 1 期。

成金华、冯银：《我国环境问题区域差异的生态文明评价指标体系设计》，《新疆师范大学学报》（哲学社会科学版）2014 年第 1 期。

生态文明体制机制篇

Ecological Environment Governance

B.12
生态补偿协同推进保护地区生态产品
价值实现路径研究

——以生态综合补偿试点案例为例

夏溶矫　刘新民　周丰*

摘　要： 作为长江、黄河上游重要的生态屏障和水源涵养地，四川肩
　　　　　负着维护国家生态安全的重大使命，科学构建生态文明制度
　　　　　体系、协同发挥生态文明制度支撑作用具有迫切的需求和重
　　　　　要的意义。作为生态文明体制改革的重要基础性制度，生态
　　　　　补偿和生态产品价值实现具有相互依托、互相促进的协同关
　　　　　系，并在四川具有典型的探索实践和推广应用价值。本文以
　　　　　生态补偿协同推进生态产品价值实现的路径为目的，在对生

---

* 夏溶矫，四川省生态环境科学研究院研究人员，高级工程师，主要从事环境政策分析与评
估、环境经济和环境产业研究工作；刘新民，四川省生态环境科学研究院副所长，高级工程
师，主要从事环境政策、环境经济、环境管理、可持续发展研究工作；周丰，四川省生态环
境科学研究院研究人员，助理工程师，主要从事环境政策、应对气候变化研究工作。

态补偿与生态产品价值实现的概念和关系进行辨析、从理论上对生态补偿协同推进生态产品价值实现的路径进行分析的基础上，以 6 个典型地区生态综合补偿试点案例为切入点，实证分析了生态补偿协同推进生态产品价值实现的路径和措施，并对案例地区进行了比较分析，梳理和归纳了不同经济发展水平和发展基础的地区采取的生态综合补偿协同推进生态产品价值实现措施的差异。本文将为全国其他地区在推进生态补偿和生态产品价值实现协同发展过程中具体措施的选择提供参考。

关键词： 生态补偿　生态产品价值实现　生态综合补偿

　　2021 年 4 月，中共中央办公厅、国务院办公厅印发《关于建立健全生态产品价值实现机制的意见》，全面系统部署了生态产品价值实现相关工作，是我国生态产品价值实现方面具有里程碑意义的纲领性文件，标志着生态产品价值实现在我国从理论探讨和局部地区的先行先试迈出了全国推行的关键一步。生态产品价值实现是国家生态文明战略的重要内容，是协同推动生态环境改善和经济高质量发展的重要手段，是践行和实现"绿水青山就是金山银山"的现实路径。同样作为生态文明体制改革的基础制度之一，生态补偿制度早于生态产品价值实现制度，在我国经历了从理论探讨到局部区域或领域试点再到全面应用。作为践行新发展理念、完善生态文明制度体系、推动生态环境共建共治和实现区域协调绿色发展的重要制度保障，生态补偿在不断向纵深发展的过程中，逐步向市场化、多元化、"造血型"补偿方式转变，呈现出推动保护地区从被动补偿到主动发展、绿色发展的强烈需求，而这与生态产品价值实现的政策初衷不谋而合。如何在深化开展生态补偿机制创新的过程中更好地提升保护地区自我发展能力、协同推进生态产品价值实现，是一个值

得研究的课题。本文以生态综合补偿试点为例，研究生态补偿协同推进保护地区生态产品价值实现的路径，以为我国各地开展生态补偿和生态产品价值实现制度实践提供参考。

一 生态补偿与生态产品价值实现的概念与关系辨析

（一）生态补偿的概念

生态补偿制度是生态文明改革的基础制度之一，是在综合考虑生态保护成本、发展机会成本和生态服务价值的基础上，采取财政转移支付或市场交易等方式，对生态保护者给予合理补偿，是明确界定生态保护者与受益者权利义务、使生态保护经济外部性内部化的公共制度安排。生态补偿的本质是通过责任认定、利益调整、补偿匹配等手段实现生态保护者保护生态环境所产生的外部性内部化，调整生态保护者和生态受益者之间的生态环境经济利益关系，从而激发保护者的保护积极性，实现生态保护地区生态环境保护和经济社会同步发展的良性循环。

（二）生态产品价值实现的概念

生态产品价值实现是践行习近平生态文明思想的必经之路，是实现"绿水青山就是金山银山"的重要过程，已成为推动我国生态文明建设和绿色发展的重要手段。生态产品价值实现是指以习近平生态文明思想为指引，以体制机制改革创新为核心，以生态产业化和产业生态化为主线，尊重自然、顺应自然、保护自然，推动供给侧结构性改革，构建"政府主导、企业和社会各界参与、市场化运作、可持续"的生态链、价值链、产业链，推动形成绿水青山转化为金山银山的政策制度体系，不断满足人民群众日益增长的优美生态环境需要。不同类型的生态产品，其适用的生态产品价值实现路径有所区别。对于可经营性生态产品（如排污权、用能权等，由许可证、配额或其他产权形式构成的市场化生态环境资源产权交易体系培育发展起来的生态产业等），市场化运作的直接交易是其价值实现的主要途径；对于具有公共物品属性的公益性或者准公益性生态产品（国家重点生态功能区所发挥的重要生态功能、不能进行市场交易的生态资源等），其主要通过政府主导、市场相结合的途径实现价值。生态产品价值实现是一个不断发展的过程，基于特定时期的生态产品属性及其支撑制度条件，其选取的路径应有所差异，其价值实现程度也有所不同。从生态产品价值实现的终极目标来看，其核心是市场机制，即通过社会资本的投入，基于市场化运作，使生态产品得到市场消费者的认可进而实现价值。

（三）关系辨析

生态补偿的目标是解决生态环境保护中正外部性问题，在解决的过程中，能够不同程度地实现生态产品价值。因此，从广义来看，生态补偿属于生态产品价值实现的范畴。在我国，生态补偿还担负着解决破坏生态环境带来的负外部性问题，融入了生态环境损害赔偿的理念和模式，更多地体现为一种调节地区之间生态环境利益的环境经济手段。具体来看，生态补偿是生态产品价值实现的重要手段和途径。除了生态补偿之外，生态产品价值实现还可以通过自身努力，提升生态产品供给和经营能力，扩大各类群体的生态产品需求来实现价值。综观我国生态补偿实践历程，生态补偿政策存在明显的阶段性，不同阶段分别对应着生态产品价值实现的不同水平（见表1）。随着生态补偿的发展，通过转变补偿方式，提升生态保护地区的发展能力，即提升生态保护地区的生态产品价值实现能力，由"输血型"补偿转变为"造血型"补偿，逐渐成为发展趋势。

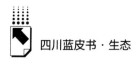
表1 生态补偿不同阶段的生态产品价值实现

项目	生态补偿初级阶段	生态补偿进阶阶段	生态补偿高级阶段
主要特征	政府补偿、资金补偿为主,主要为"输血型"补偿	政府补偿为主,同时出现市场化、多元化补偿机制,出现"造血型"补偿机制	政府主导、企业和社会各界参与,市场化运作,以"造血型"补偿为主
补偿标准	政府定价为主,往往不具有科学的测算标准	政府协商为主、市场机制参与为辅,缺乏统一、权威的定价机制	逐步发展为市场定价为主、政府调节为辅
生态产品价值实现水平	往往只能补偿直接生态保护成本,对发展机会损失补偿不足,仅能较低程度地实现生态环境正外部性的内部化	从直接损失补偿为主转变为补偿发展机会损失为主,较初级阶段有较大幅度的提升,借助市场机制不同限度地实现生态产品价值	变被动补偿为主动发展,能够较大限度地实现生态产品价值
具体实践举例	森林、草原、流域等单要素生态补偿、重点生态功能区转移支付	飞地产业园区、生态环境资源权益交易	生态综合补偿试点

生态产品价值实现既可以是指最终目标状态,也可以是指动态的努力过程,是在习近平生态文明思想指导下,探索依托生态环境资源大力推动生态产业发展,推动经济发展动能转变,实现绿色发展的过程。生态产品价值实现的过程是生态保护地区实现自我主动发展的过程,正好与生态保护补偿"输血型"转向"造血型"的发展趋势不谋而合。因此,生态产品价值实现可以说是生态补偿的终极目标和升华。

二 生态补偿协同推进保护地区生态产品价值实现路径的理论分析

(一)生态产品价值实现的关键环节和主要路径

1. 关键环节

(1)持续稳定的生态环境资源供给是生态产品价值实现的物质基础

生态产品包括从生态系统获得的可供市场直接销售的实物产品或有形产品、生态系统的支持调节服务、生态系统自身的美学景观服务等，是建立在持续稳定的生态环境资源供给基础上，通过人类有意识的"生产加工"而形成的。因此，生态产品价值实现的物质基础是人类持续不断地采取措施以增加生态系统持续稳定的生态环境资源供给和产出。

（2）资源有偿使用等生态文明基础制度的建立健全是生态环境资源转化为资产的制度基础

生态文明基础制度的建立健全为生态环境资源转化为资产提供了制度基础，主要包括：自然资源资产产权制度、国土空间分区机制、科学统一的核算评估机制、资源有偿使用机制、特许经营机制、市场流转机制、绿色金融机制、绿色认证机制等。建立健全上述基础制度体系是实现生态产品价值转化的机制保障。

（3）生态产品市场交易体系的建立健全是生态产品价值实现的核心动力

生态产品交易是基于市场价值进行的，生态产品价值实现机制只有符合客观经济规律，充分利用市场机制，才能使得生态系统向人类提供的产品和服务得到市场的认可，进而转化为现实的经济价值，进入经济系统流转。因此，构建长效的生态产品价值实现机制，需要充分发挥市场机制的核心动力作用。

2. 主要路径

目前，生态产品价值实现的途径主要包括政府途径、市场途径、政府与市场相结合的途径。其中，政府途径主要是针对具有公共物品属性的生态产品，在禁止或限制开发的条件下，通过各种形式的转移支付、政府购买服务等进行补偿，多属于间接实现生态产品价值。市场途径是指对于可经营性生态产品，在保护生态环境的前提下，通过市场交易或合理开发进行产业化经营获得经济收益，属于以直接方式实现生态产品价值。政府与市场相结合的途径同时包含前述两种途径。

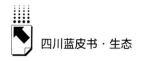

（二）生态补偿助推保护地区生态产品价值实现的路径分析

结合生态补偿与生态产品价值实现的政策内涵和理论基础，生态补偿助推保护地区生态产品价值实现的路径主要包含：一是通过生态补偿机制的建立，提升保护地区生态环境资源保护水平，增强保护地区持续提供生态环境资源的能力；二是通过市场化多元化生态补偿机制的推行，协同推进生态文明基础制度建立健全，奠定保护地区生态产品价值实现的配套制度基础，助推生态产品价值实现水平提升；三是基于"造血型"生态补偿机制探索直接推动生态产业发展，促成保护地区生态产品价值实现（见图1）。

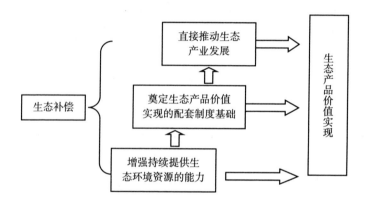

图1　生态补偿助推保护地区生态产品价值实现的路径

三　我国生态补偿协同推进保护地区生态产品价值实现的案例分析

（一）我国生态补偿实践情况及历程

我国生态补偿最早可追溯到20世纪70年代的三北防护林体系建设工程，但更具标志性的是1998年实施天然林保护工程以来，对退耕还林、还草、还湖等延续至今的补偿；实施主体功能区战略以后，对禁止开发区和限制开发区实行财政转移支付。21 世纪以来，我国生态补偿逐步从学术启蒙、理论探索进入全面社会实践，取得了一系列重大进展，呈现如下特点：一是生态补偿已由点到面，在全国大江南北、东中西部广泛实施，特别是开发强度大、经济较发达的省份带头推进。二是生态补偿的领域不断扩大，从天然林、草原等少数类型（并且主要通过财政转移支付兑现）发展到生态脆弱区、主体功能区、河流流域（水质、水资源、水生态等）、地区之间、农业、扶贫、矿山、林业、国家公园、生态权益交易（碳交易、排污权）等。三是国务院和相关部门及时部署，制定政策，提出要求，落实资金，积极推动。地方政府对生态补偿从生疏、不知如何下手到主动提出、主动担当、主动谋划，不少地区做出了示范并加以拓展，发挥了政府主导作用。四是市场化生态补偿探索逐步推进，除政府投入外，有的地方已着手建立生态补偿基金，有的由相关企业出资补偿，而碳交易、排污权交易等市场化方式逐步增加。补偿资金逐步按生态系统损益评估，努力克服随意性并向科学化、标准化、公平化方向探索。五是补偿方式逐渐多样化，除以资金补偿作为主要手段外，探索技术支持补偿、创造劳动就业岗位补偿、人才培训补偿、扶贫补偿等路径。总之，生态补偿已成为生态文明建设中的重要领域，全国各地的高度重视，补偿的覆盖区域不断扩大、类型越来越多、资金越来越多，出现了抓生态补偿、促资源节约、推进生态文明建设的大好局面。

（二）以生态综合补偿试点案例为切入点开展研究的意义

2019 年，按照党中央、国务院决策部署，国家发展改革委印发《生态综合补偿试点实施方案》，在确定的 10 个试点省份（西藏和四省涉藏州县，贵州、福建、江西、海南等国务院批复的 4 个国家生态文明试验区及安徽省）推行生态综合补偿试点，以创新森林生态效益补偿制度、发展生态优势特色产业、推进建立流域上下游生态补偿制度和推动生态保护补偿工作制度化等为主要任务，探索解决现行生态补偿机制面临的资金来源较窄、资金使用不够精准、激励作用有待提高等问题。生态综合补偿试点通过严格把握好生态环境保护的基本前提，发挥好龙头企业等市场主体的示范带动作用，探索建立项目收益帮扶机制，带动保护地区农民和村集体走规模化经营道路，壮大集体经济，增强区域自我发展能力。生态综合补偿试点属于典型的"造血型"生态补偿机制探索，能够较大限度地推进保护地区生态产品价值实现，属于较高发展阶段的生态补偿实践，能够较全面地体现生态补偿协同推进生态产品价值实现的作用。因此，本文选取生态综合补偿试点案例为切入点，从实践层面分析生态补偿协同推进生态保护地区生态产品价值实现路径，具有代表性和推广意义。

（三）案例分析

1.案例选取

2020年2月，国家发改委印发生态综合补偿试点县名单，本文从50个试点县中选取了西藏自治区定日县、嘉黎县，四川省白玉县，云南省剑川县，江西省石城县、婺源县作为案例地区，通过分析案例地区生态综合补偿做法，探讨生态综合补偿推动生态产品价值实现路径。6个案例县分布在中、西部不同地区，发展水平差异明显（见表2），具有较好的全面性和代表性。

表2　2019年样本地区经济社会基础数据

县城	GDP（亿元）	总人口（人）	人口城镇化率（%）	人均GDP（元）	人均可支配收入（元）	收益转化率（%）	三次产业结构
定日县	12.00	61377	—	19551	9425	48.21	—
嘉黎县	9.71	39774	5.76	24413	12900	52.84	7.9∶22.8∶69.3
白玉县	18.80	57000	19.97	32982	14269	43.26	27.5∶50.5∶22.0*
剑川县	52.72	184670	—	28548	15595	54.63	17.9∶32.7∶49.4
石城县	60.60	334564	43.10	18114	16246	89.69	1.7∶60.1∶38.2
婺源县	131.50	346209	50.15	37983	28330	74.59	7.9∶22.8∶69.3

注："—"表示数据未获取。"＊"为2018年数据。

2.具体分析

结合前面的理论分析,从生态补偿促进生态产品价值实现的三条路径开展实证研究,归纳各地生态综合补偿试点实践中具有借鉴意义的典型做法。

(1)通过生态综合补偿试点推动保护地区加强生态保护修复,不断提升生态环境资产持续供给能力

与一般的生态补偿政策机制设计初衷一样,生态综合补偿也以实现保护地区生态环境质量稳定提升为基本目标,通过推行生态综合补偿机制试点,夯实本地自然生态环境供给基础,培育区域内生态环境资产持续供给能力。案例地区结合自身的自然资源与生态环境特点,在生态综合补偿方案方面,提出了实施一批重大生态环境保护修复工程、摸清并守护生态环境资源本底、用好生态补偿资金实施生态环境保护修复、创新机制提升保护地区生态环境保护管理水平等试点工作内容。

实施一批重大生态环境保护修复工程。嘉黎县以麦地卡湿地生态环境保护为核心,以麦地藏布等流域生态环境保护为联结,串联草原生态环境保护、尼屋乡原始森林保护区生态环境保护和矿产开发生态环境保护,构建山水林田湖草生态命运共同体。定日县以珠峰生态环境保护为引领,以澎曲、绒辖曲、甘玛藏布等河流为纽带联结,实施森林、荒漠、草地、耕地、河流湿地等重大生态保护和修复工程,统筹山水林田湖草生态命运共同体。剑川县在实施森林草原生态补偿时明确提出加大森林草原生态修复力度,继续实施天然林修复工程与新一轮退耕还林和陡坡地治理工程;在实施流域、湿地生态效益补偿时,谋划了流域上下游生态补偿重点支撑项目计划,包括湿地治理修复项目、污水治理项目、河道治理工程、饮用水供水工程、水源工程等五大工程10个项目,并通过创新项目补偿方式,政府或其他受益者在被补偿地区实施流域生态保护项目,实现受偿地区更好地保护生态环境。

摸清并守护生态环境资源本底。白玉县提出综合运用遥感监测等多种手段开展生态环境本底调查,收集涵盖"山水林田湖草"生态系统数据,建立生态资源本底基础数据库,定期编制自然资源资产负债表,动态掌握生态

资源环境本底及其变动情况，并提出以此为基础，盘活特色生态环境资产，以金沙江流域生态环境保护为关键，以强化森林资源生态保护为核心，拓展生态环境保护项目实施深度，基于生态环境保护项目产出谋划生态价值转化项目，以经济发展带动生态环境保护工作。

用好生态补偿资金实施生态环境保护修复。石城县推行的重要森林资源分类分级补偿，明确了补偿资金主要用于对该地区重要森林的保护和管理；推行的"石城县—宁都县"流域上下游横向生态补偿机制的补偿资金主要用于河道生态保护与修复工程，加强"水安全、水环境、水生态、水景观、水经济"综合治理。

创新机制提升保护地区生态环境保护管理水平。婺源县通过开展非国有森林赎买（置换、租赁等）和禁伐补贴、协议封育试点，创新综合使用赎买、租赁、置换、托管、股权合作、特许经营等多种流转方式，将保护地区内非公有商品林逐步赎买，实现资源集中储备，由县生态资源运营管理公司统一治理、开发与管理，进一步提升生态保护地保护成效，并引导林农利用赎买资金大力发展林下经济项目，实现保护与发展协同推进。试点湿地银行机制，在湿地公园地域空间恢复受损湿地、新建湿地、加强现有湿地的某些功能，保存湿地及其他水生资源，并将这些湿地以"信用"的方式通过合理的市场价格销售给湿地开发（占用、破坏等）者，实现湿地总量和功能之间、湿地开发者与保护者利益之间关系的平衡。

（2）通过创新市场化、多元化生态补偿机制，加速促进生态保护地区生态产品价值实现向更高水平跃迁

生态综合补偿试点特别注重市场化、多元化生态补偿机制探索，致力于不断拓宽补偿资金来源和方式，吸引多元主体参与生态保护，推动绿色金融等市场化服务发展，有效地推动生态产品价值实现向更高水平跃迁。

引入市场机制，拓宽生态补偿资金来源和方式。嘉黎县对流域横向生态保护补偿方式进行再创新，探索上游在下游设立异地工业园区、下游支持上游绿色发展等方式，推动建立一套环境共治、生态共保、产业共谋、责任共

担、利益共享的"生态共同体"政策框架体系。定日县拓宽草地生态补偿模式，通过开展职业教育培训、吸引劳动力转移等方式，引导农牧民向旅游、加工等第三产业转移，逐步减轻牲畜养殖对草地的压力。剑川县采用受益者付费思路，依据相关法律法规要求公益林生态效益的受益者通过纳税或其他方式向政府缴纳生态补偿经费，政府通过转移支付或设立基金的方式对公益林所有者、公益林建设、保护和管理者进行补偿。石城县提出了建立中央预算内投资、中央财政投资、地方投资、金融资本、社会资本等多元化筹资机制，建立资金补偿、对口协作、产业转移、人才培训、共建园区等多元化横向生态补偿机制。婺源县提出了财政预算资金整合一块、使用者付费筹集一块、流域横向生态补偿争取一块、社会与市场募集资金新增一块"四个一块"的办法，推动补偿渠道多元化、补偿主体多元化、利益协调多元化。发挥财政资金引导作用，建立"以奖代补"机制，鼓励农家乐污水治理、有机产品认证和追溯以及农产品节肥节药管理。建立横向补偿市场化投入机制，推动德兴、乐平市与婺源县通过资金补偿、产业转移、人才培训等方式建立横向生态补偿关系，探索运用碳汇交易、排污权交易、水权交易等构建生态保护市场化补偿制度，通过一对一的市场交易和可市场化配额补偿方式使保护者获益。试点实施垃圾分类收费制度、垃圾焚烧发电特许经营和环境污染第三方治理；在市政设施管护、园林绿化养护、道路清扫保洁、垃圾污水治理等领域，优先采取政府购买服务方式，通过引入竞争市场机制有效减轻财政负担，激活环保产业市场。

拓宽共享参与渠道，奠定打造全社会积极参与生态产品价值实现的基础平台。白玉县通过大力开发生态公益性岗位、支持建设生态农牧民专业合作社等主要举措持续推进农牧民变"生态居民"，共享生态保护成果。嘉黎县探索将生态保护与乡村振兴结合，与牧民群众充分参与、增收致富、转岗就业、改善生产生活条件相结合，多措并举实施生态保护建设和发展生态畜牧业。定日县明确提出政府建立健全社会参与政策机制职责，制定定日县生态综合补偿社会参与办法，明确企业和个人参与生态补偿的主要途径、方式和权利义务，并依托健全合作社制度、引入第三方组织等途径，鼓励实施协议保护，明确合作社与社员之间的利益关系，加强合作社与农业公司之间的合作。此外，创新性地提出鼓励外来游客参与当地生态环境保护的构想，充分挖掘外来游客参与保护的潜力和可能性，通过荣誉市民、志愿者等形式吸引游客参与县域生态保护，并以此为窗口，将珠峰生态保护和绿色产业发展推向全国乃至全球，实现更高层次的社会参与。石城县创新森林资源管护机制，设立生态公益岗位，利用生态保护补偿和生态保护工程资金使当地有劳动能力的部分贫困人口成为生态保护人员。婺源县推进绿色消费市场培育、生态交易与营销三大重点生态价值实现渠道反哺环境保护机制建设，出台绿色消费指导意见，培育能源清洁消费新模式；建立县级公共资源综合交易市场（自然资源资产、生态产品交易、生态环境交易中心），推动形成自然资源资产和生态产品市场交易平台，探索"线上线下"交易；建立"国有林场+公司""农民专业合作社+公司"等林业碳汇合作模式；推进生态产品供应链公共信息平台建设，建立生态产品供应链信用体系。

积极推动绿色投融资模式创新，为加速推动保护地区生态产品价值实现增添动力。这也是婺源县作为所选案例地区中经济最为发达地区的重要特色，即通过由政府和社会资本按市场化原则共同发起区域性绿色发展基金、创新建立"政融保"绿色金融制度，以及推广使用PPP、基础设施股权融资、融资租赁、资产证券化等融资模式，促进社会资本积极投入，有效提升当地生态环境保护与绿色发展水平。

（3）通过因地制宜地大力发展生态产业，直接带动保护地区生态产品价值实现

案例地区在推行生态综合补偿试点中，均包含通过因地制宜地发展当地生态产业直接带动生态产品价值实现的试点内容，主要涉及生态农牧业、生态旅游业、生态医药业、清洁能源产业、生态文化与民族手工业等特色生态产业。结合当地生态资源和产业发展实际，以实施一批重点项目为抓手直接带动当地生态产业发展。重点项目包括生态产业基础设施建设提升类、生态产业园区（景区）建设类、生态产业技术研发类、生态产品精深加工及产业链延伸类、生态产品品牌建设与营销推广类等。

发展生态农牧业。一是建设现代牧业示范园或生产基地，推行规模化生态农牧业生产方式。嘉黎县探索引入龙头企业共建生产示范基地的新模式，投产运营藏北牧草加工销售公司和夏玛乡、藏比乡牦牛养殖基地，建设乡镇肉牛、奶牛生产基地。白玉县推广建设农业试验试种及农旅融合示范基地、赠科万亩生态农特产品种植基地、白玉黑山羊保种繁育和种养循环基地、昌台牦牛养殖基地、盖玉高原苗木花卉种植基地等五个农牧产品价值开发转化平台，形成彰显白玉特色、体现白玉影响的生态农牧产品发展格局。石城县发展优质高效的蔬菜供应基地、高产油茶基地、绿茶生产加工基地、白莲等特色农产品基地，鼓励发展脐橙、山地鸡、薏仁、翻秋花生等特色产业，真正实现"一村一品""一乡一业"格局。定日县通过抓好珠峰黑枸杞长所试种基地建设，大力推进高标准农田及小型农田水利基础设施建设，完善灌溉系统，建成集中连片、生态良好、抗灾能力强的高标准农田。支持长所乡通来村农机合作社发展为全县规模最大的全程农业机械合作社，提高种植业机械化水平，扩大长所珠峰黑金刚土豆、珠峰黑青稞和珠峰红皮土豆种植规模，并创新推广"耕地+当地合作社+农机合作社"的运行模式，建立服务主体和农民群众之间全程托管、多环节托管两种不同的托管模式，开展农业社会化服务试点，奠定生态农牧业产业化发展基础。石城县从零星种植逐步走向规模化、产业化运营。二是打造区域生态品牌。嘉黎县依托娘亚牦牛公司，实施区域品牌化战略，以牦牛为核心产品加入藏猪、藏鸡等特色生态产品，统一技术标准，进行选种、培育、放牧，后期经过质量审核，统一商标、设计、包装、宣传与策划，打造区域生态品牌。剑川县鼓励对林下种植和养殖业开发出来的各种林产品进行生态标记，申请"三品一标"认证，提高商品的市场竞争力，使森林保护者和经营者获得更高的生态补偿。石城县把大力发展现代农业作为重要支撑，推进实施绿色生态农业十大行动，积极争创省级绿色有机农产品示范县。深入推进农业供给侧结构性改革，走质量兴农、科技兴农之路，努力实现从农业大县、传统农业向农业强县、现代农业转变。大力开展高标准农田建设。优化产业结构，稳定发展粮食产业，推动烟叶、莲传统产业转型升级，进一步唱响"中国白莲之乡""中国烟叶之乡"品牌。加强农产品注册商标和地理证明商标保护，打响脐橙、油茶、白莲等绿色农产品品牌，力争创建省级绿色有机农产品示范县。婺源县完善品牌管理体系，探索"区域品牌+企业商标"的"母子"商标模式，建立"区域品牌+企业品牌+优势产业+生产基地"的品牌培育机制，逐步在农业全产业链、休闲农业与乡村旅游、农村电商中予以推广，出台扶持"婺源山水"区域公用品牌发展政策，重点打造一批绿色食品知名品牌。推进生态产品标准建设工程，支持引导企业参与制订行业标准、地方标准和国家标准。提高地理标志商标及其他商标注册、运用、保护和管理水平。三是打通产业后端推广、营销路径。嘉黎县把握交通发展机遇，建设规模大、辐射力强、具备区域性集散功能的农产品批发市场，通过直销店建设、农超对接、农校对接、放心蔬菜进社区等形式，形成配送灵活、四季销售、保鲜供应、长期稳定的销售网络；建立农畜产品展销中心，做好农畜产品研发、管理、对接、宣传、销售工作，试点电商销售模式，积极对接淘宝、天猫等成熟的电商平台，以网店为载体主动对接市场，拓宽产品销路并根据市场意见丰富产品种类，探索由订单驱动的生产、加工模式。

发展生态旅游业。一是因地制宜地合理规划布局。嘉黎县围绕"西藏秘境"制定以生态旅游景区为主的全域旅游文化发展总规和区域专题规划。按照"一轴"（省道302旅游景观轴）、"三线"（旅游南线、北线和东线）、"五景"（国际重要湿地及国家级湿地保护区麦地卡、林堤拉岭阿叶达塘旅游景区、措多乡草原生态旅游景区、嘉黎镇人文历史旅游景区、易贡藏布尼屋旅游景区）规划布局，持续推进生态旅游业发展。定日县深度挖掘珠峰登山测量科研文化、珠峰生态保护文化、红色戍边文化以及中尼国际交流文化资源，依托珠峰这一核心要素，实施"珠峰+"旅游战略，编制全域旅游规划，开发珠峰系列旅游产品，延伸旅游产业链条，形成游、住、行、食、购、娱六大要素完备发展、有序发展的旅游产业体系。白玉县围绕川西北生态示范区定位，坚持以生态文化旅游为核心，大力推进河坡民族手工艺文旅融合产业示范园区、拉龙措古冰漂湿地国家4A级旅游景区和察青松林旅融合生态旅游示范区创建。婺源县依托旅游产业平台，以发展四游（生态文化游、休闲度假游、康体养生游和教育研学游）、打造五镇（度假小镇、文化小镇、演艺小镇、健康小镇和体育小镇）为思路，按照设计精妙、建设精致、特色鲜明、差异互补的要求推动生态旅游业发展。二是推动完善旅游业基础设施。对于经济相对较落后的生态保护地区，推动完善基础设施将是发展相应生态产业的重要途径。嘉黎县推动大峡谷风景名胜区保护工程，配套建设游客集散中心、旅游信息中心、各景区救援站。推进阿扎、尼屋等特色旅游村镇建设，打造旅游休闲度假基地。推动"便民警务站""便游服务站"建设，建立综合性旅游服务平台和旅游信息网，健全旅游安全预警和应急机制，完善旅游应急救援等安全救助体系。定日县建设县游客集散中心，开设五条旅游专线运营，建设游客服务中心、游客应急救援中心；新建国家登山旅游基地，配套建设登山和救援基础设施，开展登山体验、登山培训、登山知识教育等，提高游客深度旅游参与度。三是重点打造一批精品生态旅游品牌。嘉黎县重点开发"易贡藏布尼屋旅游景区""麦地卡湿地""独峻大峡谷景区""依嘎瀑布景区""嘉乃玉错""拉日苯巴"等龙头景区；着力打造茶马古道、尼屋乡依嘎瀑布、藏比乡六村天然溶洞、"一居两湖"，形成嘉黎旅游相互呼应、互联互通的新格局。定日县结合"西藏绝美，浸在珠穆朗玛"宣传营销，坚持打造"珠峰"旅游品牌，加强旅游产品营销，利用互联网线上旅游品牌打造和营销，加强同各大旅行社和旅游网站的战略合作；加快发展智慧旅游，利用大数据和物联网，形成大众化与个性化相结合的旅游信息平台，全力做大做强做好珠穆朗玛旅游业。石城县提出创建好"国家全域旅游示范区"和"中国温泉之乡"金字招牌，做好"生态+健康""体育+旅游"文章，积极引进知名企业，加快温泉资源深度开发，加快建设一批高端健康养生养老、医养结合与休闲旅游融合互动的综合产业体，打造国内知名的养生养老示范基地。四是拓展开发生态旅游衍生产品，提高产品附加值。定日县通过举办珠峰徒步大会、后藏藏历新年、喜马拉雅杜鹃节、岗嘎湿地生态旅游节、珠峰文化旅游节（定日分会场）、"珠峰礼物"定日文创产品设计大赛等，开发珠峰婚礼旅游产品，推进品牌宣传和区域旅游形象塑造。剑川县依托石宝山、千狮山、老君山的自然景观、文化环境和林下无公害产品发展林业庄园经济，开发富有地方特色的森林食品、果品、药材等森林旅游商品。参与生态旅游业开发的林农不仅可取得旅游收入分红，还可以通过销售林产品、农产品、手工艺品，以及提供餐饮、住宿、农家乐休闲娱乐等服务获得收入。婺源县以纳入国家级、省级非遗项目的婺源歙砚制作技艺、徽州三雕技艺、甲路纸伞制作技艺、婺源绿茶制作技艺等传统手工技艺为依托，对接旅游市场需求，推出龙尾砚、工艺伞、三雕、傩面等一系列富含文化特色的旅游商品。

发展生态医药业。一是通过产业基地建设实现规模化生态种植。嘉黎县建成藏北地区重要藏药材生产园区，建设虫草、贝母、大黄、雪莲花等藏药材种植试验基地，探索人工虫草种植项目，推进藏药产品林场应用基础研发，推进藏药材资源圃、野生药材抚育基地和藏药材人工驯化基地建设。二是依托龙头企业带动发展医药加工产业。嘉黎县以虫草加工为契机建立藏药加工体系；推进神山藏药等国有企业股份制改革，增强区域内虫草藏药的市场竞争力。剑川县由龙头企业和新型经营主体带动、农户参与，新建"百草百村"中药材扶贫车间3个，引导中药材种植1.5万亩，主要模式为农户先种后补，按种植面积由政府给予一定的财政扶持，同时由中药材种植公司负责收购农户采收的中药材。村集体投入资金建设中药材加工车间，有偿出租给新型经营主体，贫困农户参与中药材的生产加工，村集体取得的租金收入以按劳取酬的方式补助给参与生产加工的农户。三是建设生态医药交易平台。嘉黎县以虫草收购为核心产品建成藏北地区藏药材的原材料交易中心，吸引藏北地区商家前来交易。四是依托资源优势打造区域生态医药品牌。嘉黎县打造区域藏药品牌，依托藏药加工企业、合作社等农村新型经营主体推动藏药初加工。剑川县依托"一县一业"主导产业定位和"云药之乡"认定，打造云南省重要的中药材种植基地和区域品牌。五是创新药材经营模式。嘉黎县探索试点"种植—加工—开发—康养"三产融合发展模式，建立高原风情生态休闲旅游的健康体验和观赏基地，打造高原独特健康旅游亮点。剑川县依托云南滇本草药业公司、象图志磊农产品种植有限公司、宏泉药材有限责任公司、润滇中药材种植有限责任公司等龙头企业和新型经营主体，与北京同仁堂、湖南千金药业、广药集团等国内著名药企签订订单，实现产销一体化的订单发展模式。

推动多元环境资产协同转化、三产融合发展。一是在推动生态产品价值实现过程中，注重相互联系的多元生态环境资产协同发展转化。剑川县在不影响生态功能的前提下鼓励龙头企业等经营主体大力发展林下经济，引导林农建立专业合作社等新型经营主体开展林下种植、林下养殖、林下产品采集加工、森林景观利用等生产经营，带动农户发展林药、林菌、林菜、林果、林蜂、林禽和林业庄园等林下经济，形成了林—菌、林—菜等林下种植模式和林—蜂、林—禽等林下养殖模式。二是推动生态农牧业、生态旅游、生态文化体验、民族手工业、生态教育、健康养老等领域深度融合。婺源县引入乡村文化发展有限公司，在山下新建安置新村，村民生产生活条件得到了改善，篁岭古村的旅游资源也得到了保护与利用；打造了商业一条街——天街，通过休闲度假、旅游会展、民俗体验、文化演艺等综合旅游消费，取得项目收益。篁岭景区创新性地运用"生态入股"发展理念，采取"公司+农户"形式，由景区与农户成立农村经济合作社，将村庄的水口林、古树等生态资源纳入股本，并将农民的山林、果园、梯田等资源要素进行流转，与农户共同开发农业观光体验项目，从而实现了企业与农户"共同入股、共同保护、共同开发、共同受益"的可持续共建模式。

3. 差异分析

根据上述收集到的案例地区在开展生态综合补偿过程中助推生态产品价值实现的有关举措，除反映出来的共性之外，开展案例地区之间的比较研究发现（见表3），从创新举措的数量来看，经济越发达地区（婺源县、石城县、剑川县等），其在市场化、多元化机制创新方面的举措数量就越多。其中，尤其以婺源县最为典型，其在实施市场化、多元化生态补偿机制创新方面的举措数量远远超过其他县。从内容来看，同样呈现出经济越发达地区，其运用的市场化、多元化手段的丰富程度越高。以婺源县为例，其推动绿色投融资模式创新的举措几乎涵盖了绿色金融创新的各种手段，而在其他案例地区中均没有。而对经济发展水平较为落后的地区，如定日县、嘉黎县等，

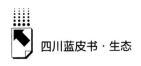

虽大部分途径都有所涉及，但具体举措方式和手段较为单一，实施效果有待进一步跟踪评估。

表3　案例地区促进生态产品价值实现的具体举措情况

促进生态产品价值实现的途径	具体举措	地方具有特色的举措数量（项）
加强生态保护修复	实施一批重大生态环境保护修复工程	嘉黎县：1 定日县：1 剑川县：3
	摸清并守护生态环境资源本底	白玉县：2
	用好生态补偿资金实施生态环境保护修复	石城县：2
	创新机制提升保护地区生态环境保护管理水平	婺源县：2
实施市场化、多元化生态补偿机制	引入市场机制，拓宽生态补偿资金来源和方式	嘉黎县：1 定日县：1 剑川县：1 石城县：1 婺源县：5
	拓宽共享参与渠道	白玉县：1 嘉黎县：1 定日县：2 石城县：1 婺源县：4
	积极推动绿色投融资模式创新	婺源县：3
发展生态产业	因地制宜地发展特色生态产业	各地情况不一，不具可比性，此处不作为比较因素
	推动多元环境资产协同转化、三产融合发展	剑川县：1 婺源县：3

四　结论与建议

作为支撑生态文明建设的重要基础制度，生态补偿机制是推动实现保护地区生态产品价值实现的重要途径，不同发展阶段的生态补偿机制对生态产品价值实现的支撑作用和实现水平有所差异，其中，生态综合补偿试点是现阶段最能体现生态补偿协同推进生态产品价值实现的实践。通过理论分析结合定日县、嘉黎县、白玉县、剑川县、石城县、婺源县六县生态综合补偿案例研究，得出了生态补偿协同推进保护地区生态产品价值实现的三条路径，分别是加强生态保护修复以不断提升生态环境资产持续供给能力、建立完善的生态环境资源转化为资产的制度、通过"造血型"生态补偿机制直接推动生态产业发展。案例地区均能够不同程度地体现生态补偿协同推进保护地区生态产品价值实现的上述三条路径，经济发展水平越高，其所能利用的市场化、多元化生态补偿方式越多，开展生态综合补偿试点助推生态产品价值实现的能力也就越高。

保护地区应以良好的生态环境资源为物质基础和"生产要素"，积极探索通过生态综合补偿实践，不断建立生态文明基础制度，因地制宜地推行市场化、多元化生态补偿机制，以"产业化、规模化、市场化"为创新方向，充分挖掘和实现生态产品与服务的市场经济价值，不断提升生态产品价值实现的能力。

参考文献

陈国阶：《生态补偿的理论与实践探索》，《决策咨询》2019 年第 6 期。

李维明等：《关于构建我国生态产品价值实现路径和机制的总体构想》，《发展研究》2020 年第 3 期。

张林波等：《国内外生态产品价值实现的实践模式与路径》，《环境科学研究》2021 年第 6 期。

靳乐山、朱凯宁：《从生态环境损害赔偿到生态补偿再到生态产品价值实现》，《环境保护》2020 年第 17 期。

沈茂英、许金华：《生态产品概念、内涵与生态扶贫理论探究》，《四川林勘设计》2017 年第 1 期。

石敏俊、陈岭楠：《充分发挥市场机制和政府调节两种作用，推动生态产品价值实现》，光明网，2020 年 12 月 9 日。

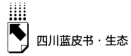
王建平：《建立综合生态补偿机制的基本框架、核心要素和政策建议——以四川藏区为例》，《决策咨询》2018 年第 1 期。

刘伯恩：《生态产品价值实现机制的内涵、分类与制度框架》，《环境保护》2020 年第 12 期。

赵铁元：《生态综合补偿试点应解决好三个问题》，《中国环境报》2019 年 12 月20 日。

B.13
关于建立四川省公民环境信用评价
体系的初步研究

唐玥　周丰　刘新民*

摘　要： 环境社会治理是现代环境治理体系和治理能力中的重要组成部分，生态环境问题是关系民生的重大社会问题，公众参与作为促进生态环境保护多元共治的重要抓手，是推进环境治理体系和治理能力现代化的重要组成部分。而是否能激发公众参与环境治理的热情，是公众参与机制能否建立起来的关键，因此建立公众参与环境治理的引导机制将是环境社会治理、环境公众参与的核心所在。早在中央全面深化改革委第十一次会议上审议通过的《关于构建现代环境治理体系的指导意见》中，就明确提到要建立健全包括全民行动体系、信用体系在内的环境治理七大体系。但目前就环境信用体系研究而言，更多的是基于企业环境信用评价等，对建立以社会公民为信用主体的环境信用讨论非常少。四川省作为长江上游重要的生态屏障，长期以来高度重视生态保护攻坚，在生态环境保护、环境质量改善方面取得了显著成效；而相较而言，在环境社会治理、公民参与等环节表现平平，尤其是与国内部分发达地区相比，相关的理论探讨和实践总结都具有很大的差距。因此本文试图从环境信用、企业环境信用、公民环境信用的角度进行解析，探讨如何建立公民环境信用评价体系，并

---

* 唐玥，西南财经大学天府学院智慧金融学院助教，主要研究方向为绿色信用、绿色投融资等；周丰，四川省生态环境科学研究院助理工程师，主要研究方向为环境政策与环境经济；刘新民，四川省生态环境科学研究院副所长、高级工程师，主要研究方向为环境经济、生态补偿等环境政策。

充分结合四川省实际，就公民环境信用评价体系建立后的运行场
景设计做出初步研究，以此作为引导公众参与环境治理的重要激
励机制，推动公众参与制度落到实处。

关键词： 环境社会治理 环境治理体系 公民环境信用

一 关于环境信用的基本概念解析

（一）环境信用及其内涵

关于环境信用，尚未有明确的界定，但其作为社会信用的一种，首
先应该具有社会信用的基本特征。围绕社会信用，国内相关研究较多，
已经进行了充分的讨论。吴晶妹认为社会信用体系建设对应的就是广义
信用，需要进行诚信道德文化建设、社会活动管理合规建设、经济交易
践约建设，引导社会全面健康发展。[①] 金玉笑认为要理解信用的内涵，核
心在于厘清两对关系，一是必须明确信用与法治的关系，即法治是信用
建设的根本原则；二是必须厘清信用与道德的关系，即信用是弘扬道德
的制度保障。[②] 目前国家层面尚未有法律或政策对"社会信用"概念进行
明确界定，但部分地方行政法规，如《上海市社会信用条例》中有相关
表述，把"社会信用"表述为"具有完全民事行为能力的自然人、法人
和非法人组织，在社会和经济活动中遵守法定义务或者履行约定义务的
状态"，指出社会信用的核心在于兼具市场经济属性和社会管理属性。因
此，综合来看，可以认为环境信用需要基于生态环境相关法治的根本原
则建设，用以弘扬环境道德的制度保障，是具有完全民事行为能力的自

---

① 吴晶妹：《从信用的内涵与构成看大数据征信》，《首都师范大学学报》（社会科学版）2015
年第6期。
② 金玉笑：《"信用"的内涵与边界》，《浙江经济》2019年第20期。

然人、法人和非法人组织在社会和经济活动中应遵守的环境相关的约定。

（二）企业环境信用与公民环境信用

我国于2005~2015年开展企业环境信用评价，10年间企业环境信用评价已经在17个省（自治区、直辖市）实施，目前全国范围内参与企业环境信用评价的企业数量显著增加。由此可见，虽然企业环境信用评价的成效还不够理想，但是相较于公民环境信用建设而言，已经迈出了很大的一步。为何公民环境信用建设一直没有迈出步子，这与其特点有很大关系。

第一，公民环境信用具有更加宽泛的内涵，覆盖更多层次。环境信用建设首先需要设计一套合理的信用评价指标体系，这是信用建设的基础，而公民环境信用指标体系需要从公民的环境行为中抽象而来，需要对公民环境行为进行具体的规定和引导。而相较于企业而言，社会公民环境行为更加复杂和多元化，短时间内进行充分归纳和总结几乎不可能。

第二，对公民环境信用的评价难度更大，数据的获取方式更加复杂，这也是相较于企业环境信用建设，其更加棘手的重要原因。公民环境行为比企业环境行为更加多元，其可检测性和历史数据的可获得性更低，除非社会公民自愿参与申报，否则很难对一个公民的环境信用进行相对准确的评价。

公民环境信用运用场景的设计和企业的还完全不同。企业是生产和经营性实体，可以对其排放"达标"等环境污染行为进行硬约束，也可以基于环境效益的持续增加，对其在环境社会责任的履行方面进行引导和激励。然而就公民而言，其破坏和污染环境的行为较少，并且相关硬约束的措施和手段也很有限，因此只能靠激励和引导，在应用场景的设计上需要更具针对性，还必须兼顾趣味性和参与性。

（三）公民环境行为梳理

公民环境信用体系建设和其他任何形式的信用体系建设一样，需要建立在一套可行的评价体系之上，即公民环境信用评价指标体系。而任何一套信用评价体系的设计也都是从相应的行为中抽象而来，就像金融信用、商业信用的评价是基于金融和商业行为。就环境行为而言，有学者把个人环境行为分为个人环境致害行为和个人环境友好行为。个人环境致害行为是指公民在生活、消费中污染环境或破坏生态的行为，如倾倒垃圾、焚烧秸秆等；个人环境友好行为是指公民以积极的方式保护环境的行为，如低碳出行、废物利用等。有学者将公民环境行为大体划分为两类，即私人环境行为和公共环境行为。① 私人环境行为侧重于公民生活中的个人环保行为，如垃圾分类、节约能耗等；而公共环境行为通过对行动主义的强调而更加突出公民更大的付出，以组织化的，甚至带有激进色彩的方式来实施，如请愿、游行、参加环保组织等。有学者进一步把公民环境行为分为5类，包括：说服行为，指通过言辞促使人们采取有益于环境的行为，如辩论、演说等；财务行为（也称消费行为），指利用经济手段保护环境的行为，如拒买造成环境污染的物品、投资环保事业等；生态管理行为，指为维护或改善现有生态系统所采取的实际行动，如植树造林、回收垃圾等；法律行动，指为完善环保相关的法律法规，或为禁止某些破坏环境的行为而采取的法律行动，如环境执法、向法律机关上诉等；政治行动，指通过上访、游行或组织参与竞选等政治手段，促使政府行政部门采取行动，以解决环境问题。②

2018年6月4日，生态环境部、中央文明办、教育部、共青团中央、全国妇联印发《公民生态环境行为规范（试行）》，从关注生态环境、节约能源资源、践行绿色消费、选择低碳出行、分类投放垃圾等方面对公民环境行为进行了倡导（见表1）。③ 生态环境部环境与经济政策研究中心基于

---

① 王磊、钟杨：《中国城市居民环保态度、行为类别及影响因素研究——基于中国34个城市的调查》，《上海交通大学学报》（哲学社会科学版）2014年第22期。

② 孙岩、宋金波、宋丹荣：《城市居民环境行为影响因素的实证研究》，《管理学报》2012年第1期。

③ 资料来源于 http://news.fjsen.co。

《公民生态环境行为规范（试行）》中的 10 类行为领域，选择了一些指标
开展 2019 年和 2020 年公民生态环境行为调查。

表 1　公民生态环境行为

序号	条目	具体内容
1	关注生态环境	①关注环境质量、自然生态和能源资源状况；②了解政府和企业发布的生态环境信息；③学习生态环境科学、法律法规和政策、环境健康风险防范等方面知识；④提升自身生态环境保护意识和生态文明素养
2	节约能源资源	①合理设定空调温度，夏季不低于 26℃，冬季不高于 20℃；②及时关闭电器电源；③多走楼梯少乘电梯；④一水多用；⑤节约用纸；⑥按需点餐不浪费
3	践行绿色消费	①优先选择绿色产品；②尽量购买耐用品；③少购买使用一次性用品和过度包装商品；④不跟风购买更新换代快的电子产品；⑤外出自带购物袋、水杯等；⑥闲置物品改造利用或交流捐赠
4	选择低碳出行	①优先步行、骑行或公共交通出行；②多使用共享交通工具；③家庭用车优先选择新能源汽车或节能型汽车
5	分类投放垃圾	①学习并掌握垃圾分类和回收利用知识；②按标志单独投放有害垃圾；③分类投放其他生活垃圾，不乱扔、乱放
6	减少污染产生	①不焚烧垃圾、秸秆；②少烧散煤；③少燃放烟花爆竹；④抵制露天烧烤；⑤减少油烟排放；⑥少用化学洗涤剂；⑦少用化肥农药；⑧避免噪声扰民
7	呵护自然生态	①积极参与义务植树；②保护野生动植物；③不破坏野生动植物栖息地，不随意进入自然保护区；④不购买、不使用珍稀野生动植物制品；⑤拒食珍稀野生动植物
8	参加环保实践	①积极传播生态环境保护和生态文明理念；②参加各类环保志愿服务活动；③主动为生态环境保护工作提出建议
9	参与监督举报	①积极参与和监督生态环境保护工作；②劝阻、制止或通过"12369"平台举报破坏生态环境及影响公众健康的行为
10	共建美丽中国	①坚持简约适度、绿色低碳的生活与工作方式；②自觉作生态环境保护的倡导者、行动者、示范者，共建天蓝、地绿、水清的美好家园

资料来源：《关于公布〈公民生态环境行为规范（试行）〉的公告》，《绿叶》2018 年第 7 期。

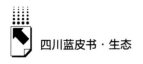

二 公民环境信用评价体系初步构建

（一）评价体系构建的目标原则

构建公民环境信用评价体系是为了引导和激励社会公民广泛参与生态环境保护，充分发挥环境社会治理的作用。公民环境信用评价体系的设计在原则上除了要遵循建立指标体系的一般性原则外，更需要突出公民环境的特点和典型性。

1. 科学性原则

构建公民环境信用评价体系必须以科学性为首要原则。评价体系要能科学、准确地反映研究对象的内涵。对于所包含的基础指标，应有明确的含义、定量的测算方法，如此才能达到科学评价的目的。指标的选取应结合公民环境行为的特点、四川省环境治理的需求等，确保选取的指标能够真实全面地反映公民参与环境治理的水平和存在的问题等。

2. 层次性原则

评价体系应具有层次性，以避免筛选指标的重复和冗余。层次划分的主要依据是公民的生态环境保护参与程度，可分为践行绿色低碳生活方式、坚持生态环境友好行为、参与生态环境治理3个方面，并且各领域又包含次一级要素。只有坚持层次性原则，才能充分反映公民生态环境行为的整体和各个环节的情况，以体现公民信用评价研究的价值。

3. 可操作性原则

公民环境信用评价体系除了要遵循科学性、层次性原则外，还必须具有可操作性，即需要确保在实践中的可操作性和实用性，定量指标应能方便获取或者测算，定性指标应尽量标准化。

4. 动态性原则

公民环境信用评价将是一项长期工程，目前的研究仅仅是个开端，还在初级探索阶段，因此构建的公民环境信用评价体系，既能反映当前公民环境治理参与状况，也能涵盖未来发展趋势，并且在后期试点中根据现实需要进行动态调整，确保评价体系在不同时期和不同区域都具有可比性。

（二）公民环境信用评价体系的构成

公民环境信用评价的核心是对公民日常的环境行为进行评价和鼓励，因此评价体系的构成应该涵盖公民日常环境行为的方方面面。根据《公民生态环境行为规范（试行）》，通过咨询环境社会治理领域相关专家的意见，在对公民环境行为进行充分总结的基础上，将公民环境信用评价体系分成践行绿色低碳行为、坚持生态环保行为、参与生态环境治理 3 个方面，具体情况如下。

1. 践行绿色低碳行为

践行绿色低碳行为主要是指公民在生活作息时所耗用的能量要尽力减少，从而减少含碳物质的燃烧，特别是减少二氧化碳排放量，从而减少对大气的污染，减缓生态恶化，减缓温室效应。在这方面主要涉及节约能源资源、践行绿色消费、选择低碳出行 3 个二级指标，同时每个二级指标都含有多个三级指标（不全覆盖），具体情况如表 2 所示。

表 2　绿色低碳行为指标

一级指标	二级指标	三级指标
践行绿色低碳行为	节约能源资源	合理设定空调温度
		及时关闭电器电源
		多走楼梯少乘电梯
		一水多用
		节约用纸
		按需点餐不浪费
	践行绿色消费	优先选择绿色产品
		尽量购买耐用品
		少购买使用一次性用品和过度包装商品
		不跟风购买更新换代快的电子产品
		外出自带购物袋、水杯等
		闲置物品改造利用或交流捐赠

续表

一级指标	二级指标	三级指标
	选择低碳出行	优先步行、骑行或公共交通出行
		多使用共享交通工具
		家庭用车优先选择新能源汽车或节能型汽车

资料来源：《关于公布〈公民生态环境行为规范（试行）〉的公告》，《绿叶》2018 年第 7 期。

2. 坚持生态环保行为

坚持生态环保行为是指居民在生活中保护生态环境、减少污染产生的相关行为类型，主要覆盖环境和生态两个部分。垃圾分类近年来受到政府的高度重视和社会各界的广泛关注，因此把分类投放垃圾专列出来。总体上坚持生态环保行为分为分类投放垃圾、减少污染产生、呵护自然生态 3 个二级指标，其中每个二级指标都含有多个三级指标（不全覆盖），具体情况如表 3 所示。

表 3 坚持生态环保行为指标

一级指标	二级指标	三级指标
坚持生态环保行为	分类投放垃圾	学习并掌握垃圾分类和回收利用知识
		按标志单独投放有害垃圾
		分类投放其他生活垃圾，不乱扔、乱放
	减少污染产生	不焚烧垃圾、秸秆
		少烧散煤
		少燃放烟花爆竹
		抵制露天烧烤
		减少油烟排放
		少用化学洗涤剂
		少用化肥农药
		避免噪声扰民

一级指标	二级指标	三级指标
	呵护自然生态	积极参与义务植树
		保护野生动植物
		不破坏野生动植物栖息地,不随意进入自然保护区
		不购买、不使用珍稀野生动植物制品
		拒食珍稀野生动植物

资料来源:《关于公布〈公民生态环境行为规范(试行)〉的公告》,《绿叶》2018 年第 7 期。

3. 参与生态环境治理

参与生态环境治理与践行绿色低碳行为、坚持生态环保行为相比对公民环境行为的要求更进一步,其不仅仅关乎公民的个人生态环境行为的践行,独善其身已经显得不够,而更体现为公民通过参与公共活动对生态环境的治理和保护,如监督、举报、宣传等。根据公民日常参与生态环境治理的实际情况来看,主要涵盖参加环保实践、参与监督举报、关注生态环境 3 个二级指标,其中每个二级指标都包含多个三级指标(不全覆盖),具体情况如表 4 所示。

表 4　参与生态环境治理指标

一级指标	二级指标	三级指标
参与生态环境治理	参加环保实践	积极传播生态环境保护和生态文明理念
		参加各类环保志愿服务活动
		主动为生态环境保护工作提出建议
	参与监督举报	积极参与和监督生态环境保护工作
		劝阻、制止或举报破坏生态环境行为
	关注生态环境	关注环境质量、自然生态和能源资源状况
		了解政府和企业发布的生态环境信息
		学习生态环境科学、法律法规和政策、环境健康风险防范等方面知识

资料来源:《关于公布〈公民生态环境行为规范(试行)〉的公告》,《绿叶》2018 年第 7 期。

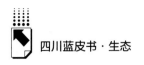

三 四川省公民环境信用评价的运用场景设计

（一）运用场景设计的基本原则

1. 评价系统的延续性

公民环境信用评价系统设计的延续性主要是指公民环境信用积分的累积性和公民参与环境信用评价时间的灵活性。首先，延续性体现在公民环境信用积分的累积上，公民环境信用评价不同于企业环境信用评价，没有硬性约束指标，没有上限分值，主要是引导性指标，进行信用积分的累加。其次，延续性还体现在公民环境信用评价时间的灵活性上，公民可以随时上传相关资料参与评价，公民环境信用分也可实时更新、转化和运用。

2. 参与方式的游戏化

公民环境信用评价参与方式的游戏化是指在公民环境信用评价系统的设计上利用游戏的形式，让公民环境信用评价具有趣味性，以此来充分调动公民参与的积极性。公民环境信用评价不同于企业，不可能要求每个公民必须参与，因此必须要提高公民主动参与意愿。参与方式的游戏化，可以让公民环境信用评价更接地气，提升公民对环境信用评价的接受度。同时，游戏化设计还有利于公民之间的主动传播和推广，这对公民环境信用评价的开展具有重要的意义。

3. 评价数据的易获性

一切形式的信用评价的开展都基于相关资料和数据，公民环境信用评价也不例外。由于公民生活的独立性和个人信息的私密性，公民环境信用评价和其他形式的社会信用评价以及企业环境信用评价不同，在数据获取上难度更大，尽管从其他社会信用评价案例中不难看出借助各种互联网平台和官方平台数据共享或许能解决一些问题，但就生态环境而言，结合公民环境信用评价体系来看，借助各种互联网平台和官方数据来开展的公民环境信用评价仍是远远不够的。因此在公民环境信用评价的体系构建和运用场景设计上，数据的易获得性始终是需要予以重点考虑的，在指标设计上尽量标准化、可量化，而在运用场景设计上应尽量设计成公民主动配合、主动提供和上传相关资料与数据的模式。

4. 资源链接的绿色化

开展公民环境信用评价是为了从意识、行为等方面引导公众主动关注生态环境、参与生态环境治理，因此与公民环境信用评价系统平台链接的相关资源也必须遵循生态、绿色原则。例如，可以在公民环境信用评价系统平台上链接一些环境宣传信息，可以为环保类公益组织提供发布志愿者招募信息、活动推广宣传的窗口，还可以链接一些绿色的生态产品等。

（二）推动公民环境信用评价体系落地落实的具体方案

1. 第一步：成立一个管理中心

公民环境信用评价与定期开展（1年1次）的企业环境信用评价不同，公民环境信用评价在时间和形式上都具有很强的灵活性，并且覆盖的公民数量也远远超企业数量，因此公民环境信用评价需要单独成立相应的管理组织或机构。在公民环境信用评价系统平台建立之前，第一步就需要组建相应的系统管理中心，以开展评价系统平台的数据审核、日常维护和运行。根据公民环境信用评价相关技术要求和评价系统设计要求，管理中心应配有相应的互联网技术人员、互联网产品设计人员、生态环境专业技术人员等。管理中心的主要职责：一是进行系统的整体设计和搭建，以及日常的程序更新和维护；二是负责宣传推广和普及公民环境信用评价系统，引导公民参与；三是审核公民上传的相关资料和数据，根据公民环境信用评价体系积分方法进行打分；四是拓展服务，链接环保公益组织信息、链接环保产品信息等相关资源，丰富平台的应用群。

2. 第二步：搭建一个平台系统

首先，公民环境信用评价需要建立一个相对独立的、开放性的平台系统。公民环境信用评价包括公民的绿色低碳行为、生态环境保护行为、环境治理参与情况等多方面资料和数据的分析和判断，再加上公民环境信用评价在时间上具有灵活性，数据获取具有很强的开放性，这些都决定了公民环境信用评价的运行需要建立在一个开放的数据平台上，如果考虑到平台的开发成本和运维成本，刚开始可以以小程序的形式，随着参与评价的公众数量增加，可以考虑升级为 App 应用程序。

其次，公民环境信用评价系统还要区别于一般的评价系统。前文已经论述了公民环境信用评价需要凸显趣味性，这也是公民环境信用评价系统平台在设计上要区别于一般的评价系统平台的原因，现在就如何体现趣味性做简单的架构设计。在趣味性设计上首先是以开放性的养成系游戏为切入点，像是蚂蚁森林这种运行逻辑，其吸引用户的很大原因就在于趣味性，但是其可玩性还远远不够，在公民环境信用评价系统的设计上还可以进行大胆突破。例如，可以设计成美丽四川建设游戏（分为平原、丘陵、山区、高寒高海拔等不同区域），随着公民环境信用积分的增加，可以解锁不同地区体验，可以解锁不同的流域，可以解锁生态农业建设，可以解锁新能源等低碳环保产业，可以兑换不同的植物进行种植，可以进行低碳城市建设，也可以进行生物多样性构建等。用这种动态地图建设游戏的形式，可以让公众直观感受到绿色环保行为带来的直接效果，也可以展示其对建设美丽四川的思考，有利于公民环境信用评价的开展，有利于引导公民生态环境友好型行为。

3. 第三步：开放公民自主申报端口

公民环境信用评价系统在设计上与其他形式的信用评价系统的最大区别在于对公民开放环境行为相关材料和数据的上传窗口，公民可以根据系统提示上传公民环境信用评价体系包含的相关环境保护行为，以及暂未涉及的其他形式的环境保护行为。

4. 第四步：链接一系列绿色环保资源

公民环境信用评价作为引导公众参与生态环境保护的重要手段，其在落地实施过程中链接的一些配套资源也应该满足绿色、环保的要求，不能简单以发放代金券、积分兑换商品这种形式进行，应该考虑链接一些生态农产品消费券（助推乡村振兴）、新能源汽车充电券等绿色低碳的消费场景，并且不能单单体现为经济奖励方式，还应该考虑授予优秀环保志愿者、环保达人、低碳能手等称号的精神激励方式。

（三）推广普及公民环境信用评价的实施路径

公民环境信用评价推广的难度远远大于企业环境信用评价，其原因在于公民环境信用评价主体即公民是分散的，是很难通过行政手段进行约束的，想在推广过程中以点对点的方式进行宣传和引导几乎是不可能的。但在现实生活中，社会公民又不同程度地归属于各类集体形式，如学校、社区、企业等，因此在公民环境信用评价的推广过程中，就非常需要借助学校、社区、企业的力量。

1.选择好社区和学校切入点

公民环境信用评价可以紧密结合低碳社区创建，助力社区引导居民选择低碳生活方式。2014年，《国家发展改革委关于开展低碳社区试点工作的通知》（发改气候〔2014〕489号）指出，开展低碳社区试点工作是我国走新型低碳城镇化道路、倡导和谐社会下低碳生活方式、控制居民生活领域温室气体排放过快增长的重要探索。2015年，国家发改委编制了《低碳社区建设指南》。2016年10月27日，国务院发布了《"十三五"控制温室气体排放工作方案的通知》，明确提出"创新区域低碳发展试点示范"。公民环境信用评价中的"践行绿色低碳行为"指标可以和"低碳社区"创建中的低碳生活方式有效结合，并且公民环境信用评价系统链接的相关资源，可以直接为公民绿色生活方式提供激励反馈，以此建立相应的绿色生活激励机制，强化居民节约能源资源、践行绿色消费、选择低碳出行等绿色行为，进一步调动居民践行绿色生活方式的积极性。

公民环境信用评价可以紧密结合环境教育，助力提升学生环境保护意识。公民环境信用评价无论是在目的上还是在形式上，都与环境教育高度契合，一是环境教育的效果能通过公民环境信用评价系统得到及时反馈，直接体现为公民环境信用积分的增加；二是公民环境信用评价还能有效解决各类

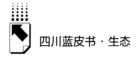

学校开展环境教育手段和路径不足的困境，开展第二课堂进行环境保护教育。

2.借助专业环保组织的力量

环境社会治理旨在推动生态环境保护的多元共治，而在环境社会治理的实践中，普通公众自主参与环境治理的情况相当罕见，更多的是以社会环保组织为核心予以推动的，因此环保 NGO 作为环境治理主体之一，在环境治理中的作用日益凸显。并且和环境社会治理的理论研究有所不同，环保 NGO 往往以更小的切入口在社区长期从事具体领域的环境治理，如自然保护、城市河流保护、垃圾分类等，而这些具体领域和公民环境信用评价体系中的一些具体指标正好能够一一对应起来，因此在推动公民环境信用评价体系落地的过程中，需要充分借助扎根于不同治理领域的环保 NGO 的力量，与其相关工作形成联动。

参考文献

胡颖、王雪贞：《环境信用评价制度建设探讨》，《中国商论》2020 年第 23 期。

魏伟佳：《论个人绿色信用法治化》，《保定学院学报》2020 年第 6 期。

刘友宾：《推动公众参与生态环境社会治理促进生态环境治理体系和治理能力现代化》，《环境与可持续发展》2020 年第 1 期。

刘煊宇：《环境信用制度重构研究》，湘潭大学硕士学位论文，2019。

张卓强：《我国环境信用评价法律制度研究》，兰州大学硕士学位论文，2018。

《关于公布〈公民生态环境行为规范（试行）〉的公告》，《绿叶》2018 年第 7 期。

李英锋：《让环境信用评价成为"环保身份证"》，《人民公安报》2018 年 3 月 25 日。

张婷婷：《我国企业环境信用评价指标体系研究》，吉林大学硕士学位论文，2017。

莫张勤：《反思与重构企业环境信用评价的中国实践——以多元主体参与为视角》，《商业经济研究》2017 年第 2 期。

王磊、钟杨：《中国城市居民环保态度、行为类别及影响因素研究——基于中国 34 个城市的调查》，《上海交通大学学报》（哲学社会科学版）2014 年第 6 期。

孙岩、宋金波、宋丹荣：《城市居民环境行为影响因素的实证研究》，《管理学报》2012 年第 1 期。

颜敏：《红与绿——当代中国环保运动考察报告》，上海大学博士学位论文，2010。

严晖、叶建林：《环境信用机制的建立与完善》，《环境与可持续发展》2007 年第 3 期。

B.14
四川省生态产品价值实现机制研究

——以蒲江县为例

孙玺　黄寰*

摘　要： 为了生态环境能实现和谐可持续发展，使"绿水青山"向"金山银山"有效转化，研究生态产品价值实现机制是必要的。本文从生态产品的概念与特征入手，探讨我国研究生态产品价值实现的重要意义，指出当前四川省生态产品价值实现面临的问题，并以成都市蒲江县作为研究对象，从地理位置、气候条件、河流资源、地形地势等多个方面描述蒲江县生态环境特征，发现蒲江县具有巨大的生态价值变现的潜力，梳理其生态产品价值实现的发展历程和具体举措，总结当地政府、科研机构、企业等在生态产业发展过程中所起到的作用，并对四川省探索生态产品价值实现机制提出针对性建议。

关键词： 蒲江　生态产品价值实现　四川

党的十八大以来，以习近平同志为核心的党中央立足于生态文明建设，首次提出了"生态产品"概念，形成了以"绿水青山就是金山银山"

---

* 孙玺，四川省社会科学院硕士研究生，主要研究方向为农村发展；黄寰，成都理工大学商学院教授，经济学博士（后），地质灾害防治与地质环境保护国家重点实验室固定研究人员，主要从事区域可持续发展研究。

为核心理念的习近平生态文明思想。"绿水青山就是金山银山"体现着人与自然和谐共生的理念,树立和践行"绿水青山就是金山银山"理念要以生态产品价值实现为理论基础,发掘生态产品和生态环境的自然优势,利用市场化的手段将自然优势转化为产品优势、生态优势转化为经济优势,将"绿水青山"转化为"金山银山",促进生态产品价值实现。习近平总书记进一步指出,要选择具备条件的地区开展生态产品价值实现机制试点,在机制试点内探索政府主导、企业和社会各界参与、市场化运作、可持续的生态产品价值实现路径,提高生态产品的供给能力,优化生态产品的供给模式,是平衡经济发展与生态环境之间的关系、推进可持续绿色发展的根本途径。

自习近平总书记2018年在全国生态环境保护大会上提出,要提供更多优质生态产品以满足人民日益增长的优美生态环境的需要[1]以来,全国各地依托生态环境优势发掘地方特色产业、推广多产业融合模式,积极探索适合本地区的生态产品价值实现机制。四川省成都市蒲江县具有良好的生态资源和生态环境,是国家首批生态文明建设示范区。其地处北纬30度,气候温和、雨量充沛、土壤肥沃,石象湖、朝阳湖、长滩湖景区周边森林覆盖率更是高达80.9%,具有"天然氧吧"的美誉。近年来,蒲江以"绿色发展"的新发展理念为实践指导,在乡村振兴的统领下,靠生态集聚产业、以绿色助力农业,逐步形成以茶叶、猕猴桃、柑橘三大生态特色农业支柱产品为代表的规模化生态产业集群。由此可以看出,蒲江县生态产品开发效果显著,真正实现了经济与生态环境的协调发展。对蒲江县生态产品价值实现的发展过程进行研究,不仅有助于激发当地绿色经济活力,促进产业间协调发展,同时也有助于全国众多的重农兴农县域之间横向交流和比较学习,汇集多方经验与力量构建生态产品市场化运作体系,探索生态产品价值实现的有效机制。

---

[1] 《推动我国生态文明建设迈上新台阶》,http://www.gov.cn/xinwen/2019-01-31/content_5362799.htm,2019年1月31日。

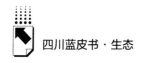

一 生态产品价值实现的概述

（一）生态产品的概念与特征

狭义的生态产品概念主要以《全国主体功能区规划》中的界定为基础，定义为"维系生态安全、保障生态调节功能、提供良好人居环境的自然要素，包括清新的空气、清洁的水源和宜人的气候等"。[①] 随着生态文明建设的推进，学者们从广义的角度对生态产品加以定义，广义的生态产品除了清新空气、清洁水源、原始森林等自然要素产品，还包括人类通过清洁生产、循环利用等方式生产出来的绿色有机农产品和生态工业品等物质供给产品，涵养水源、调节气候、水土保持、防风固沙等调节服务产品和生态旅游、游憩康养、美学体验等文化服务产品，[②] 广义的概念强调了自然要素与人类劳动的共同作用。基于生态产品的概念演化，生态产品主要有以下特征：整体性、公共性、外部性、地域性、难以计量性和价值多样性。

（二）生态产品价值实现的实施背景

"两山"理论把保护生态环境和发展生产力比喻成"绿水青山"和"金山银山"，明确指出保护生态环境就是发展生产力，改善生态环境就是发展生产力，这为我国经济发展和生态保护之间长久以来固有的矛盾关系找到了破解之法和转化之机。当前对生态产品价值实现机制的探索已然成为践行"两山"理论的重要举措，通过建立符合各地区经济发展趋势的生态产品价值实现机制对推进我国生态文明建设也具有举足轻重的意义。

四川省作为长江和黄河的重要生态屏障和水源涵养地，始终都将"绿水

[①] 《国务院关于印发全国主体功能区规划的通知》，http://www.gov.cn/zhengce/content/2011-06/08/content_1441.htm，2011年6月8日。

[②] 刘伯恩：《生态产品价值实现机制的内涵、分类与制度框架》，《环境保护》2020年第13期。

青山就是金山银山"的核心理念作为引导,持续探索"两山"理论转化实现的相关机制。在自然保护地生态修复治理方面,全省各地共建立自然保护地500多处,约占四川省土地面积的23%,形成了涵盖面广、类型多样的自然保护地网络,切实有效地护卫了长江、黄河上游重要的水源涵养地。近些年来四川全省共有56个县(市)被纳入国家重点生态功能区域,总量位居全国第一。全省在生态旅游、特色农产品等绿色产业方面加大扶持力度,并率先在全省范围内启动"三线一单"编制体系——守住生态保护红线、环境质量底线、资源利用上线,确立生态环境准入清单。四川省在生态文明体制改革的推动和不断深化探索中,相继增强了地方政府在生态产品交易中的作用,并于2021年11月由四川省发展改革委印发通知,提出在全省14个地区开展生态产品价值实现机制试点,这也是四川省首次开展相关试点。通知印发以来,各试点地区积极探索生态产品价值实现路径和模式,其中广元市和成都市大邑县勇于创新、积极实践,相继形成了一些科学的经验模式,值得其他地区借鉴。

(三)生态产品价值实现的方式

国内学术界对生态产品价值实现的实践案例有过大量的研究,其中张林波等从生态产品使用价值的交换主体、交换载体、交换机制等角度,[①] 将案例经验归纳形成生态保护补偿、生态权益交易、资源产权流转、资源配额交易、生态载体溢价、生态产业开发、区域协同发展和生态资本收益八大类、22小类生态产品价值实现的方式(见表1)。

表1　生态产品价值实现的方式

实践模式	分类
生态保护补偿	纵向生态补偿、横向生态补偿、生态建设投资、个人补贴补助
生态权益交易	生态服务付费、污染排放权益、减负权益交易
资源产权流转	耕地产权流转、林地产权流转、修复产权流转、保护地役权

---

① 张林波、虞慧怡、郝超志、王昊:《国内外生态产品价值实现的实践模式与路径》,《环境科学研究》2021年第6期。

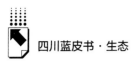

实践模式	分类
资源配额交易	区域总量配额、开发补偿配额
区域协同发展	异地协同开发、本地协同开发
生态载体溢价	直接载体溢价、间接载体溢价
生态资本收益	绿色金融扶持、资源产权融资、补偿收益融资
生态产业开发	物质原料产品、精神文化产品

（四）四川省生态产品价值实现存在的问题

在四川省持续探索生态产品价值实现机制，并取得一定成效的同时，相较于国家制定的关于生态产品价值实现机制的总目标和要求，四川在探索的过程中仍存在一些问题。

一是不同地区生态产品价值实现的方式各不相同，且部分地区的生态产品交易市场建设滞后，产品的市场转化途径缺失。例如，四川在发展生态农业方面，尽管部分山岭地区依托地理优势和自然禀赋条件，大力开展菌类、笋类、中药材、蜜蜂等特色生态产品种养殖，但因为山岭地区农户居住的分散性，以及种养殖技术的不专业性，整体上未形成规模化产业群，生态产品的质量得不到保障，阻碍了生态产品向市场转化，从而也无法有效带动周边地区的经济增长。由此可见，四川省的部分山区在生态产品市场化途径发展方面还需加大建设力度。

二是全省现有生态产品价值实现程度普遍不高。一方面很多地区对当地的特色生态产品定位模糊，不能充分挖掘出该产品的显著特征，使得产品在交易市场上缺乏竞争力，不仅使生态产品价值实现程度降低，也限制了当地新业态的增长。另一方面由于生态产品的定位不明确，产品所处的产业链条难以延长，当地特色生态循环产业发展缓慢，也使得生态产品附加值偏低。从阿坝藏族特有的汶川大樱桃、理县牦牛肉等生态农产品的发展来看，其具有高品质、绿色、健康等特点，在市场上本应具有较大的发展空间，但由于阿坝等地区地理位置偏远，交通运输在一定程度上受到阻碍，该类产品在物流运输和销售环节还未形成完善的保障管理机制。高昂的运费，使这些生态产品普遍存在"优质不优价"的现象，购买群体的热情不高，销售市场不景气，生态产品价值实现程度不高。

三是生态产品价值实现相关保障监测体系尚不健全，对生态产品价值核算工作的支撑力度不足。生态产品价值核算的前期工作需要对大量自然资源进行统计，对生态环境进行调查与监测，利用所得到的统计监测数据进行后续的模型分析。事实上，目前省内各地区的环境质量监测系统更新较慢，技术尚不成熟，区域生物多样性的数据也面临着不完整、不精确和不及时等问题，生态产品价值核算工作得不到有力的保障。与此同时，全省针对生态数据监测工作的管理制度缺失，监测数据的共享机制失效，研究学者很多时候在政府公众平台上无法获取相关数据，这也对四川省生态产品价值核算工作的推进形成了一定程度的阻碍。

二　蒲江县生态产品资源概况

蒲江县以丰富的自然资源和生态优势入选国家首批生态文明建设示范区，高质量的生态产业发展也为四川省的生态文明建设带来了巨大的经济价值。蒲江作为四川西部地区积极发展农业的县域之一，从 2018 年以来依托其自然环境与特色产业优势，致力于打造休闲农业旅游和特色生态产品现代产业园区，同时在科学发展观的指导下扬长避短，走出一条符合"蒲江特色"的生态保护与经济发展共赢的生态产品价值实现路径，不仅将蒲江树立为川西地区生态农业发展的典范，为蒲江融入成都经济发展圈提供了基础性的规划，也为四川省其他市县探索生态产品价值实现机制提供了可行的方案。

"金山银山"是生态产品所蕴含的社会价值与经济价值，即生态系统生产总值（Gross Ecosystem Product，GEP），是生态系统为人类福祉和经济社会可持续发展提供的各种最终物质产品与服务（简称"生态产品"）价值的总和，主要包括生态系统提供的物质产品、调节服务和文化服务的价值。[①] 为了摸清蒲江县生态系统的"生态家底"，使蒲江能更好地践行"绿水青山就是金山银山"的发展理念，通过结合 GEP 的三类价值指标，从自然要素、物质供给、文化服务三个方面对蒲江县生态产品资源情况进行概括。

（一）自然要素资源概况

蒲江县地处四川平原西南部，绵延 580.14 平方公里。其东临眉山市，西接雅安市，南靠丹棱县、北依邛崃市，隶属四川省成都市，距成都市区约68 公里，在"成都半小时经济圈"和成都三环经济发展带上，具有十分明显的区位优势。

蒲江县气候条件良好，属亚热带湿润季风气候，年平均气温为 16.4℃，常年降水丰沛，无伏旱、洪涝等自然灾害，相较于成都市区而言，蒲江的空气湿度较低，在冬季也能享受到充足的阳光。这种独特的气候条件，为农作物、野生动物提供了良好的生长条件，造就了绿色的生态环境。全县的地形呈"三山夹两河"的独特地貌景观，山水错列，具有观赏价值和科研价值。蒲江县境内的河流位属长江流域岷江水系，主干河流有两支，分别为蒲江河和临溪河。其中临溪河全长 76.7 公里，流经县境内的面积为 237.8 平方公里；蒲江河全长 62 公里，县境内流域面积较为广阔，达 462.8 平方公里，地表水资源 5.19 亿立方米且达到国家Ⅱ级标准，有全国一流的高硅低钠矿泉水。全县土壤的酸碱度适中，土质肥沃、有机质含量较高，且排水性良好，具备农业耕作、果树生长、家禽饲养的良好条件。2020 年全县森林覆盖率达到 66.96%，空气质量优于国家Ⅱ级标准，林内蕨类植物、附生植物及苔藓真菌甚多，对调节全县生态气候、降低水土流失、控制土壤沙化极其有利。县内蕴藏着丰富的野生动植物资源，其中树木植物资源约 320 种，如马尾松、杉木、柏林、桢楠、银杏、黄柏、杜仲等；野生动物兽类 18 种，

[①] 欧阳志云、朱春全、杨广斌：《生态系统生产总值核算：概念、核算方法与案例研究》，《生态学报》2013 年第 21 期。

鸟类 48 种，如短尾猴、巨松鼠、锦鸡、中华虎凤蝶等国家二级保护野生动物；还有白鹭、帚尾豪猪、草鹭等对全省生物多样性相关研究调查有重要科学价值的野生动物。

（二）物质供给资源概况

近几年，蒲江依托自身区域优势，大力发展生态产业，整县推进有机农业发展，目前已形成蒲江三大生态特色农业支柱产业——柑橘、茶叶、猕猴桃。"蒲江丑柑""蒲江猕猴桃""蒲江雀舌"均获评国家地理标志产品，目前已建成以成佳为核心的优质茶叶生产基地 10 万亩、以成新蒲农业示范带为核心的优质中晚熟柑橘生产基地 25 万亩和以复兴为核心的标准化猕猴桃生产基地 10 万亩的三大有机农业基地，先后获批"国家生产标准化示范区""国家地理标志保护产品示范区"。三大特色品牌均成功跻身"中国农产品区域公用品牌价值百强"，品牌价值已超 415 亿元。

自 2006 年起，蒲江县委、县政府积极支持猕猴桃产业发展，建成了以复兴乡猕猴桃集中种植区为中心的猕猴桃标准化示范基地。全县猕猴桃种植总面积 10 万亩，其中获得无公害、绿色、有机和 GAP（良好农业规范）认证的面积为 3.61 万亩，猕猴桃出口示范基地 3 万余亩。同时依托国家现代产业园项目，建成集 8S 标准化种植、休闲观光、民宿等于一体的国际猕猴桃公园。蒲江的柑橘种植历史长达 30 年，有"杂柑之乡"美誉。2020 年果园面积 17 万亩，以不知火、春见等晚熟杂交柑橘为主，产量 30 万吨。获得无公害、绿色、有机、GAP 认证面积 5.69 万亩，认证主体 36 家，收入上百万元的种植大户达 100 余户。蒲江县是四川省茶叶产业领头县，其建造的产业化、规模化、标准化绿色茶产业基地已经逐渐发展为川西茶叶主产区之一。蒲江县 2020 年产茶 9221 吨，茶园 32.8 万亩，其中获得绿色、有机和 GAP（良好农业规范）认证标准的茶园占 53.4%，良种优质率达 99%。除了三大特色产品以外，"蒲江米花糖"也被评为国家地理标志产品，当地的茶叶柑橘提取物、蜂蜜制品、雷竹笋等产品也远销新加坡、日本、俄罗斯等国家。蒲江县因此荣获"国家农产品质量安全县"的称号。

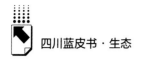
（三）文化服务资源概况

蒲江县由于拥有"三山夹两河"的独特地貌和丰富的湖泊资源，因此县内的旅游景区大多以湖泊山峦型自然景观群为主，适合湖泊湿地旅游项目的开发。朝阳湖、长滩湖、石象湖是蒲江三大著名景点湖泊。朝阳湖湖水面积约 80 平方公里，湖区植被茂盛，沿湖草木葱翠，其间水鸟出没，有"水上青城"的美誉；长滩湖湖水面积约 3360 亩，水体为流动水体，有旅游、灌溉、防洪的功能，周边森林覆盖率达到 80%，空气洁净，素有"天然氧吧"之称；石象湖因湖区古刹石象寺而得名，湖水面积约 800 亩，湖内地形呈现"九沟十八岔"，人称"水上迷宫"，其中石象湖景区用 1000 万株鲜花打造的花博园已成为亚洲规模最大的郁金香旅游节的承办地，至今已成功举办了六届，成为四川省生态旅游示范项目。

蒲江县文化底蕴深厚，历史古迹众多，有位于朝阳湖景区两千多年历史的国家级文物保护单位——飞仙阁、面积约 10000 平方米的宋代惠民监铸钱遗址和数处古盐井遗址，还有历史悠久的古县城"西来古镇"，镇内有典型的川西民居、千年的古榕树、秀丽的河滨走廊，被评为"四川省历史文化名镇"和"全国环境优美乡镇"。蒲江县依托当地良好的自然环境和农业产业基地，以生态旅游为发展方向、体验休闲农业为发展核心，整合全县的生态产品资源，与县内各产业园区共同打造了"光明樱桃观赏区""长秋山麓赏花区""成佳茶乡""鹤山柑橘观光区""明月国际陶艺村"等集农业观光、采摘制作、康养度假于一体的多功能休闲农业旅游模式。

三 蒲江县生态产品价值实现的实践探索

（一）蒲江县生态产品的发展历程

蒲江县特色产品发展历程主要分为 20 世纪 80 年代、20 世纪 90 年代、21

世纪初、21世纪初至今四个阶段（见表2）。20世纪80年代种植的作物主要用以解决温饱问题，20世纪90年代蒲江县既种植粮食作物也种植经济作物，21世纪初全县发展茶叶、生猪、水果产业，21世纪初至今已形成柑橘、茶叶、猕猴桃三大支柱产业协同发展格局，农民收入大幅增加，生活水平显著提高。

表2 蒲江县特色产品发展历程

年代	特征	主要作物
20世纪80年代	山地农耕	水稻、油菜，养殖生猪
20世纪90年代	粮经并重	辣椒、萝卜、水果等经济作物
21世纪初	发展产业	茶叶、生猪、水果产业
21世纪初至今	品牌规模	柑橘、茶叶、猕猴桃三大支柱产业协同发展格局

生态旅游作为生态文明建设的实践途径，是生态环境保护和生态产品文化服务价值实现的关键。近年来，蒲江县依托自然生态资源、历史文化资源和三大优势产业资源，坚持"生态为底、文化铸魂、全域融合"，抓项目、办节会、树品牌，深化国家全域旅游示范区、天府旅游名县建设。2020年，蒲江县接待游客达805.0万人次，旅游收入达45.20亿元，较2018年、2019年呈持续增长态势。

表3 2018~2020年蒲江县旅游产业情况

单位：万人次，亿元

年份	接待游客数	旅游收入
2018	520.5	16.57
2019	756.4	42.70
2020	805.0	45.20

资料来源：2018~2020年蒲江县国民经济和社会发展统计公报。

2019年，蒲江县在原有的一批A级旅游景区基础上，投资9.4亿元用于大力推进大溪谷旅游度假区、明月国际陶艺村等重大项目建设（见表4），打造农商文旅体融合发展的生态旅游示范引领区。同时启动全县文化旅游资源普查工作，梳理自然、人文、历史资源，挖掘特色资源，编制旅游资源预目录。县文体旅局深化临溪河、蒲江河、甘成路"两河一路"全域旅游精品线路建设，以甘溪镇明月村为蓝本，按照"建成一批、启动一批、规划一批"进度，建设13个"要素聚集、宜居宜业、业态丰富、富有活力"的农商文旅体融合发展示范村。

表4　蒲江县旅游景区

景区	特色
石象湖景区（国家 AAAA 级旅游景区）	花博园、郁金香（百合花）旅游节
成佳茶乡（国家 AAAA 级旅游景区）	"蒲江雀舌"、茶马古道、马尾松林、生态茶园
官帽山樱桃园（国家 AAA 级旅游景区）	樱桃节
成都战役纪念馆（国家 AA 级旅游景区）	"四川省国防教育基地""成都市首批干部教育培训现场教学基地"
明月国际陶艺村（国家 AA 级旅游景区）	生态雷竹，古窑，文创项目
大溪谷旅游度假区（省级旅游度假区）	长秋山森林、蒲江河、樱桃山农耕文化、蒲江石窟
白云鹭鸶旅游景区（国家 AA 级旅游景区）	4～10 月成千上万只白鹭、灰鹭、池鹭、白鹳

资料来源：蒲江县统计局。

蒲江县政府在生态产品方面先后出台政策文件予以支持。针对生态产品的开发过程出台了技术规程和相关标准，对特色产品的质量安全监管体系也做了相应的安排。而在特色农业旅游产业方面，蒲江县政府规划建设了一批农商文旅体融合发展示范村，不仅由政府拨款促进文化创意和旅游产业的发展，还通过政策的实施督促各项目的具体落实情况。表5所列为具体政策文件。

表5　蒲江县关于特色产品发展和旅游产业发展政策文件

项目	特色产品	旅游产业
政策文件	《蒲江县生态文明建设规划研究报告》	《蒲江县农商文旅体融合发展示范村建设实施方案》
	《蒲江有机事业发展规划 2013～2022》	《蒲江县促进文化创意和旅游产业发展若干意见》
	《蒲江县 2016～2018 年耕地质量提升产业基金项目实施方案》	

项目	特色产品	旅游产业
政策文件	《关于加强茶叶、柑橘、猕猴桃"三大产业"质量安全监管的实施意见》	
	《蒲江县人民政府〈关于印发促进三次产业转型升级相关意见的通知〉》	
	《蒲江茶叶生产技术规程》	
	《蒲江柑橘生产技术规程》	
	《蒲江猕猴桃生产技术规程》	

（二）蒲江县生态产品价值实现的具体举措

自 2000 年以来，蒲江县以生态农业规划为基础整县推进特色产业发展，围绕柑橘、猕猴桃、茶叶三大支柱产业统筹规划，取得了显著成效。柑橘和猕猴桃年产量持续提升，茶叶年产量也趋于稳定（见表 6）。

表 6　2018~2020 年蒲江县柑橘、猕猴桃、茶叶产量

单位：万吨

年份	柑橘产量	猕猴桃产量	茶叶产量
2018	26.39	8.40	0.87
2019	28.49	8.89	0.95
2020	30.99	9.47	0.92

资料来源：蒲江县 2018~2020 年统计年鉴。

1. 政府识别了蒲江县特色产品的生态价值

蒲江县政府根据特色产品资源分布的特点，引导产业进行区域化布局，并逐步形成了东南部长丘山脉集中发展优质柑橘、中北部五面山区集中种植猕猴桃、西部地区则发展绿色茶叶的规模化产业格局。全县在生态农业思想的指导下，成立农产品质量安全领导小组，将农产品质量安全纳入政府年度目标考核。

在柑橘产业的政策实施上，蒲江县政府注册了"蒲江杂柑"和"蒲江丑柑"两个地理标志产品专用标志，保证了蒲江出产的柑橘质量。每年会以政府为主导举办蒲江丑柑产销对接会、品牌推介会等活动，为柑橘的销售流通"保驾护航"。在柑橘的质量监管方面，县农业局联合市场监管部门专门搭建了"四位一体"的柑橘质量安全监管体系。在猕猴桃产业的政策实施上，蒲江县政府在当地果农发现了野生猕猴桃资源之后迅速采取了保护措施，并对相对集中成片的野生猕猴桃林按林权划分责任范围进行管理，之后通过聘请技术人员对野生猕猴桃进行种源调查，择出优良品种进行人工栽培，在栽培成功的基础上反复改良果苗，并推出相关政策来引导果农进行规模化种植。为了延长猕猴桃产业生产链条，政府还引入了联想佳沃等大型水果经销企业入驻蒲江，使蒲江猕猴桃走出四川、销往全国。在茶叶产业的政策实施上，蒲江县政府采用"三优两免一补一返"的方法，对全县茶园实行"统防统治"，确保了茶叶质量安全。由政府出资启动"中国西部茶都"工程，力求将蒲江打造成现代化西部茶叶贸易中心。在蒲江茶产业供销方面，政府联合零散农户和合作社，推出"公司+农户/合作社+基地"的订单产销模式，使小规模茶叶种植散户的利益有所保障。

2.科研机构提高了蒲江县特色产品的生态价值

2000年，蒲江县引进以杂柑为主的100多个柑橘新品种，经过试种，筛选出春见、爱媛28、不知火等优良品种，为提高品种质量，科研人员对栽植、施肥、病虫防治、修剪、疏果、采摘、贮运等环节进行实地勘查与反复试验，制定了严格的生产管理技术规程。蒲江的高质量柑橘品种也吸引了多家重点科研单位前来调研，借此机会，蒲江县联合中国科学院、四川农业大学、四川省农科院共同搭建了产学研一体化平台。当地猕猴桃品种经过该平台的不断改良，"金艳""红阳"等优质猕猴桃品种面市，为此蒲江县又专门与中科院武汉植物园联合打造了一个多功能的"猕猴桃产业工程中心"。蒲江县为了给当地茶产业的发展提供强有力的科技支撑，借助中国农科院和浙江大学等科研机构和院校的相关农业专家资源，组建了茶产业技术顾问团。该团队对蒲江茶叶的种植管理模式进行了创新，还提出实施"茶林混植"工程，突破原有单一的种类种植限制，让茶树与桂花树、银杏树等林木共生共长。科研团队的到来助推了茶产业规模化、种植标准化、加工集群化的发展。由此可见，科研机构入驻当地，对特色产品进行技术创新、科学培育、品种改良，能大幅提升生态产品的产量和质量，提高蒲江县特色产品的生态价值。

3. 企业实现了蒲江县特色产品的生态价值

企业的带动性、规模性、品牌性都对蒲江县生态产品价值实现起到重要作用。近年来，蒲江县在猕猴桃、柑橘等特色产品发展中灵活运用股份合作、土地托管等方式，形成龙头企业联结专合组织、专合组织带动小农户的经营体系，打造利益共享、风险共担的利益共同体，推动全县特色产品规模化发展、促进农民增收。不仅如此，蒲江还与世界猕猴桃最大销售公司——新西兰公司开展合作，通过加强品牌合作、对产品进行互补等方式，实现销售渠道共享，成功搭建了辐射国内外的销售网络，为蒲江县特色产品生态价值实现提供了新的广阔的空间。相较于农户的小规模种植下产品质量不易保证且参差不齐，大中型企业充足的启动资金使得其易于形成较为完整的生产链条，对产前、产中、产后的服务也有所保障，标准化、规模化的种植也给企业带来高额的经济收益。对于新型技术的学习和机械设备的投入都使得企业要比农户能更好地实现特色产品的生态价值。通过实地调研发现，当地多家企业已经注意到"品牌效应"在市场中的重要作用，只有通过创建具有企业特色的自主品牌，才能在蒲江"区域品牌"的效应辐射下利用"企业品牌"进行双轮驱动。随着电商的兴起，企业与电商平台的合作日趋紧密，在电商平台上一众同质化产品中如何能做到脱颖而出则成为企业亟须思考的事情。蒲江当地的多家企业通过发掘生态产品的特色，打造特色产品的品牌效应，真正发挥行业辐射和引领作用，帮助蒲江县特色产品实现生态价值。

4. 精确定位生态，制定生态旅游战略

很多地区由于对当地的生态产品定位模糊，产品在交易市场上缺乏竞争力，不仅使生态产品价值实现程度降低，也限制了当地新业态的增长。而蒲

江县在发展生态旅游产业的过程中，以"绿色发展"为核心，对当地旅游产业进行精准定位——发展特色生态型旅游，根据不同的发展时期制定不同的生态旅游战略。在规划的初期，蒲江县政府依托当地绿色、生态的环境举办了一系列休闲旅游活动，如"光明乡樱桃节"，通过让游客沉浸式体验赏花摘果的方式，达到"人景互动"的效果，这种农村体验式休闲旅游活动一经发起便取得了巨大的成功，丰富的活动内容吸引了不少外地的游客，带动了当地农民增收。客流量的增长为蒲江带来了经济效益，也顺势推动了各种农产品节会的开展，对于当地特色产品的推广有积极作用。当蒲江把生态旅游这块招牌打响之后，政府接续出台了一系列促进生态旅游业改革发展的政策性措施，力图在当前的基础上推动生态旅游产业向集约型和环境友好型方向转变，这时在规划的中期提出新的生态旅游战略——生态旅游产业要使旅游、产品、环境三者融合，促进自然生态系统的良性循环运转，业内服务质量也要向优质高效提升。蒲江现正处于规划中期，生态旅游产业发展势头强劲，在此战略背景下蒲江不仅抓牢风景名胜类的观光旅游、革命战役类的红色旅游以及以茶文化为主的"茶马古道"类古镇民俗旅游，还打造了三大特色产品（茶叶、猕猴桃、柑橘）基地观光的农业休闲旅游和依托当地良好的森林覆盖率衍生的森林徒步旅游等新型旅游模式等。蒲江县如今的生态旅游业发展成效得益于当初精准的定位和"量身打造"的生态旅游战略。

5. 创新"农创+文创"旅游模式，提升生态旅游品质

"农创+文创"模式即以良好的乡村生态环境及某一具有唯一性的文化特色为基础，依靠创意人的智慧、技能和天赋对文化资源进行创造与提升，产出具有高附加值的产品，发展就业潜力大的产业，以此来探索特色乡村旅游、文创项目集群、创客聚落、乡村振兴等新模式。2013年蒲江县政府成立专项管理团队和对接平台，目的是使明月村"农创"与"文创"相结合，通过前期规划进行招商引资，大力推广农村旅游新模式。"明月国际陶艺村"项目落地后，主要功能是：陶制品生产销售、陶艺文化展示、手工制作体验、休闲运动、田园度假。这种让明月村原住居民与市场主体共同参与

建设新型人文生态度假村落，不仅能以原始的村落文化为底色，调动原住居民的积极性，为提升生态旅游品质贡献自己的力量，还能吸引商铺入驻，产出高附加值产品的同时解决当地部分就业问题。按照目前的发展趋势，这种以农村文化创意体验活动为主的新型旅游模式，正受到越来越多的年轻人的喜爱。

（三）蒲江县生态产品价值实现的经验启示

蒲江县在发展特色产品的过程中，得益于政府、企业、科研机构三方合力引导。首先，政府基于蒲江生态环境特征，整合三大特色产品资源，有效的识别了特色产品的生态价值，同时出台利民政策，鼓励农户种植柑橘、猕猴桃和茶叶。其次，与科研机构及高校开展合作，建立专家资源库，改善种植技术，为生产过程提供科学性支撑。最后，企业在很大程度上解决了产品的流通问题，通过规模化生产和品牌的建立保证了品质的同时扩宽了产品的销售渠道。蒲江在特色产品上真正践行了"绿水青山就是金山银山"的理念，实现了"生态价值"向"经济价值"的有效转化。

蒲江县在生态旅游产业的发展过程中，秉承着保护生态环境就是发展生产力的思想，通过对旅游业的精准定位，将发展方向落实到生态文明之上，在不同的发展时期进行针对性的生态旅游战略规划。借助前期活动势头大力发展农商文旅体融合的休闲旅游，游客数量逐年递增，商户和居民的利益都得到了切实保障。蒲江县生态旅游产业的发展极好地印证了生态价值实现过程中经济发展、生态文明建设和社会民生三者形成的这种平衡关系，为促成生态保护与经济发展的"双赢"局面贡献经验。

通过以上分析可以看出，蒲江县利用生态资源优势发展特色产品与生态旅游产业的两种路径均直接拉动了当地经济发展，也保护了生态环境，维护了社会稳定，使全县的生态、经济、社会处于协同发展状态，并向着可持续发展迈进。但同时也发现蒲江县生态产品价值实现过程中还存在以下问题。

第一，生态旅游项目开发的过程中，部分景区存在过度开发现象，没有依据适度开发原则。尽管推出的以三大特色产业基地作为观光园区的生态旅游项目受到广大游客的青睐，但随着客流量的增加，基地增设了许多不利于种苗生长的设备设施，为了疏散交通，开辟了大量的土地用作停车场，本土特色产品文化也有逐渐被旅游文化同化的倾向。蒲江县在生态旅游项目的开发过程中，应根据项目的区位、生态环境的状况、交通的便利程度等作出合理的规划，同时需要对客流量进行控制，减少对项目的过度开发，维持原生态样貌，以使生态旅游产业能够可持续发展。第二，特色产业基础设施建设滞后。"要想富先修路"，道路作为地区发展的主要基础设施，在产品的物流运输和旅游业的路线规划上起着支柱作用。但是据现有情况观察，蒲江县的路网密度较稀、等级也较低——二级和三级公路较少，以四级和无等级公路为主，这会导致部分地区路网触及不到，通往特色产品种植基地的道路、田间路渠配套程度较低，运输的实效性降低。此外，部分乡道仅按村道建设标准施工，路面缺少日常维护，容纳量不足，还存在一些大货车无法通行的现象，通行量也远低于标准乡道日常通达量。除了道路以外，水利设施也是进行特色产品生产所需的基础设施。但蒲江县水利设施未实行定期维护和保养，灌溉方式粗放，相关部门对水利工程管理的集约性程度不高，管理效率和效益均低于四川省平均水平。鉴于此，蒲江县政府应该加大养护力度，对道路、水利等关系产业生产发展的基础设施实施定时检测、定期更换，确保基础设施的顺利运转。同时组织人力、物力进行道路的修建工作，拓宽道路交通网络，引入新型水利灌溉方式取缔原有的粗放型灌溉方式，提高水利设施的工作效率。

四 推进四川省生态产品价值实现机制的建议

"绿水青山"不会自动转化为"金山银山"，四川省必须积极探索生态产品价值的实现机制，不断完善生态产品价值实现的制度条件，在更多方面进行先行先试，才能推动经济、社会、文化与生态效益相统一。

（一）丰富生态产品价值实现方式

四川省东部和西部地区地貌差异大，自然、地形条件也各不相同。各区域可因地制宜，充分利用自身丰富的生态环境资源，对本地特色农产品，如药材、菌类、水果和畜牧产品等进行科学培育、规模化种养，政府可引导企业创新生产技术，运用现代化机械设备对产品进行加工，打通产销一体的全产业链条。各区域还可利用地域特色打造"品牌化"生态产品和生态利用型产业，提高消费者对特色生态产品的认知度，提升现有生态产品的价值，助推生态产品的市场销售增加。

以"有机四川"为发展目标，全省应大力推广有机产品生产技术。在有机食品产业规模化、生产流程标准化方面，加快建设现代农业绿色循环示范园区、有机农产品研发中心、有机农产品市场交易中心和有机农业地方标准制定中心。同时加大绿色、有机和地理标志农产品认证和管理力度，增加绿色有机农产品供给，谨防出现供不应求的情况。在全省范围内推广标准化施肥技术，如"有机肥+配方肥""自然生草+绿肥""有机肥+水肥一体化"等，确保有机产品高质量高效率产出，力求打造中国重要绿色农产品供给地和特色农业产业强省。

省内各地区可借鉴成都的"公园城市"发展理念——既突出公园城市特点，又要考虑生态价值。依据各区域生态资源的实际情况来推行公园城市建设，构建"一山两楔三廊五河六湖多渠"的森林生态绿化体系布局，提高城区内森林覆盖率，把休闲运动、亲子教育、文化娱乐、生态科普等公园的复合功能融入市民生活，把好山好水好风光融入城市。公园城市的建设还能吸引众多高附加值、低污染的产业入驻，不仅催生了新经济、新业态和新模式，还切实提升了生态空间的生态价值，实现高端人才集聚，带动区域地块土地升值。

探索"农创+文创"新型生态旅游模式，加快打造集旅游、研学教育与康养休闲于一体的多功能生态文旅产业。依托四川省优越的三大气候条件（四川盆地亚热带湿润气候、川西南山地亚热带半湿润气候、川西北高山高原高寒气候）和丰富的森林、湿地、湖泊资源，以及深厚的历史文化（三国文化、巴蜀文化、红军文化）底蕴，以自然美学激活文化旅游经济，积极推动农商文旅体多产业融合发展，打造"产景相融、产旅一体、产村互动"和"以农促旅、以旅带农"的发展模式。同时加强全省历史文化遗存、古树名木、古旧村落、工业遗址的开发保护工作，实施古村复兴、老街改造、老屋修复保护工程，丰富生态产品价值实现方式。

（二）推进生态产品供需精准对接，提高生态补偿科学性

构建四川省生态产品销售物流网络。以现有的成都物流为中心，向周边市县进行道路延伸，形成大范围密集的物流网，并在乡村人口集聚区设置多个小型物流网点，通过和大型物流公司合作设置各类物流服务点，使供需双方不致在产品流通环节断带。建立的以鲜活农产品、果蔬基地为依托的特色农产品冷链物流集配中心也能在很大程度上保障产品的新鲜度、保证产品的质量。在供需双方前期寻找对接的过程中，可以通过新闻媒体、报纸网络等渠道，加强对当地特色生态产品的宣传推介，推进生态产品供给方与需求方、资源方与投资方精准高效对接，打破信息差带来的阻碍，进一步提高生态产品的价值实现程度。

科学量化生态补偿标准。坚持"谁受益，谁补偿"的原则，组织利益相关方和相关领域专家对生态环境展开损害评估，强化生态补偿标准的测度、论证和修订工作。以健全生态补偿机制为核心，加大生态补偿力度，政府通过对省内各区域道路、水利等基础设施以及医疗、教育、卫生等基本公共服务设施建设予以资金补贴，更好地提供具有公共产品属性的生态产品。四川省在生态补偿方面，应积极探索跨省横向生态保护补偿机制。可与贵州、云南加强合作，共同出资建立赤水河流域水环境横向生态补偿资金。与此同时，四川省通过实施《四川省推进流域横向生态保护补偿奖励政策实施方案》，正逐步实现省内流域补偿全覆盖。政府每年还应安排省级资金用于对建立流域横向生态保护补偿机制的相关地区进行奖励，实行"先预拨，后清算"的资金管理方式，充分调动各市州建立生态补偿机制的积极性。

（三）构建生态产品价值实现的支撑保障体系

一是健全全省生态产品资源统计调查制度。只有全面把握全省生态产品资源的类别和数量，才能发掘出具有市场潜力的产品，有效地将产品的"生态效益"转变为"经济效益"。因此，要科学规划统计调查方向，对生态产品资源进行分区域、分产业的多层次普查，建立森林资源、动物资源、植物资源等资产清单，不断完善四川省生态产品目录清单。建立四川省生态产品资源数据库，并定期更新调查数据，保证数据的及时性和精准性。对于全省环境质量监测技术不成熟的地区，派遣技术人员进行指导，政府也需加大资金投入以更新监测系统和设备。同时对已有生态产品资源数据要加以利用，在后续的数据处理与共享上，通过构建四川省大数据综合管理平台，保证平台的公众性和公开性，有利于研究者对相关生态产品进行分析和预测其发展趋势。

二是建设生态产品"产学研"一体化的科研平台。可与四川省社科院、农科院、生态环境研究所、农村农业局等科研机构签订战略合作协议，抽调多领域多学科的专家组建生态产品价值实现智库团队，对全省各地生态产品的发展提出专业性建议，创新种养殖技术以及管理制度，构建适用于四川省的生态产品价值核算方法和评估制度，综合考虑生态产品的类别、交易市场需求、产品开发成本等因素制定生态产品核算指标体系与标准规范，为四川省探索生态产品价值实现机制提供科技支撑。

三是创新四川省绿色金融服务供给机制，推动生态农业信贷发展，满足生态项目建设资金需求。建立绿色项目库，打造四川省金融服务专区，创新推出农户小额信贷"整村授信"、现代农业园区"整园授信"，积极探索"养殖贷""山珍贷"等农业金融服务模式，推广"金田贷"等有机生产信贷产品以及优势特色农产品保险，为生态产品价值实现提供资金保障机制。

四是完善四川省生态产品价值实现法律保障机制，从生态产品市场交易、自然资源资产产权界定、自然资源有偿使用、生态基金运作以及生态补偿等方面加强立法，相关部门也要严格依据法律法规对市场、权属、资金交易等方面进行监管。

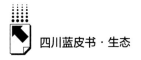
参考文献

张林波、虞慧怡、郝超志、王昊：《国内外生态产品价值实现的实践模式与路径》，《环境科学研究》2021年第6期。

廖峰：《生态产品价值实现与山区农产品区域公用品牌研究——基于"丽水山耕"的个案分析》，《丽水学院学报》2020年第6期。

王恒、顾城天、刘冬梅：《四川省探索"两山"生态产品价值实现路径研究》，《节能与环保》2021年第5期。

孙博文、彭绪庶：《生态产品价值实现模式、关键问题及制度保障体系》，《生态经济》2021年第6期。

周一虹、贵瑞洁：《基于甘肃陇南油橄榄的生态产品价值实现研究》，《会计之友》2020年第9期。

伏森、王巍：《乡村振兴战略背景下县域茶产业发展的困境与对策——以四川省蒲江县为例》，《忻州师范学院学报》2021年第5期。

Abstract

Ecological construction is an important content of build a well-off society in an all-round way in our country, since the eighteenth congress, with xi jinping as the core of the height of the CPC Central Committee standing in the strategic and global, the ecological civilization construction and ecological environment protection put forward a series of new ideas new assertion new requirements, to further promote ecological construction put forward a series of new strategy new deployment. Sichuan is a major province of ecological resources, forestry economy and species protection. As an important ecological barrier in the upper reaches of the Yangtze River, Sichuan has also become one of the first provinces involved in national parks, shouldering the important mission of safeguarding national ecological security, maintaining biodiversity and practicing the "two mountains theory". This book closely adheres to the highlights and focus points of the current Sichuan ecological construction, and comprehensively presents the frontier exploration of ecological protection and construction in Sichuan.

The book is divided into five parts, the first part of the "total report" using "Pressure-State-Response" model (PSR model) logic, the Sichuan ecological environment "state", "pressure" and the "response" index group information collection and analysis, the main action of ecological construction in Sichuan, effectiveness and challenge system evaluation and summary. From 2020 to 2021, the construction trend of ecological environment in Sichuan province is generally improving, but there are still problems such as prominent regional key problems, ecological weaknesses in some regions, and the participation of multiple subjects to be improved. According to the actual situation of Sichuan Province, the general report puts forward specific measures such as adapting to climate change, classifying ecological environment control, innovating the value realization mechanism of ecological products, and strengthening nature education and training of ecological protection talents. The second part of the "giant panda national park construction" around the giant panda national park social and economic development and management of the natural resources background, low economic level, single industrial structure, collective forest management wildlife problems, and the giant panda national park ecological forest rangers team construction in the background of natural resources, operating pilot, explore the collective forest sustainable utilization and participation subject coordination, multiple measures to promote countermeasures and Suggestions. The third part of "Nature Education for All" focuses on the practice of national nature education in Sichuan, and discusses the perception of nature education involved in protective community residents and the function mechanism of national nature education in realizing the value of ecological products. In 2020, Sichuan province took the lead in proposing "nature education for all", and natural education in Sichuan province is in a vigorous development stage. Nature education for all also provides a new idea for the path to realize the value of ecological products. However, through the survey of national nature education and the resident perception research of nature education involved in protective communities in Sichuan Province, it shows that nature education still faces many problems and challenges. In the future, we should continue to actively advocate the transformation from nature education based on teenagers and children to the concept of nature education for all, vigorously promote nature education for all, and build a national nature education system with local characteristics according to local conditions. In addition, the subjectivity of protected natural areas and communities in the natural education market should be strengthened, and the development of natural education in the communities around the protected areas always serves the goal of ecological protection, and coordinates the relationship between economic growth and environmental protection. The fourth part of "Ecological Environment Governance" focuses on the investigation and research of the ecological environment of Sichuan Hydropower Engineering Development Zone, the legislation of solid waste pollution prevention in Sichuan Province under the new situation, the typical wetland biodiversity in Chengdu, and the collaborative management path of Chengdu Outer Ring Railway and natural protected areas along the route. The study shows that many typical models of solid waste pollution have been explored, but the overall level of solid waste utilization is not high and the harmless disposal of solid waste still faces many difficulties. In the next step, Sichuan Province should highlight the characteristics of Sichuan and improve the pertinence and operability of the law. Chengdu typical wetlands have a good ecological environment and can provide habitat and food resources for biodiversity protection in Chengdu, while strengthening the protection of rare species and the management of harmful species. The fifth part of "Ecological Civilization System and Mechanism" aims to show the important progress made by Sichuan Province in the construction of ecological civilization system and mechanism, such as the ecological compensation mechanism, the incentive mechanism for public participation in environmental governance and the value realization mechanism of ecological products. Strengthening ecological protection and restoration, continuously improving the continuous supply capacity of ecological environmental assets, and directly promoting the development of ecological industry through exploring the hematopoietic ecological compensation mechanism, provide a reference for the selection of specific measures in the process of promoting the coordinated development of ecological compensation and ecological product value. In view of the mediocre performance of environmental and social governance and civic participation in Sichuan Province, it is of great significance to explore the establishment of citizen environmental credit evaluation system based on the actual situation of Sichuan Province, as an important incentive mechanism to guide the public to participate in environmental governance, which is of great significance to promote the modernization of environmental governance system and governance capacity.

Keywords: Ecological Construction; Giant Panda National Park; National Nature Education; Ecological Environment Governance; Ecological Civilization

Contents

I General Report

Abstract: This report adopts the logic of "Pressure－State－Response" model (PSR model) to collect and analyze three groups of "state", "pressure" and "response" of Sichuan ecological environment, so as to form the evaluation of ecological construction status in Sichuan province from 2020－2021. This report evaluation results show that the ecological environment construction in Sichuan province overall good, but there are still regional key problems, certain ecological short board, multi-subject participation to be promoted, and according to the actual situation of Sichuan province put forward to partition adaptation to climate change, partition for ecological environment control, innovative ecological product value realization mechanism and strengthen specific measures such as natural education.

Keywords: PSR Model; Ecological Construction; Ecological Evaluation; Sichuan

II   Construction of Giant Panda National Park

Abstract: With the formal establishment of the first batch of national parks such as the Giant Panda National Park, China has entered a new stage in the process of establishing a protected natural land system with national parks as the main body, and has new requirements for the construction and management of national parks. On the basis of a comprehensive investigation of the social and economic status of Ya'an area of Giant Panda National Park, this paper analyzes the problems of unclear natural resources, low economic level and single industrial structure in the research area. Based on the above research results, this paper puts forward protection and management suggestions for Ya'an area of Giant Panda National Park from the aspects of natural resources inventory, community coordinated community development, industrial transformation and upgrading.

Keywords: Giant Panda National Park; Social; Economic and Natural Resources Management

Abstract: The collective forest of national parks is not only of great significance in maintaining the national ecological security, but also is an important basis for the

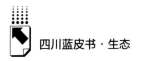

local villagers' livelihood guarantee and economic development. After the collective forest land and its affiliated natural resources are incorporated into the unified management of national parks, it is a major issue to solve in the management to handle the contradiction between protection and development and realize sustainable management under the premise of protection. On the basis of summarizing the development process of collective forest management, this paper sorts out the relevant policies of collective forest management in national parks. Taking Ya'an area of Sichuan Provincial Administration of Giant Panda National Park as an example, it analyzes its main practices in dealing with the lack of policies, forest rights, management problems and wildlife accidents. On this basis, it puts forward the corresponding countermeasures to call for the introduction of policies, clarify the ownership, carry out pilot operation and speed up the implementation of funds.

Keywords: Giant Panda National Park; Collective Forest; Natural Resources Management

B.4　Practice and Exploration on the Construction of Ecological Forest Ranger Team in Sichuan Province: Taking Anzhou Management Station of Mianyang Management Branch of Giant Panda National Park as an Example

Yang Jinding, Li Daochun and Jiang Zhongjun / 067

Abstract: Sichuan Province is a large province of ecological resources, an important ecological barrier in the upper reaches of the Yangtze River, one of the most biodiversity-rich areas, and shoulders the important mission of maintaining national ecological security. As the forefront, foundation, and solid barrier and grassroots protection force of the ecosystem, ecological rangers play an irreplaceable role in the healthy development of biodiversity and regional ecosystems. In view of some practical difficulties faced by the construction of the ecological ranger team, in recent years, the Anzhou Management Station of the Mianyang Management Branch of the Giant Panda National Park has systematically promoted the construction of the ecological ranger team by taking multiple measures, specifically from the perspective of livelihood, organization, ability and willingness to promote the construction of the ecological ranger team, and take this as an opportunity and opportunity to leverage and drive the collaborative participation and integration of diverse protection subjects such as communities and social resources around the Giant Panda National Park to participate in and integrate into the construction of the Giant Panda National Park. In the practice exploration, the experience of education continuity, "learning by doing", multi-subject collaborative participation, and cultivating community relationship handling ability are summarized, and the prospects for the construction of the ecological ranger team in Sichuan Province are put forward in the future, and it is recommended to establish and improve the selection and evaluation mechanism system, establish a long-term and diversified incentive mechanism, build a multi-dimensional capacity building mechanism, and try to gradually introduce social resources such as commerce and public welfare forces.

Keywords: Giant Panda National Park; Ecological Ranger; Anzhou

Ⅲ National Nature Education

B.5 Investigation and Research on Nature Education for All in
Sichuan Province

Ling Qin, Zhang Liming and Wang Li / 089

Abstract: With the full completion of poverty alleviation tasks in China in 2020, the people's sustainable utilization of natural resources in the remote mountainous areas and cities and the application of traditional ecological culture knowledge have entered a new stage of development. Nature education, as an important means to connect man and nature, man and man, man and self, and man and society, can not only promote the sustainable development of biodiversity, local economy in mountainous areas and the inheritance of excellent

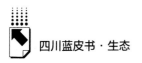

traditional culture, but also meet the growing objective needs of urban residents for natural and ecological experience. The field survey, questionnaire survey, expert interview and research analysis of the development status of natural education in Sichuan Province shows that nature education in Sichuan Province is in a booming development stage, and there are many opportunities and challenges. In the future, we should further practice Xi Jinping's ecological civilization thought, continue to actively advocate the transformation from nature education based on teenagers and children to the concept of nature education for all, vigorously promote nature education for all, and promote the harmonious coexistence between man and nature.

Keywords: Sichuan Province; National Education; Nature Education

B.6 A Study of Residents' Perceptions of Nature Education Interventions in Communities Around Protected Areas in Sichuan Province: The Example of Qianfo Village in Mianyang City

Wan Yutong, Luo Xi / 111

Abstract: The dialectic of ecological conservation and economic development in community around protected areas has been popular with many scholars, but has not yet been solved once and for all. With the explosion of nature education, conservation communities have become friendly classrooms for nature education activities, not only to explore the natural features of the community, popularize scientific knowledge and expand the diversified functions of ecology, but also to promote the optimization and transformation of industries, and to promote and inherit local culture. As a direct stakeholder, the residents of the community have different perceptions of what is new when they enter. In this paper, by constructing an evaluation index system for the perception of nature education of the residents of Qianfo Village and conducting a questionnaire survey, applying descriptive statistical analysis and using the entropy weighting method to calculate the residents' perception of nature education, the results show that. Occupation is an important factor in the differences in residents' perceptions of nature education; residents' perceptions of nature education as a whole are in the late stage of preparation for sustainable development; the interviewed sample is divided into four categories: agile, sharp, neutral and blind, with the agile group accounting for the highest proportion.

Keywords: Nature Education; Community Around Protected Areas; Community Resident Perception

B.7 Study on the Realization Path and Mechanism of Ecological Product Value in Giant Panda National Park Promoted by National Nature Education in Sichuan Province

Chen Meili, Li Shengzhi / 131

Abstract: As one of the pilot areas of the giant panda national park system, Sichuan Province plays an important mission of practicing the "two mountains theory", but in the process of exploring the value realization of ecological products, it also faces problems such as single participant, lack of diversified compensation mechanism and lack of unified accounting system. Sichuan Province actively pilots the value realization mechanism of ecological products, under the guidance of ecological civilization construction, and takes the lead in putting forward the "nature education for all" in China, which provides a new idea for the path of realizing the value of ecological products. Thousand Foshan nature reserve in Sichuan province ecological science corridor mode, longxi-hongkou national nature reserve brand construction mode, Sichuan tangjiahe national nature reserve multiple compensation mode to solve the problem of ecological product value realization and the resource advantage into development advantage provides a reference, to promote the giant panda national park construction and ecological product value achieve win-win and the sustainable development of giant panda national park community is of great significance.

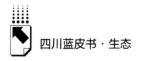

Keywords: Giant Panda National Park; National Nature Education; Ecological
Product Value Realization

Ⅳ Ecological Environment Governance

B.8 Research on Current Situation of Ecological
Environment and Key Technology of Sichuan
Hydropower Project Development Zone

Ju Li, Luo Maosheng, Guo Jin, Lu Xiping and Jiang Guoxin / 151

Abstract: Sichuan Province is an important hydropower base in China. It has
played an important role in national economic and social development, energy
conservation and emission reduction, optimizing energy structure and supply, and
coping with climate change. In view of the ecological and environmental problems of
hydropower projects in Sichuan Province, such as water and soil loss, the water
reduction or dehydration river sections, the generation of excavation spoil, and the
formation of water level fluctuating zone , this paper integrates key technologies for the
construction of eco-friendly hydropower projects, such as river ecological flow
guarantee measures, comprehensive utilization of excavation spoil and ecological
restoration technology in engineering disturbed areas, so as to provide guidance for the
planning, scientific research, supervision and intelligent water conservancy construction.

Keywords: Hydropower Project; Ecological Environment Affects; Ecological
Friendliness

B.9 Investigation and Research on Biodiversity of Typical
Wetlands in Chengdu

Luo Yan, Liu Min, Wang Qiang and Luo Xiaobo / 169

Abstract: Carrying out research on urban wetland biodiversity is of great significance for protecting urban wetland protection and promoting the sustainable development of wetland resources. In view of this, this paper selects typical wetlands in Chengdu to carry out biodiversity survey and research, and the results are as follows. In typical wetlands, there are 200 species belonging to 147 genera and 61 families of wetland plants, 243 species belonging to 64 families and 28 orders of birds, and 15 species belonging to 5 families and 3 orders of small mammals. In typical wetlands, plants are mainly hygrophytes, accounting for 91.50% of the total species of wetland plants; typical wetland birds (swimming birds and wading birds) account for 30.04% of the total species of wetland birds; small mammals are mainly rodents, accounting for 60.00% of the species of small mammals. Typical wetlands are dominated by local wetland plants (174 species) and there are 26 alien species. In general, typical wetlands have high plant species diversity, bird species diversity, and a certain small mammal species diversity, indicating that typical wetlands generally have a good ecological environment and can contribute to the biodiversity of Chengdu. Conservation provides habitat and food resources, but the protection of rare species and the management of harmful species still need to be strengthened.

Keywords: Typical Wetland; Biodiversity; Chengdu

B. 10 Discussion on the Legislation of Solid Waste Pollution Prevention and Control in Sichuan Province under the New Situation *Hu Yue, Liu Xinmin* / 192

Abstract: In order to further implement the law of the People's Republic of China on environmental pollution of solid waste, further promote solid waste pollution control, solve the urgent problems in Sichuan province, this paper for solid waste pollution control in Sichuan province legislation research, summarizes the typical model of solid waste pollution control of Sichuan province problems and put forward legislative Suggestions. Sichuan province in recent years, although

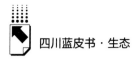

actively promote multiple channels to strengthen legal publicity, constantly improve the system construction, actively promote living garbage classification work, achieved obvious results, explore a lot of typical model experience, but the distance completely meet the new "solid waste law" and other national laws and policy requirements, the people's demand for beautiful ecological environment quality still has a gap. The legislation of solid waste pollution should focus on the overall utilization of solid waste; solid waste disposal still faces many difficulties; the solid waste supervision system remains to be improved; solid waste information supervision ability, highlight Sichuan characteristics and improve the pertinence and operability of legislation.

Keywords: Sichuan Province; Solid Waste Pollution Prevention and Control; Environmental Legislation; Environmental Control

B.11   Study on Coordinated Management Path of Chengdu

Outer Ring Railway and Nature Reserve Along the Railroad

Liu De / 207

Abstract: China's national conditions and the advantages of urban rapid rail transit determine that rapid rail transit plays an important role in the sustainable development of urban transportation system. With the rapid development of the transportation construction industry, the impact on the area along the line is increasingly serious, how to effectively and reasonably promote the coordinated development of the surrounding area and rail transit has become a gradually concerned problem. This paper will take Chengdu Outer ring railway as an example to study the coordinated development path of protected natural areas along chengdu outer ring railway and Chengdu outer ring railway. Firstly, the basic situation of nature reserve along chengdu outer ring railway is described. Then combining with the basic situation of the natural protected areas along the line, the correlation evaluation index system of the outer ring railway and the natural protected areas along the line is constructed. According to the correlation score between them, they can be divided into three categories: strong correlation, general correlation and weak correlation. According to the different regional characteristics of the three types of protected areas along the line, different collaborative management paths are put forward according to local conditions.

Keywords: Chengdu Outer Ring Railway; Protected Natural Areas; Collaborative Development

V Ecological Environment Governance

B. 12 Study on the Realization Path of Ecological Product

Value in Protected Areas by Ecological Compensation:

Taking the Pilot Case of Ecological Comprehensive

Compensation as an Example

Xia Rongjiao, Liu Xinmin and Zhou Feng / 226

Abstract: As an important ecological barrier and water conservation area in the upper reaches of the Yangtze River and the Yellow River, Sichuan shoulders the great mission of maintaining national ecological security. It is urgent and of great significance to scientifically build an ecological civilization system and give full play to the supporting role of ecological civilization system. As an important basic system for the reform of ecological civilization system, ecological compensation and the realization of ecological product value have a synergistic relationship of mutual support and mutual promotion, and have typical exploration, practice, promotion and application value in Sichuan. This paper aims at the path of ecological compensation to promote the realization of ecological product value. Firstly, this paper discriminates the concept and relationship between ecological compensation and the realization of ecological product value, and theoretically analyzes the path of ecological compensation to promote the realization of ecological product value. Taking six typical ecological comprehensive compensation pilot cases as the starting

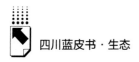

point, this paper empirically analyzes the path measures of ecological compensation to promote the realization of ecological product value, compares and analyzes the case areas, and obtains the differences of measures of ecological comprehensive compensation to promote the realization of ecological product value in different economic development levels and Development Foundation areas. This paper will provide reference for Sichuan and other regions in the country to choose specific measures in promoting the coordinated development of ecological compensation and the value of ecological products.

Keywords: Ecological Compensation; Ecological Product Value Realization; Ecological Comprehensive Compensation

B.13 Preliminary Discussion on the Establishment of
Citizens' Environmental Credit Evaluation
System in Sichuan Province

Tang Yue, Zhou Feng and Liu Xinmin / 247

Abstract: Environmental and social governance is an important part of modern environmental governance system and governance capacity. Ecological and environmental issues are a major social issue related to people's livelihood. Public participation, as an important way to promote ecological and environmental protection, is an important part of promoting the modernization of environmental governance system and governance capacity. Whether it can stimulate the passion and enthusiasm of the public to participate in environmental governance is a key link of whether the public participation mechanism can be established. Therefore, the establishment of a guiding mechanism for public participation in environmental governance will be the core of environmental and social governance and environmental public participation. As early as at the 11th meeting of the Commission for Deepening Overall Reform of the CPC Central Committee, the Guiding Opinions on Building a Modern Environmental Governance System was deliberated and adopted, which clearly mentioned that the seven environmental governance systems, including the national action system and the credit system, should be established and improved. However, as far as the research of environmental credit system is concerned, it is more based on the problems and optimization of enterprise environmental credit evaluation, and there is very little discussion on the establishment of environmental credit with social citizens as the credit subject. As an important ecological barrier in the upper reaches of the Yangtze River, Sichuan Province has long attached great importance to ecological protection, and has achieved remarkable results in ecological environment protection and environmental quality improvement. In comparison, environmental and social governance and citizen participation, especially in some developed areas, theoretical discussion and practice summary. So this paper tries to start from environmental credit, enterprise environmental credit, citizen environmental credit, and how to establish citizen environmental credit evaluation system, and fully combine the actual in Sichuan province, the citizen environmental credit evaluation system after the operation scene design make a preliminary discussion, as an important incentive mechanism to guide the public participation in environmental governance, promote the public participation.

Keywords: Environmental and Social Governance; Environmental Governance System; Citizen Environmental Credit

B.14 Research on the Value Realization Mechanism of Ecological Products in Sichuan Province: Take Pujiang County as an Example

Sun Xi, Huang Huan / 262

Abstract: In order to realize the harmonious and sustainable development of the ecological environment, make the "clear water and green mountains" to "gold and silver mountains" effectively transformation, it is necessary to study the value

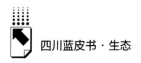
realization mechanism of ecological products. This paper starts with the concept and characteristics of ecological products, The significance of studying the value realization of ecological products in China is discussed, This paper points out the current problems facing the value realization of ecological products in Sichuan Province, Taking Pujiang County of Chengdu city as the research object, It describes the ecological environment characteristics of Pujiang County from the geographical location, climate conditions, river resources, terrain and other aspects, Found that Pujiang County has a great potential to realize the ecological value, Combing out the development process and specific measures of the ecological product value realization, Summarize the role of local governments, scientific research institutions, enterprises and other different elements in the development process of their ecological industry, Finally, targeted suggestions are put forward for the value realization mechanism of ecological products in Sichuan Province.

Keywords: Pujiang; Ecological Product Value Realization; Sichuan

皮 书

智库成果出版与传播平台

❖ 皮书定义 ❖

皮书是对中国与世界发展状况和热点问题进行年度监测，以专业的角度、专家的视野和实证研究方法，针对某一领域或区域现状与发展态势展开分析和预测，具备前沿性、原创性、实证性、连续性、时效性等特点的公开出版物，由一系列权威研究报告组成。

❖ 皮书作者 ❖

皮书系列报告作者以国内外一流研究机构、知名高校等重点智库的研究人员为主，多为相关领域一流专家学者，他们的观点代表了当下学界对中国与世界的现实和未来最高水平的解读与分析。截至2021年底，皮书研创机构逾千家，报告作者累计超过10万人。

❖ 皮书荣誉 ❖

皮书作为中国社会科学院基础理论研究与应用对策研究融合发展的代表性成果，不仅是哲学社会科学工作者服务中国特色社会主义现代化建设的重要成果，更是助力中国特色新型智库建设、构建中国特色哲学社会科学"三大体系"的重要平台。皮书系列先后被列入"十二五""十三五""十四五"时期国家重点出版物出版专项规划项目；2013~2022年，重点皮书列入中国社会科学院国家哲学社会科学创新工程项目。

皮书网

（网址：www.pishu.cn）

发布皮书研创资讯，传播皮书精彩内容
引领皮书出版潮流，打造皮书服务平台

栏目设置

◆ **关于皮书**

何谓皮书、皮书分类、皮书大事记、
皮书荣誉、皮书出版第一人、皮书编辑部

◆ **最新资讯**

通知公告、新闻动态、媒体聚焦、
网站专题、视频直播、下载专区

◆ **皮书研创**

皮书规范、皮书选题、皮书出版、
皮书研究、研创团队

◆ **皮书评奖评价**

指标体系、皮书评价、皮书评奖

◆ **皮书研究院理事会**

理事会章程、理事单位、个人理事、高级
研究员、理事会秘书处、入会指南

所获荣誉

◆ 2008 年、2011 年、2014 年，皮书网均
在全国新闻出版业网站荣誉评选中获得
"最具商业价值网站"称号；
◆ 2012 年，获得"出版业网站百强"称号。

网库合一

2014年，皮书网与皮书数据库端口合
一，实现资源共享，搭建智库成果融合创
新平台。

皮书网　　"皮书说"　　皮书微博
　　　　微信公众号

权威报告·连续出版·独家资源

皮书数据库
ANNUAL REPORT(YEARBOOK)
DATABASE

分析解读当下中国发展变迁的高端智库平台

所获荣誉

- 2020年，入选全国新闻出版深度融合发展创新案例
- 2019年，入选国家新闻出版署数字出版精品遴选推荐计划
- 2016年，入选"十三五"国家重点电子出版物出版规划骨干工程
- 2013年，荣获"中国出版政府奖·网络出版物奖"提名奖
- 连续多年荣获中国数字出版博览会"数字出版·优秀品牌"奖

皮书数据库

"社科数托邦"
微信公众号

成为会员

登录网址www.pishu.com.cn访问皮书数据库网站或下载皮书数据库APP，通过手机号码验证或邮箱验证即可成为皮书数据库会员。

会员福利

- 已注册用户购书后可免费获赠100元皮书数据库充值卡。刮开充值卡涂层获取充值密码，登录并进入"会员中心"—"在线充值"—"充值卡充值"，充值成功即可购买和查看数据库内容。
- 会员福利最终解释权归社会科学文献出版社所有。

数据库服务热线：400-008-6695
数据库服务QQ：2475522410
数据库服务邮箱：database@ssap.cn
图书销售热线：010-59367070/7028
图书服务QQ：1265056568
图书服务邮箱：duzhe@ssap.cn

社会科学文献出版社 皮书系列
SOCIAL SCIENCES ACADEMIC PRESS (CHINA)

卡号：683549426214
密码：

S 基本子库
SUB DATABASE

中国社会发展数据库（下设 12 个专题子库）

紧扣人口、政治、外交、法律、教育、医疗卫生、资源环境等 12 个社会发展领域的前沿和热点，全面整合专业著作、智库报告、学术资讯、调研数据等类型资源，帮助用户追踪中国社会发展动态、研究社会发展战略与政策、了解社会热点问题、分析社会发展趋势。

中国经济发展数据库（下设 12 专题子库）

内容涵盖宏观经济、产业经济、工业经济、农业经济、财政金融、房地产经济、城市经济、商业贸易等 12 个重点经济领域，为把握经济运行态势、洞察经济发展规律、研判经济发展趋势、进行经济调控决策提供参考和依据。

中国行业发展数据库（下设 17 个专题子库）

以中国国民经济行业分类为依据，覆盖金融业、旅游业、交通运输业、能源矿产业、制造业等 100 多个行业，跟踪分析国民经济相关行业市场运行状况和政策导向，汇集行业发展前沿资讯，为投资、从业及各种经济决策提供理论支撑和实践指导。

中国区域发展数据库（下设 4 个专题子库）

对中国特定区域内的经济、社会、文化等领域现状与发展情况进行深度分析和预测，涉及省级行政区、城市群、城市、农村等不同维度，研究层级至县及县以下行政区，为学者研究地方经济社会宏观态势、经验模式、发展案例提供支撑，为地方政府决策提供参考。

中国文化传媒数据库（下设 18 个专题子库）

内容覆盖文化产业、新闻传播、电影娱乐、文学艺术、群众文化、图书情报等 18 个重点研究领域，聚焦文化传媒领域发展前沿、热点话题、行业实践，服务用户的教学科研、文化投资、企业规划等需要。

世界经济与国际关系数据库（下设 6 个专题子库）

整合世界经济、国际政治、世界文化与科技、全球性问题、国际组织与国际法、区域研究 6 大领域研究成果，对世界经济形势、国际形势进行连续性深度分析，对年度热点问题进行专题解读，为研判全球发展趋势提供事实和数据支持。

法律声明

"皮书系列"（含蓝皮书、绿皮书、黄皮书）之品牌由社会科学文献出版社最早使用并持续至今，现已被中国图书行业所熟知。"皮书系列"的相关商标已在国家商标管理部门商标局注册，包括但不限于 LOGO（）、皮书、Pishu、经济蓝皮书、社会蓝皮书等。"皮书系列"图书的注册商标专用权及封面设计、版式设计的著作权均为社会科学文献出版社所有。未经社会科学文献出版社书面授权许可，任何使用与"皮书系列"图书注册商标、封面设计、版式设计相同或者近似的文字、图形或其组合的行为均系侵权行为。

经作者授权，本书的专有出版权及信息网络传播权等为社会科学文献出版社享有。未经社会科学文献出版社书面授权许可，任何就本书内容的复制、发行或以数字形式进行网络传播的行为均系侵权行为。

社会科学文献出版社将通过法律途径追究上述侵权行为的法律责任，维护自身合法权益。

欢迎社会各界人士对侵犯社会科学文献出版社上述权利的侵权行为进行举报。电话：010-59367121，电子邮箱：fawubu@ssap.cn。

社会科学文献出版社